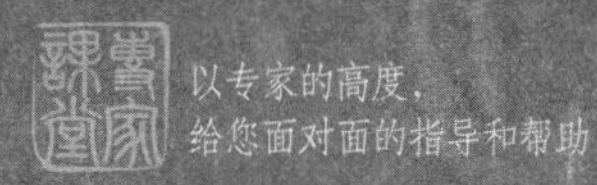

以专家的高度，
给您面对面的指导和帮助

帮你解决工程造价实战

N个疑难问题

视野 · 方法 · 经验 · 数据

苗曙光　王　斌／编

内 容 提 要

本书是为拓展造价人员的视野和思路，掌握解决实践造价中遇到的问题的方法而编写的。本书根据对造价人员在实践中遇到的常见问题的频度进行统计，帮助解决实践中遇到的一些造价问题，快速增强造价人员解决实践问题的能力。

本书可供建设、施工、造价咨询、行业管理、审计等单位造价从业人员、工程管理人员、在校工程造价相关专业师生工作和学习参考使用。

图书在版编目（CIP）数据

帮你解决工程造价实战N个疑难问题/苗曙光，王斌编著．—北京：人民交通出版社，2008.9

（“专家课堂”之帮您解决问题系列图书）

ISBN 978-7-114-07005-1

Ⅰ. 帮... Ⅱ. ①苗…②王… Ⅲ. 工程造价—问答 Ⅳ. TU723.3-44

中国版本图书馆CIP数据核字（2008）第016888号

书　　名：帮你解决工程造价实战N个疑难问题
著 作 者：苗曙光　王　斌
责任编辑：邵　江
出版发行：人民交通出版社
地　　址：（100011）北京市朝阳区安定门外外馆斜街3号
网　　址：http：//www.ccpress.com.cn
销售电话：（010）85285656，85285838，85285995
总 经 销：北京中交盛世书刊有限公司
经　　销：各地新华书店
印　　刷：廊坊市长虹印刷有限公司
开　　本：880×1230　1/32
印　　张：11
字　　数：280千
版　　次：2008年9月第1版
印　　次：2009年6月第2次印刷
书　　号：ISBN 978-7-114-07005-1
定　　价：25.00元

Preface 前 言

“参加工作几年了，对工程造价的一些问题，在理论与实践上也有一点点的认识。但总感觉自己掌握的知识还很肤浅，对一些深入、细节的问题并不了解。”

“工程造价领域的实践性内容太博大精深了，已不是会算算量、套套价那么简单了，我感觉自己跟不上趟了，许多造价人员应掌握的知识自己都不懂了。”

“工作了几年，感觉自己的知识面太窄了，但现在书店中的图书理论性太强，造价书的面太窄，丰富的实践性内容太少。加上我也没时间去细读一本本的厚书。”

作为造价工作者的您，是否常常感觉自己的知识不足，急需充电？造价工作繁杂多样，您是否在工作中遇到问题不知找些什么书来看？您是否没有时间去看一本本的造价理论书？

本书就满足您的需要：

★帮您收罗工作中的疑难问题，并一一帮您破题。

★帮您扩大造价工作的视野，从更高的实践层面重新审视造价工作的实践价值。

★将问题一一列出，工作中遇到具体问题您可以对号入座，快速寻求解决参考方案，节约您读一本本厚书的时间，在您闲暇时可再全面阅读本书。

本书每个章节（专题）的知识按以下四个版块进行讲述：

◆视野：简述每个专题版块的背景知识，初步扩大您的视野。

◆方法：对工作中的具体疑难问题，从方法上给您提供参考解决方案。

◆经验：对工作中的一些经验性问题进行深入讲述。

◆数据：提供工作中各专题相关的数据、资料、表格等，供您参考。

此外，造价的话题太多，本书不可能面面俱到，我们根据在实践中常见问题的频度，以四种常见“造价资料”为主线来设置问题，分别是：

◆图纸。

◆招投标书。

◆全过程造价控制报告。

◆结算书。

希望本书能陪伴您在工程造价实践的路上一路走好，更圆满地解决您在实践中遇到的问题。本书在编写中参考了部分文献资料，不能一一列出，在此一并表示感谢。王斌也参与了本书部分章节的编写，由苗曙光最终统稿。读者如在阅读本书时有所疑问或有更好的建议，欢迎您致邮：zaojiashizhan@ sina. com。

Contents >> 目 录

Contents 目录

Contents 目录

>>目 录 Contents

帮你解决
工程造价实战N个疑难问题

第一章 图纸中的造价疑难问题

第一节 造价数据的积累与设计优化

一 视野

1. 造价数据的积累

为什么国外有经验的投标商能在很短的时间内报出较为合理的工程总造价？是因为他们有一套科学的把握工程造价指数、指标以及积累价格资料并灵活、正确地应用它们的硬工夫。而中国的造价工程师们却不善于收集并分析这些资料，并把这些分析成果运用于实际工作中去。为了将来能够立于不败之地，我们需要对此有充分的认识，了解过去、掌握现在、预测将来。

目前在工程造价实战中，工程造价的指标主要表现形式见表1－1－1。

表1－1－1 造价指标表现形式

序号	表现形式	说明
1	工程数量指标	表明实物单位数量特征
2	工程价值指标	表明实物品质特征

工程数量指标与工程价值指标(技术经济指标)是出自同一个建设工程的两组相辅相成的数据,每组数据对应一个分项工程。

工程数量指标与工程价值指标是工程技术和工程经济学理论的体现,其功能作用主要是进行工程经济性比较、分析和评价。为工程技术、技术政策、技术措施等提供经济方面的基础资料。从实际运用内容来看,工程数量指标和工程价值指标融于工程建设经济活动的各个方面,既涉及微观、宏观的造价管理,又涉及工程建设项目前期、后期等各个阶段的造价管理。从指标性质和两者关系来看,工程数量指标与工程价值济指标有着不同的功能作用,两者都能表现项目工程的建设水平;实际建设项目中的工程数量合理不等于它在技术经济指标上就合理,工程价值指标合理其对应的工程内容即工程数量也不一定合理;如果能在造价管理过程中对两者加以对比与分析,将可以发现项目工程的难易或找到该项目工程中存在的问题。另一方面,工程价值指标也是了解工程项目经济趋势的"晴雨表",它由技术指标、工程数量、经济指标组成,是造价文件中的一项重要指标。工程价值指标首先确定了项目工程造价,其次表明项目工程实体造价与标准的或常规的单位工程造价的差距。它的操作流程为:技术指标→工程数量→经济指标。

在各项指标体系中,技术指标是引用的标准和规范,是确定技术方案的代表性参数,用作技术评价、计价依据。工程数量指标总体反映工程规模,用作确定工程成本及预估工程含量等。经济指标反映技术方案经济状况,用作确定技术方案经济模型、技术方案经济评价。技术指标确定了项目工程规模,直接影响工程数量指标。工程数量指标,表明项目工程实体与标准的或常规的单位工程数量的差别。工程数量指标和工程价值指标的运用,实质上是进行工程经济比较。通过比较,可在众多方案中选择满意可行的方案。一个工程项目工程价值指标特别高或低,首先要分析工程数量指标,其次再分析工程数量及分析设计图表。

工程价值指标是动态的,工程数量指标是相对静止的,它们能够代表着一定时期建设工程预期达到的目标。工程价值指标除了受到方案措施的影响外,还会受到不同时期劳动价格水平的影响;不同阶段的工程数量指标在较长时期内是相对静止的,它只是在不同的地形、地貌、地质、水文情况下变化。因此,工程价值指标的运用要结合工程数量指标情况进行分析比较。对冗繁的工程数量和工程价值指标,可以进行统计分析与定性分析。新时代的造价人员要改变造价管理过去停留在个体的思维方法和经验水平以及手工操作,应着重强调收集整理造价文件中工程数量和工程价值指标,加以统计,形成系统的技术经济性参数,形成一系列具有代表意义的造价统计指标。随着造价资料积累的日益增多,可以利用这些统计资料编制造价分析指标,并运用这些造价分析指标从宏观上和微观上来检验工程可估算、设计概算、施工图预算中的各项造价指标是否合理(为确定工程造价服务),相应的也可以寻求在哪些方面降低造价最为有利(为控制工程造价服务)。

通过对各建设项目构成工程造价的各类因素与造价统计指标、造价分析指标进行对比,可找出不同类型或相同类型项目与统计和分析指标之间的造价差别和原因,从而为当前建设项目管理方面遇到的一些具体问题提供有价值的信息资料。工程造价指标在我们快速估算造价、审核预结算的正常性、优化设计方面发挥着重要作用。

实例 1-1-1

造价工程师王工拿到图纸用了好几天时间才算出工程的造价,而包工头老李拿到图纸仔细看一看,不到半个小时就八九不离十地估计到工程的造价范围。事后证明老李的估算是相当准确的。

分析:

一些项目经理或包工头能快速估算工程造价与成本,而造价人员却往往不能,这说明包工头积累了大量的造价指标,而造价人员却往往不注意积累这些资料。所以离开定额依据很难估算造价。

实例 1－1－2

某造价工程师在编制某综合大楼预算时，发现部分工程造价指标较高，如基础工程和钢材用量的指标。通过仔细分析，发现原因是基础过于肥大，主体结构的配筋过于保守。经设计部门的重新核算，发现确实有设计的问题，于是进行了设计变更，降低了钢筋用量，缩小了基础断面尺寸，工程造价减少了 15 万元。

分析：

在同一地区，如果单位工程的用途、结构和建筑标准都一样，其工程造价应该基本相似。因此在总结分析预结算资料的基础上，找出同类工程造价及工料消耗的规律性，整理出用途不同、结构形式不同、地区不同的工程的单方造价指标、工料消耗指标。然后根据这些指标对审核对象进行分析对比，从中找出不符合投资规律的分部分项工程，针对这些子目进行重点计算，找出其差异较大原因的审核方法。

2. 造价人员设计优化

在设计阶段，造价人员首先就估算金额向具体从事各专项设计的人员进行专业投资分派，设计人员必须依照分配的投资额度进行限额专业设计；造价人员要充分运用其所掌握的专业知识，积极参与到设计的过程中去，从结构设计到建筑材料和设备的选型都做出具体的计价，同时对设计方案进行整体评估，为业主决策提供合理化的建议。

(1)在设计优化阶段造价人员能够参与的工作主要有：

1)短时间内对每个设计方案作出经济估算及评价，在此基础上推选最佳的设计方案。

2)确定设计方案后，由造价人员根据相关资料(之前我们将尽可能地收集当地的造价相关资料，如以前曾做过同类项目的经济指标），提出合理的限额设计指标，供业主与设计单位确定设计限额时参考。制定限额设计目标后，工程造价人员应协同设计人进一步对建设项目的功能标准、技术经济进行分析，对设计方案进行比选和优化。

3）工程造价人员应向就有关关键分部、主要专业、单位工程以及主要单项工程，直至全部项目的多方案设计造价方面的意见或建议，以提供设计方案比较和选择的可能。

（2）设计方案比选工作的步骤和内容应包括：

1）对各设计方案的熟悉和理解。

2）根据各设计方案编制项目估算。

3）对各设计方案经济指标进行分析和比较。

4）综合功能、标准、技术和经济各要素，撰写造价分析比较报告，并提出对设计方案进行优化的意见和建议。

设计优化方案确定或在原则认可之后，工程造价人员应协同业主和设计人进一步细化和完善方案。

1．问：造价指标应如何收集？

答：从项目可行性分析的投资估算，到概算、预算、结算，通过积累已完工程的数据建立造价指标，可以指导新工程的投资估算、概算和预算，有利于决策和资金使用的有效控制。

土建工程指标常见工程数据的收集内容一般有：

（1）工程名称。

（2）建筑用途。

1）住宅楼。

2）综合楼。

3）教学楼。

……

（3）执行的定额。

（4）工程类别（取费等级）。

（5）材料价格。

（6）工程概况。

1）结构形式及层数。

2）建筑物总高。

3）层高。

4）基础形式。

5）混凝土。

6）墙。

7）楼地面。

8）装饰。

9）门窗。

（7）经济指标。

1）土建工程总价。

①定额直接费（分部工程比例：基础，砖石、混凝土及钢筋混凝土、门窗、围护结构等各占定额直接费的比例）。

a. 基础工程。

b. 钢筋混凝土工程。

c. 砖石工程。

d. 脚手架工程。

e. 门窗工程。

f. 楼地面工程。

g. 装饰工程。

h. 其他。

②各项费用。

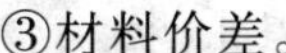

③材料价差。

2)建筑面积。

3)平方米造价(单方造价指标法:通过对同类项目的每平方米造价的对比,可直接反映出造价的准确性)。

4)每平方米主要工料指标(工料消耗指标:即对主要材料每平方米的耗用量的分析,如钢材、木材、水泥、砂、石、砖、瓦、人工等主要工料的单方消耗指标)。

①定额用工。

②钢筋。

③工程用木材。

④周转材。

⑤水泥。

⑥红砖。

⑦中砂。

⑧门窗。

5)专业投资比例(土建、给排水、采暖、通风、电气照明等各专业占总造价的比例,具体读者可以参考一下本节“数据”中的表格)。

2. 问:如何用造价指标比选、分析设计方案?

答:为了保证工程造价的合理性,达到节约投资的目的,必须在设计阶段就应进行有效的控制。以下通过实例(三家设计院设计的某住宅小区)来讲解造价人员如何利用指标对设计方案进行比选。

实例 1-1-3

某小区工程设计图纸造价评选报告。

(1)评价目的:对三家设计单位的设计图纸的经济性进行评价,以便确定今后的长期合作单位。

(2)项目概况。

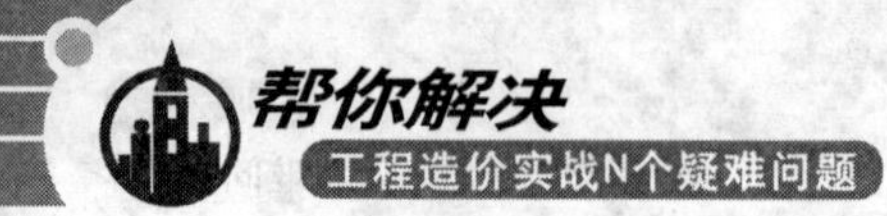

小区住宅楼35栋,其中多层带裙楼15栋,多层15栋,小高层5栋。多层及多层带裙楼均为六层坡屋面,承台基础,框架结构;小高层为十一层平屋面静压桩承基础。共计建筑面积152000m²。该小区于2006年实施。工程拦标价根据当地现行消耗量定额及当时的材料信息价编制。

该小区单体施工图设计由甲、乙、丙三个设计单位完成。甲设计院设计B区1~12号楼,其中多层带裙楼和多层各6栋,建筑面积33925m²。乙设计院设计A区7、8、11、18~24号楼,多层带裙楼3栋,多层5栋,小高层2栋,建筑面积55028m²。丙设计院设计A区1~6、9、10、12~17号楼,其中多层带裙楼6栋,多层5栋,小高层3栋,建筑面积63366m²。

(3)总体造价指标评价。

根据预算部门施工图工程造价计算结果总体看各项主要经济指标比较合理(表1-1-2)。

表1-1-2 经济指标

	单方造价	单方钢筋用量	单方混凝土用量	单方砌体用量
多层	471.96元/m²	42.07kg/m²	0.325m³/m²	0.204m³/m²
多层带裙楼	587.51元/m²	43.43kg/m²	0.330m³/m²	0.199m³/m²
小高层	607.22元/m²	46.69kg/m²	0.321m³/m²	0.168m³/m

经与当地造价站发布的造价指标比较,大部分指标低于目前市造价站颁布的指数,但钢材指标多层部分偏高。

(4)各设计院造价指标评价(表1-1-3)。

表1-1-3 造价评价指标

	单方造价	多 层	多层带裙楼
单方造价	甲设计院	572.09元	591.68元
	乙设计院	572.85元	607.51元
	丙设计院	571.99元	575.66元
单方混凝土用量	甲设计院	0.322m³	0.316m³
	乙设计院	0.322m³	0.346m³
	丙设计院	0.327m³	0.334m³

续表

	单方造价	多　层	多层带裙楼
单方钢筋用量	甲设计院	39.94kg	41.93kg
	乙设计院	45.24kg	46.20kg
	丙设计院	41.52kg	40.83kg
单方砌体用量	甲设计院	$0.236m^3$	$0.203m^3$
	乙设计院	$0.191m^3$	$0.191m^3$
	丙设计院	$0.192m^3$	$0.186m^3$
综合分析		三设计单位的单方造价基本持平，混凝土的单方含量接近，砌体单方含量甲设计院高，乙设计院钢筋含量高 $4kg/m^2$。乙设计院的5栋楼钢筋含量均在 $42kg/m^2$ 以上，其中21号楼为 $49.62kg/m^2$ 相比较偏高	乙设计院钢筋含量较高，每平方含量差异达5.73kg

经综合分析、比较后，乙设计院所设计的三种类型"混凝土及钢筋"分部明显高于其他两家。

(5)差异分析。

根据统计分析，多层房屋钢筋含量差异较大，选择2号、5号、21号、23号4栋具有相同或相近户型，而单方混凝土、钢筋用量差距较大的多层住宅进行对比，其中A2号楼与A21号楼以F1房型、5号楼与23号楼以E2房型进行对比。对比所选梁、柱等在柱距、跨度、荷载方面相同或相近，因而具有可比性。由于设计人员、设计思路、结构选型等方面的不同，使设计出现了一定差异：

1)柱配筋从底层至顶层随受力变化，未作相应调整，如：

乙设计院A23号楼除KZ3随楼层增加变截面调整配筋外，其余柱内配筋未变。

丙设计院近半数柱型随楼层增加钢筋型号减小，用量降低，如：2号楼KZ7的①号主筋，自承台起为4ϕ25，在2.97m处变为4ϕ20，至11.9m处变为4ϕ18，钢筋截面减少。

2)结构方案中确定的柱网尺寸较大，造成柱截面、梁截面偏大、钢筋用量偏大，如：

丙设计院5号楼⑬～⑲/Ⓐ轴，总跨度9.6m，布置框架柱4根，底层该跨度内3m层高的柱主筋钢筋用量193.3kg。

乙设计院23号楼⑪～⑯/Ⓐ轴，总跨度9.6m，布置框架柱3根，构造柱1根，底层该跨度内3m层高柱主筋钢筋用量263.8kg。

3）相同或偏小柱网尺寸下，柱型选择偏大，配筋量偏大，如：

丙设计院A5号楼底层⑬/Ⓖ轴KZ3，截面300×400，配筋4ϕ16、2ϕ16、2ϕ16，3m层高该柱钢筋用量37.8kg。

乙设计院A23号楼底层⑫/Ⓒ轴KZ16，截面450×450，配筋4ϕ18、4ϕ16、4ϕ16，3m层高该柱钢筋用量62.8kg。

4）相同跨度下，梁截面尺寸一致，配筋选择偏大，如：

丙设计院A2号楼底层⑫/Ⓑ～Ⓗ轴KL12，跨度5.4m，截面尺寸250×500，配筋2ϕ18、2ϕ20。

乙设计院A21号楼底层⑫/Ⓑ～Ⓗ轴KL8，跨度5.4m，截面尺寸250×500，配筋2ϕ20、3ϕ18。

5）相同跨度及梁截面尺寸下，箍筋未进行优化，如：

丙设计院2号楼5.4跨KL12，截面尺寸250×500，箍筋ϕ6@100/150；乙设计院21号楼5.4m跨KL8，截面尺寸250×500，箍筋ϕ8@100/200。同时乙设计院设计中均采用ϕ8箍筋，未采用ϕ6箍筋。

（6）结论。

1）甲设计院设计的多层相对合理；多层带裙楼相对合理；乙设计院在设计思路、结构选型、经济合理方面需进一步提高。

2）设计时，既要考虑标准，又要注重经济性和实效性。

3）加强设计图纸的会审工作是优化设计的最后一道防线，也是合理确定与控制工程造价的一个重要的、不可缺少的管理环节，审图人员针对评审中发现的问题，向相关部门和单位提出了改进意见和建议。

三 经验

作为造价人员，在实践工作中要注意收集哪些数据和指标？

答：根据工程造价实践中的经验，仅仅按传统理论收集的一些资料往往是不够的，实际中根据工作的需要，造价人员要注意收集以下经验数据，这些宝贵的经验数据对今后的工作是非常有帮助的，见表1－1－4。这些数据有些需要造价人员自己分析、总结和积累，有些需要向一线的老工程师和同行学习得到。

表1－1－4　需要收集的主要数据

序号	需要收集数据种类	说　明
1	工程量间相关性数据	如模板与混凝土工程量、粉刷与砌体工程量、钢筋与混凝土工程量、土方与基础工程量、脚手架与外墙粉刷工程量均有一定的相关关系
2	价值间的相关性数据	如直接费与间接费的相关数据、造价与成本的相关数据、土建与安装各专业间的相关关系、分项工程间的相关关系
3	工程量与建筑面积的相关性数据	主要是每建筑平方米的工料机消耗数据
4	工程造价与建筑体量的关系	如造价与层高等的相关性数据

这些数据您如果收集到就足够了。快速报价、快速复核、图纸造价优化对您来说都会变得非常简单。

四 数据

1. 常见建筑钢筋含量表（表1－1－5）

使用说明：

1)表中数据仅供参考,因各地规范、设计条件、设计习惯等不同,数据会与本表有一定的差异。

2)读者要在工作中逐步积累、建立起自己的参考数据。

表 1-1-5 常见建筑类型钢筋含量

序号	类 型	参考钢筋含量(kg/m²)
一、桩		
1	围护灌注桩	100~120
2	工程灌注桩	30~60
二、住宅楼		
1	砖混住宅(6层内)	20~30
2	其他混合结构住宅楼	40~55
3	框架别墅	40~50
4	短肢剪力墙小高层住宅	60~120
5	框剪	50~70
6	框架住宅(12层左右),带地下车库(人防)	一般在80~90
7	小高层11~12层	50~52
8	高层17~18层	54~60
9	高层19~30层	65~75
10	高层酒店式公寓19~30层	65~70
三、办公楼		
1	框架结构办公楼(10层以下)	60~80
四、厂房		
1	排架厂房	40~60
2	混凝土框架厂房	100~115
五、其他		
1	框架结构礼堂(跨度25m内)	80~90

2. 造价指标收集表式(表1-1-6~表1-1-8)

表 1-1-6 建筑安装工程造价分析指标案例

填表日期: 年 月 日

(1)工程概况。

工程名称					
工程地区					
开竣工日期			建筑面积(m²)		
结构类型		建筑物高度		建筑物层数	

续表

装修程度		投资性质	□外资　□内资
计价方式	□工程量清单　□定额方式	总价结算下浮率	
建筑物功能			
基础			
楼地面			
门窗			
外粉刷			
内粉刷			
屋面			
电梯			
电气			
管道			
设备			

(2)造价指标。

项　目		总价(元)	平方米指标(元/m^2)	造价比例
一、建筑工程造价				
其中	1. 打桩工程			
	2. 地下室工程(基础)			
	3. 主体工程			
	4. 装修			
二、安装工程造价				
其中	1. 电气工程			
	2. 管道工程			
	3. 其他相关工程			
建筑安装工程部造价(一)+(二)				

(3)主要材料消耗指标(结算)。

主要材料	总用量	单位	用量平方米指标	单价	总价款	造价平方米指标	造价比例
商品混凝土							
水泥							
钢材							
木材							
……							

(4)水泥实际采购价(品牌：　　　　　)。

名　称	规　格	单　位	价格(元)
普通硅酸盐水泥	32.5 级袋装	t	
	32.5 级散装	t	
	42.5 级袋装	t	
	42.5 级散装	t	

续表

名　称	规　格	单　位	价　格(元)
复合硅酸盐水泥	52.5 级散装	t	
	32.5 级袋装	t	

(5)商品混凝土实际采购价(工地运费：□包　□不包;泵送费：□包　□不包)。

规　格	单位	单价(元)
5～25mm C10 坍落度 12～18cm	m^3	
5～25mm C15 坍落度 12～18cm	m^3	
5～25mm C20 坍落度 12～18cm	m^3	
5～25mm C25 坍落度 12～18cm	m^3	
5～25mm C30 坍落度 12～18cm	m^3	
5～25mm C35 坍落度 12～18cm	m^3	
5～25mm C40 坍落度 12～18cm	m^3	
5～25mm C45 坍落度 12～18cm	m^3	
5～25mm C50 坍落度 12～18cm	m^3	
5～25mm C60 坍落度 12～18cm	m^3	
……		

(6)钢材实际采购价(工地运费：□包　□不包)。

品　名	规格	材　质	单价(元/t)
线材	φ6.5		
线材	φ8		
圆钢(标准)	φ10		
圆钢(标准)	φ12		
螺纹钢	φ10		
螺纹钢	φ12		
螺纹钢	φ14		
螺纹钢	φ16		
螺纹钢	φ18		
螺纹钢	φ20		
螺纹钢	φ22		
螺纹钢	φ25		
螺纹钢	φ28		
螺纹钢	φ32		
……			

表 1-1-7　建材、机械租赁、人工、专业分包价格工程案例

填表日期：　　年　　月　　日

工程名称					
工程地点					
建筑面积		投资性质		□外资　□内资	
一、材料名称	规格型号	计量单位	采购单价	备　注	
(一)主材					
水泥					
钢材					
砖					
商品混凝土					
……					
(二)辅材					
……					
每建筑平方米辅材金额				此行标注除主材外辅材每建筑平方米折合金额，不包括已包括在清包工价格内的辅材	
二、设备、周转材料名称	总用量	单位	租赁价	备　注	
(一)机械					
人货电梯					
塔式起重机					
……					
(二)周转材料					
钢模					
钢管					
扣件					
……					
三、清包工	清包工单价	单位	承包方式	备　注	
泥土					
木工					
钢筋工					
普工					
粉刷工					
砌砖工					
电工					
……					
综合人工费				综合人工费 = 清包工人工费合计 ÷ 建筑面积	

续表

……				
四、专业分包	工程量	承包单价	单位	承包方式
土方				
铝幕墙				
铝窗				
……				

注:表格中的项目可以根据需要自行确定。

表 1－1－8　中标工程工程价值指标分析表

<table>
<tr><td colspan="2">工程名称</td><td colspan="3"></td><td>工程内容</td><td colspan="4"></td></tr>
<tr><td rowspan="4">评标中标情况</td><td>评标办法</td><td colspan="3"></td><td>工程地点</td><td colspan="2"></td><td>工程类别</td><td></td></tr>
<tr><td colspan="9">中标价格:　　(万元)　□最低报价;　□次低报价;　□____低报价</td></tr>
<tr><td colspan="9">平均报价:　　最高报价:　　最低报价:</td></tr>
<tr><td colspan="5" rowspan="2">投标单位家数:　家(本地___家,外埠___家)</td><td colspan="2">是否采用电子标书</td><td colspan="2">□是　□否</td></tr>
<tr><td></td><td colspan="2">是否采用暗标评审</td><td colspan="2">□是　□否</td></tr>
<tr><td rowspan="4">工程特征</td><td>建筑面积(m^2)</td><td></td><td>结构类型</td><td></td><td>层数</td><td colspan="4">地上:
地下:</td></tr>
<tr><td>檐 高(m)</td><td></td><td>基础类型</td><td></td><td>层高</td><td colspan="4"></td></tr>
<tr><td colspan="4">地质情况:
混凝土主体:
砌筑:
楼板:
屋面:
门窗:
防水:
电气工程:
给排水工程:</td><td colspan="5">采暖工程:
通风空调工程:
内墙装饰:
外墙装饰:
机电设备:
消防工程:
电梯工程:
其他(包括有线、智能化、燃气等):
(应对材料、设备、品牌、档次进行描述)</td></tr>
<tr><td colspan="9"></td></tr>
<tr><td rowspan="11">造价指标</td><td colspan="2">项目名称</td><td colspan="2">金额(元)</td><td colspan="2">平方米指标(元/m^2)</td><td colspan="3">占总造价比例(%)</td></tr>
<tr><td colspan="2">工程造价</td><td colspan="2"></td><td colspan="2"></td><td colspan="3"></td></tr>
<tr><td colspan="2">1. 分部分项工程费</td><td colspan="2"></td><td colspan="2"></td><td colspan="3"></td></tr>
<tr><td colspan="2">1.1 建筑工程</td><td colspan="2"></td><td colspan="2"></td><td colspan="3"></td></tr>
<tr><td colspan="2">1.2 装饰工程</td><td colspan="2"></td><td colspan="2"></td><td colspan="3"></td></tr>
<tr><td colspan="2">1.3 给排水工程</td><td colspan="2"></td><td colspan="2"></td><td colspan="3"></td></tr>
<tr><td colspan="2">……</td><td colspan="2"></td><td colspan="2"></td><td colspan="3"></td></tr>
<tr><td colspan="2">2. 措施项目费</td><td colspan="2"></td><td colspan="2"></td><td colspan="3"></td></tr>
<tr><td colspan="2">3. 其他项目费</td><td colspan="2"></td><td colspan="2"></td><td colspan="3"></td></tr>
<tr><td colspan="2">4. 规费</td><td colspan="2"></td><td colspan="2"></td><td colspan="3"></td></tr>
<tr><td colspan="2">5. 税金</td><td colspan="2"></td><td colspan="2"></td><td colspan="3"></td></tr>
</table>

注:造价人员根据工程项目情况详细填写工程特征,表中没有的内容可自行补充。

第二节
造价审图

施工图纸是确定计算项目和构件各部位尺寸，合理准确地计算工程量的重要基础资料，全面熟悉施工图纸和采用的标准图，方能准、全、快地编制预算文件。可见，对图纸的熟悉程度是编制预算文件的关键。施工图纸标示的各种不同的构造、大小、尺寸的建筑构件提供了计算每一个工程项目数量的数据，图纸各尺寸的关系，必须理解得一清二楚，这是保证准确计算工程量的先决条件。但有些人为了加快预算的编制速度，对熟悉图纸不重视，编制预算前草率识图，以致图纸中的基本内容还不清楚，就匆忙开始编制预算，经常发生计算后面项目的工程量时，发现前面已计算完的工程量有误，于是回过头来又进行修正，速度反而慢了。因此，只有熟悉施工图纸，才能了解设计意图和工程全貌，为预算合理列项和准确计算工程量提供有利条件。

从预算的角度出发看施工图，往往存在着不能满足编制预算（特别是工程量计算）要求的不足之处，一些经过图纸会审的图纸，仍可能存在不能满足预算之处，这说明造价审图与图纸会审还是有差异的。所以在编制预算前需要进行造价审图。

1. 看图程序

预算编制前看图，即造价审图，与组织施工或图纸自审、会审的

看图有所不同。它包括以下几个步骤:

(1)修正图纸。

首先按图纸会审纪录的内容和设计变更通知单的内容修改、订正全套施工图。施工图的修正在前,可避免事后改变图纸,而改变已计工程量计算数据等大量的重复劳动。

(2)粗略看图。

这种看图方法亦可称"浏览"整套施工图。对于一些简单的工程,有时可以省去粗略看图这一步,仅看一下建筑"三大图"(建筑平面图、立面图和剖面图)就可着手计算工程量。就是先看平、立、剖面图,对整个工程的概貌有一个轮廓的了解,对总的长、宽尺寸,轴线尺寸,标高,层高,总高有一个大体的印象。然后再看细部做法,核对总尺寸与细部尺寸。

(3)重点看图。

这是在上述粗略看图的基础上突出重点,详细阅图。所看图纸的范围,主要是建筑"三大图"和"设计说明"。看清楚后,可在具体分项工程量计算时做到"心中有数",防患于未然。同时也便于合理、迅速地划分分部计算范围和内容。

一般工程施工图,仅需几小时到半天时间,最多1天时间。

2. 看图时应注意的细节问题

(1)建筑部分。

建(构)筑物平面布置在建筑总图上的位置有无不明确或依据不足之处,建(构)筑物平面布置与现场实际有无不符情况等。

(2)先小后大。

首先看小样图再看大样图,核对在平、立、剖面图中标注的细部做法与大样图的做法是否相符,所采用的标准构配件图集编号、类型、型号与设计图纸有无矛盾,索引符号是否存在漏标,大样图是否齐全等。

(3)先建筑后结构。

就是先看建筑图,后看结构图;并把建筑图与结构图相互对照,核对其轴线尺寸、标高是否相符,有无矛盾,查对有无遗漏尺寸,有无构造不合理之处。

(4)先一般后特殊。

应先看一般的部位和要求,后看特殊的部位和要求。特殊部位一般包括地基处理方法,变形缝的设置,防水处理要求和抗震、防火、保温、隔热、隔声、防尘、特殊装修等技术要求。

(5)图纸与说明结合。

要在看图纸时对照设计总说明和图中的细部说明,核对图纸和说明有无矛盾,规定是否明确,要求是否可行,做法是否合理等。

(6)土建与安装结合。

当看土建图时,应有针对性地看一些安装图,并核对与土建有关的安装图有无矛盾,预埋件、预留洞、槽的位置、尺寸是否一致,了解安装对土建的要求,以便考虑在施工中的协作问题。

(7)图纸要求与实际情况结合。

就是核对图纸有无不切合实际之处,如建筑物相对位置、场地标高,地质情况等是否与设计图纸相符;对一些特殊的施工工艺施工单位能否做到等。

为了做好设计图纸的会审工作、提高设计图纸的质量,应尽量减少在施工前发现设计图存在的问题。

1. 问:如何进行图纸会审?

答:图纸设计完毕后,在开工前,要做好施工图纸交底会审工

作。工程设计施工图纸，虽然经过设计人员层层把关，也难免出现错、漏、碰现象。会审图纸是施工前期的主要技术工作之一，工程施工前，施工单位应组织参加该工程项目的技术人员和相关部门认真看图、熟悉施工图，了解工程情况和图纸设计中的错误、矛盾、交代不清楚、设计不合理等问题，尽可能把这些问题及时提出来，在施工作业之前解决。

会审中对施工单位提出问题的合理性、经济性进行确定与控制，对各专业间图纸的矛盾应尽早向设计单位提出修改，以免出现返工现象，造成不必要的资金浪费。

(1)图纸会审的重点，见表1－2－1。

表1－2－1　图纸会审的重点

序号	重点	做　法
1	找出图纸自身的缺陷和错误	审阅图纸设计是否符合国家有关政策和规定(建筑设计、结构设计和施工规范等)；图纸与说明是否清楚，引用标准是否确切；施工图纸标准有无错漏；总平面图与建筑施工图尺寸、平面位置、标高等是否一致，平、立、剖面图之间的关系是否一致；各专业工种设计是否协调和吻合
2	施工的可行性	研究图纸在施工过程中，在质量上、安全上、工期上、工艺上、材料供应上，乃至于经济效益上施工能否满足图纸的要求
3	其他	地质资料是否齐全，能否满足图纸的要求；周边的建筑物或环境是否影响本建筑物的施工等；施工图纸的功能设计是否满足建设单位的要求等，都是图纸会审的主要内容

(2)图纸会审的准备工作，见表1－2－2。

图纸会审的准备工作主要体现在施工现场的管理层——工程项目经理部。图纸会审准备工作的统筹安排由项目技术负责人负责。工程项目技术负责人应组织有关技术人员对图纸进行分工审阅和消化，并制定图纸会审的进度计划。

表1－2－2　图纸会审的准备

	施　工　单　位	建设单位
重点	着重于图纸自身的问题并结合实际需要进行审阅	对使用功能提出合理的要求

续表

	施工单位	建设单位
内容	检查图纸与建筑、结构设计和施工规范等规定是否相符；研究图纸与施工质量、安全、工期、工艺、材料供应、效益等关系；地质与环境对施工的影响由技术负责人统一负责外，施工图纸自身的问题一般按其工种和工作职责进行划分。一般情况下，土建负责建施和结施部分，安装负责水、电、空调采暖、电梯等。土建部分由主工长负责建施图和结施部分的模板图，钢筋工长负责结施部分的钢筋，内业技术员重点应对建施和总平面图的尺寸和标高进行检查，质量员则应对结施和建施图纸进行相应的核对	是否符合业主要求；是否达到约定设计深度；是否符合作为设计依据的政府有关部门的批准文件要求等

对会审准备中的图纸等问题进行汇总，由项目技术负责人召集有关人员进行一次内部初审。对初审后的问题分门别类地进行整理，确立会审会议上需要解决的相关问题，并指定专人发言和补充发言人员。

(3)图纸会审常见问题，见表1－2－3。

图纸会审工作首先应熟悉施工图，如：建筑平面图、立面图、剖面图、详图、结构施工图、设备图等。

图1－2－3　会审程序与常见问题

序号	各专业自审		各专业互审	
	问题	示例	问题	示例
1	图面有无错误	如轴线、尺寸、构件、钢筋直径、数量、混凝土强度等级等	管道等其他专业需要在土建楼板、墙壁上预留的孔洞，在土建上表示了没有，尺寸、标高对不对	
2	图面上表示是否清楚，构造做法是否交代清楚；或有无漏掉尺寸等现象	特别是轴线表示是否清楚，剖面图够不够，详图缺不缺。顶棚、墙面、墙裙、踢脚线、地面等装修做法是否协调。门窗、构件的尺寸、规格、数量是否相符等。基础、地沟等是否相符	各专业之间，尤其是设备专业和土建专业图纸上的轴线、标高、尺寸是否统一，有无矛盾之处	

续表

序号	各专业自审		各专业互审	
	问题	示例	问题	示例
3	图中选用的新材料、新技术、新工艺表示是否清楚	如新材料的技术标准、工艺参数、施工要求、质量标准等是否表示清楚，能否施工	其他专业需要在土建图纸中预埋的铁件、螺栓，在土建图纸里表示了没有，尺寸是否准确无误	
4	设计施工图纸能否符合实际情况，施工时有无困难，能否保证质量	如设计选用了预制大型混凝土管道支架，每根 40 ~ 60t 重，而当地和附近又找不到这么大起重的塔式起重机，施工就很困难	电气埋管布置和走向与土建图纸是否合理恰当	如电气穿线钢管在现浇楼板内暗敷，钢管直径 50mm，楼板厚度是 60mm，这样楼板钢筋就不能到位
5	材料选用是否合理，设计是否能满足质量要求。设计施工图纸中采用的材料、构(配)件能否购到	如图中选用的 ф30 Ⅱ级螺纹钢，实际市场上根本采购不到	设备是否要求土建专业留置安装孔，设备能否从门洞进去安装	如锅炉房工程，土建专业留置安装孔、门洞小，锅炉设备无法到位安装
6	图中选用的设备是否是淘汰产品			
7	标准图、详图是否正确，图中采用的规定、规程和标准图集是否适用于本地	如设计选用的预制混凝土空心板图集，不是本地生产的标准图集		

设计施工图纸自审、互审由各单位自己组织，并且都应做好记录，语言简练，条理清楚。在图纸会审前三天由监理单位整理汇总送交设计单位，目的是请设计人员提早熟悉所报的问题，做好充分准备，以便安排图纸会审工作顺序，节省时间，提高会审的质量。

(4)图纸会审的程序。

1)设计单位先进行设计技术交底，说明设计意图，施工时应注意的工程部位，对施工单位的要求等。

2)分专业进行会审。

3)各专业一起会审。

4)会审时应做好记录，由监理单位整理后送参加会审单位核对，无异议后签字。图纸会审纪要应有：会议时间与地点；参加会议的单位和人员；建设单位、施工单位和有关单位对设计上提出的要求及需修改的内容；为便于施工，施工单位要求修改的施工图纸，其商讨的结果与解决的办法；在会审中尚未解决或需进一步商讨的问题；其他需要在纪要中说明的问题等。

记录打印成文，参加单位签字盖章后发给建设单位、设计单位、施工单位、监理单位。图纸会审记录要求随图纸发送，一份施工图纸应附有一份图纸会审记录。

图纸会审记录是施工图纸的补充，集中的工程洽商和变更设计，应作为施工依据，也要作为竣工资料存档。

在该阶段作为有经验的承包商应该大胆对设计可行，但施工费工、效果又差的工艺做一些对自己有利的变更，可以缩短工期，减少成本，同时对建设方也很有利。

图纸会审记录是施工文件的组成部分，与施工图具有同等效力，所以图纸会审记录的管理办法和发放范围同施工图管理、发放，并认真实施。

实例 1－2－1

某施工单位图纸会审管理程序。

1. 适用范围

1.1 本管理规定规定了工程施工图纸会审的一般规定，包括会审的方法、会审的内容、会审的时间安排。

1.2 本管理规定适用于公司承建工程范围内施工图纸的会审。

2. 目的

施工图纸是施工的依据，会审图纸的目的是领会设计意图，熟悉图纸内容，明确技术要求，及早发现并消除设计不合理之处，提出施工方案、施工工艺等。未经图纸会审的工程一律不准开工。

2.1 通过图纸会审，使设计图纸100％符合有关规范要求。

2.2 通过图纸会审，使建筑规划、结构、水电配套等设计做到经济合理、安全可靠。

2.3 通过图纸会审，做到图纸表达清楚、正确无误，确保工程施工按期按质完成。

3. 职责

3.1 工程部负责组织设计院、施工、监理、设计部等有关单位参加图纸会审。

3.2 工程部负责对工程中的技术难点问题组织有关专家咨询评审。

3.3 设计部负责与设计院联系，提出甲方要求，并配合施工单位进行图面解释工作。

4. 会审方法

4.1 综合会审。

4.1.1 由施工单位联系建设单位、监理、总包及设计院确定图纸会审时间。

4.1.2 图纸会审一般由建设单位组织，监理公司主持，由设计单位和施工单位、协作单位参加，多方进行图纸会审。

4.1.3 图纸会审时，首先由设计单位的工程设计者向与会者说明拟建工程的设计依据、意图和功能要求，并对特殊结构、新工艺、新材料、新产品和新技术提出设计施工要求。然后施工单位根据自审记录以及对设计意图的了解，提出对设计图纸的疑问和建议；最后在统一认识的基础上，对所探讨的问题逐一做好记录，形成“图纸会审纪要”，正式行文，参加单位共同会签、盖章，作为设计文件并与技术文件一起用于指导施工的依据，以及建设单位与施工单位进行工程估算的依据。

4.2 内部系统会审。

4.2.1 由分公司（或项目部）施工管理部组织，项目部总工、技术科各专业工程师参加。

4.2.2 审查设计的完善性，确认整体设计的合理性，发现有无影响施工、生产的重大设计缺陷，各单位之间协调性，以及根据设计选择合理的施工方案、施工工艺等。

4.2.3 复核各专业会审中存在的问题，并提出解决方法，对不能解决的，做出记录在综合会审中提出。

4.3 专业会审。

4.3.1 由分公司（或项目部）专职工程师组织，技术员、施工员参加。

4.3.2 对本单位工程施工图纸进行熟悉和会审。目的在于掌握设计意图，确立施工措施，发现设计细节错误等。并对会审中存在的问题做出记录。

5. 图纸会审内容

5.1 所有施工图（包括标准图和复用图）和设计文件是否齐全，采用的标准规范是否明确。

5.2 各种材料的型号、规格、数量是否满足施工需要。

5.3 设计与施工主要技术方案是否相适应。

5.4 图纸设计深度能否满足施工需要。

5.5 加工要求施工能力能否达到。

5.6 扩建工程新、老厂及新老系统之间的衔接是否吻合，施工过渡是否可行，特别注意按图面检查外，还应按实际情况加以校核。

5.7 各专业之间设计是否协调。设备外形尺寸与基础尺寸，建筑物预留孔及预埋件与安装图纸要求，设备与系统连接部位，管线之间的相互关系是否正确。

5.8 施工中涉及的新材料、新工艺、新技术是否清楚，其品种、数量、规格能否满足设计要求。

5.9 总图、分部图、分项图、构件图之间是否协调一致；安装图纸和土建图纸是否协调一致。

5.10 根据图纸目录，核对施工图纸是否齐全完整，图纸的尺寸、坐标、标高等，有关数据是否明确。

5.11 各类管道、电缆等布置是否合理，坐标、规格是否正确。

5.12 设备管口方位、接管规格与管道安装图、土建基础图是否吻合。

5.13 各专业工程设计是否便于施工，经济合理。

5.14 能否满足生产运行安全经济的要求和检修作业的合理要求。

6. 图纸会审关键问题

6.1 土建部分。

6.1.1 基坑开挖及基坑围护。

6.1.2 基础形式的选择。

6.1.3 主体结构中的结构布置选型、钢筋含量、节点处理等问题。

6.1.4 四大渗漏：屋面防水、外墙防渗水、卫生间防水、门窗防水。

6.1.5 内墙粉刷。

6.1.6 楼地面做法。

6.1.7 土建与各专业的矛盾问题。

6.1.8 工程施工中的可行性问题。

6.2 配套部分。

6.2.1 给水管供水量及管道走向、管径要满足最不利点供水压力需要，且满足美观需要。

6.2.2 排水管的走向及布置是否合理。

6.2.3 管材及器具选择是否符合规范及甲方要求。

6.2.4 消防工程设计满足美观及消防管理部门的要求。

6.2.5 水、电、气、消防等设备、管线安装位置设计合理、美观且与土建图纸不相矛盾。

6.2.6 煤气工程满足煤气公司的审图要求。

6.2.7 总体图纸布局、管位布置合理，管材选用合理。

6.2.8 用电设计容量和供电方式符合供电管理部门规定要求。

6.2.9 强、弱电室内外接口满足电话部门、供电部门及设计要求。

6.2.10 室内电器布置合理、规范。

7. 会审时间安排

7.1 专业会审应安排在系统会审前，所发现的问题在内部系统会审时进一步复核后作出决定。

7.2 内部系统会审安排在综合会审前，所发现问题汇总后交综合会审审定。

7.3 内部系统会审应在单位工程开工前完成，会审中发现的问题应在综合会审会议上协商决定。

8. 图纸会审其他一般规定

8.1 图纸会审前，参加人员熟悉图纸，准备意见，进行必要的核对和计算工作。

8.2 图纸会审应由专人作出详细记录。

8.3 委托外单位加工的图纸应由委托单位进行审核后交出，加工单位提出的设计问题由委托单位提交设计单位解决。

8.4 图纸会审记录由设计院负责，并发放到业主。

8.5 检查：在施工过程中，工程部项目主办人员及各专业工程师须定期检查按图施工的情况，如发现新问题及必要的调整及时反馈给设计院和业主。

9. 有关文件

9.1 现行建筑设计规范大全。

9.2 现行建筑施工规范大全。

2. 问：造价人员如何进行造价审图？

答：由于工作性质不同，看图的角度各异。技术、施工员看图纸，注重结构，如标高，尤其是墙身、框架结构等骨架交圈问题，即工人常说的“各张图纸都要说得上话”，尺寸、标高、做法、各种说明要吻合，各专业图纸要交圈，节点、细部要有明确的说明。

造价人员编制预算前的看图，没有必要从施工的角度入手。如

构件安装是否合适、分尺寸之和是否等于总尺寸、施工操作是否困难等，这些问题相信图纸会审已经解决。造价人员的看图方法纯粹是从预算编制的角度出发，为了排除预算编制过程中的障碍而进行的。有的人在动手计算预算工程量前，像现场施工人员一样，花费很大的精力和很长的时间去看图，其实是不必要的。也有的人在预算工程量计算前不看图，提笔拿图就开始计算，这种做法势必在工程量计算过程中，随时要去翻阅有关图纸，造成工作混乱，降低工作效率，并且容易发生差错，因此也是不可取的。

造价人员拿到图纸后应从以下角度进行审图：

(1)审图纸标示是否清楚，可否准确查套定额等计价依据。

(2)工程量计算的基本数据是否清楚、明确。

为加强预算工作的准确性，预算员必须熟悉建筑工程施工技术规范、规程以及施工图和标准图集，并具有一定的施工技术知识，熟练地运用定额，才能做到项目齐全、数据准确、速度快捷；精益求精，有条不紊，精确地作出一份预算文件。

造价人员审图的小经验（表1-2-4）

表1-2-4 审图经验汇编

序号	审图方向	造价审图注意点	作用
一	修正图纸	按图纸会审记录的内容和设计变更通知单的内容修改、订正全套施工图	可避免事后改变图纸，而改变已计工程量计算数据等大量的重复劳动
二	粗略审图		
1	了解工程的基本概况	如建筑物的层数、高度、基础深度、结构形式和大概建筑面积等	

续表

序号	审图方向	造价审图注意点	作用
2	一般了解工程的材料和做法	如楼地面层是水泥砂浆还是水磨石，外墙面是水刷石还是干粘石，屋面是柔性防水还是刚性防水，门窗是钢制还是木制等	
3	了解图中有无“门窗统计表”、“灯具表”等	若有的话，要对照施工图进行详细核对，检查是否有误。一经核对，在计算相应工程量时就可直接利用	
4	了解施工图表示方法	设计单位不同，施工图的表示方法往往有所出入。如装饰抹灰工程是在“装饰表”内列出还是在相应图纸上分别表示等	
三	详细阅图		
1	标注是否清楚	如某办公楼的厕所，图纸只注参照标准图某型号，改了连接厕所门的预制隔板，但没改门的尺寸，造成厕所门窄了10cm	可见牵一发，动全身。既然“改”，牵动的有关尺寸都应交代清楚
2	标准图门窗号，图纸上是否漏写或写错	某综合楼，因各房间用途不同，门窗多、型号繁杂。有的走廊门与房间隔墙门尺寸相同，但需要的型号不同；图纸上各门洞型号标注的密密麻麻，常有漏注或错写	
3	墙体拉结筋、混凝土柱与墙体锚固筋，图纸是否说明	如钢筋的规格、长度、有无弯钩、几皮砖放一层，每层几根等，是否说明	造价人员虽熟记定额和工程量计算规则，但对技术规范并不完全掌握。因此初学者容易漏项，有经验者做预算时，也只能根据常规经验估算
4	预制板号与数量是否写错	结构平面图中，每间空心板的块数，写在房间平面图的对角线上。因结构平面图多，房间大小不一，板号形形色色、种类繁多，极易写错号	

1. 设计交底格式

实例 1－2－2

某工程设计交底会议记录，见表1－2－5。

表 1-2-5　设计交底会议记录

编号：××字×××

工程名称	×××变电站		
会议名称	消防泵房、主变场地施工图纸交底	主持人	×××
会议地点	××工地会议室	会议日期	2007.06.10

会议主要议题：设计对主变场地、消防泵房等图纸进行设计交底
会议纪要(附后)
会议人员名单

姓　名	工作单位	职务/电话
×××	××建设单位	
×××	××设计院	
×××	××监理公司	
×××	××监理公司	
×××	××建公司	
×××	××建公司	

注：本表一式多份，参加会议单位各存一份。

实例 1-2-3

某工程图纸交底纪要。

施工图纸交底会议纪要

会议时间：2007.06.10　　　09：30～11：00
会议地点：××变电站工地会议室
主持人：×××

××设计院××对本工程主变场地设备基础、消防泵房等土建施工图作施工前交底。

通用部分：

(1)本次施工图设计，结构图采用标准的平法标注，看图时参照国家建设标准设计图集03G101－1修正版阅读。

(2)施工前应对相应结构、水、暖、电图纸进行综合会审，协调好相互之间的关系和影响。

(3)室内装修的做法按目前的示范标准设计，如有新的要求，再作调整。

(4)采用图集：××省工程建设标准设计图集。

(5)模板及其支架应根据工程结构形式、荷载大小、地基土类别、施工设备和材料供应等条件进行设计。模板及其支架应具有足够的承载能力、刚度和稳定性，能可靠地承受浇筑混凝土的重量、侧压力以及施工荷载。

(6)模板及其支架拆除的顺序及安全措施应按施工技术方案执行。

(7)当钢筋的品种、级别或规格需作变更时，应办理设计变更文件。

(8)钢筋进场时，应按现行国家标准《钢筋混凝土用热轧带肋钢筋》(GB 1499—1998)[1]等的规定抽取试件作力学性能检验，其质量必须符合有关标准的规定。

检查数量：按进场的批次和产品的抽样检验方案确定。

检验方法：检查产品合格证、出厂检验报告和进场复验报告。

(9)钢筋的抗拉强度实测值与屈服强度实测值的比值不应小于1.25，钢筋的屈服强度实测值与强度标准值的比值不应大于1.3。

检查数量：按进场的批次和产品抽样检验方案确定。

检验方法：检查进场复验报告。

(10)钢筋安装时，受力钢筋的品种、级别、规格和数量必须符合设计要求。

检查数量：全数检查。

---

[1] 该标准已被《钢筋混凝土用钢　第2部分　热轧带肋钢筋》(GB 1499.2—2007)代替。

检验方法:观察,钢尺检查。

(11)水泥进场时应对其品种、级别、包装或散装仓号、出厂日期等进行检查,并应对其强度、安定性及其他必要的性能指标进行复验,其质量必须符合现行国家标准《硅酸盐水泥、普通硅酸盐水泥》(GB 175—1999)。当在使用中对水泥质量有怀疑或水泥出厂超过三个月(快硬硅酸盐水泥超过一个月)时,应进行复验,并按复验结果使用。钢筋混凝土结构、预应力混凝土结构中,严禁使用含氯化物的水泥。

检查数量:按同一生产厂家、同一等级、同一品种、同一批号且连续进场的水泥,袋装不超过200t为一批,散装不超过500t为一批,每批抽样不少于一次。

检验方法:检查产品合格证、出厂检验报告和进场复验报告。

(12)混凝土中掺用外加剂的质量及应用技术应符合现行国家标准《混凝土外加剂》(GB 8076—1997)、《混凝土外加剂应用技术规范》(GB 50119—2003)等和有关环境保护的规定。钢筋混凝土结构中,当使用含氯化物的外加剂时,混凝土中氯化物的总含量应符合现行国家标准《混凝土质量控制标准》(GB 50164—1992)的规定。

检查数量:按进场的批次和产品的抽样检验方案确定。

检验方法:检查产品合格证、出厂检验报告和进场复验报告。

(13)结构混凝土的强度等级必须符合设计要求。用于检查结构构件混凝土强度的试件,应在混凝土的浇筑地点随机抽取。取样与试件留置应符合以下规定:

1)每拌制100盘且不超过100m^3的同配合比的混凝土,取样不得少于一次。

2)每工作班拌制的同一配合比的混凝土不足100盘时,取样不得少于一次。

3)当一次连续浇筑超过100m^3时,同一配合比的混凝土每200m^3取样不得少于一次。

4)每一楼层、同一配合比的混凝土,取样不得少于一次。

5)每次取样应至少留置一组标准养护试件,同条件养护试件的留置组数应根据实际需要确定。

检验方法:检查施工记录及试件强度试验报告。

消防泵房:

(14)图号××,砌体用MU10混凝土普通砖,±0.000下用M10水泥砂浆,±0.000以上用M7.5混合砂浆。

(15)图号××,池体外防水用2厚JS防水涂料,外贴20厚挤塑聚苯板保护层。

(16)图号××,单轨吊车梁处预埋2根直径为30mm的孔,固定吊车梁用。

(17)图号××,SJ-2中的埋件,由设备厂家提供,土建安装,浇进混凝土中。

(18)图号××,为了便于施工,电容器、电抗器基础的油坑底降至-1.5m。

(19)消防水池顶板浇筑时需预留好控制电缆埋管,位置根据电气图纸定。

2. 图纸会审纪要格式

实例1-2-4

某工程图纸会审纪要。

××小区14号、15号、17号、18号楼土建部门图纸会审纪要

会审时间:2006年2月26日

会审地点:××小区会议室

会审参加人员:

建设单位:×××、×××

设计单位:×××、×××

监理单位:×××、×××

施工单位:×××、×××

会 审 内 容

一、建施部分

建施－03，MD－1宽度均为1000mm。

二、结施部分

1. 一层及顶层窗下60mm处都加120×240混凝土拉结带，配筋4ϕ10，箍筋ϕ6@200，混凝土强度等级C20，该混凝土拉结带沿前后墙设置。

2. 结施－03，基础QL断面尺寸为370×150。

3. 结施－04，TL－3断面尺寸为240×240，其中心线与墙轴线共线，入墙部门空隙均用素混凝土浇筑至370墙面同宽。

4. 结施－04，D/6－8，D/32－34轴线处各设梁1道，其截面尺寸为370×300，配筋上下各4ϕ16，箍筋ϕ6@100/200四肢箍，梁顶标高为－0.02。

5. 结施－04，6/D－E，14/D－E，26/D－E，34/D－E增加QL圈梁，其截面尺寸及配筋同层QL1，标高为－0.15。

6. 结施－04，9/G，13/G，27/G，31/G，增加240×240构造柱，配筋同标准层GZ3，柱顶标高同梁L－3顶标高4.35。

7. 结施－05，6/F，7/F，12/F，14/F，26/F，28/F，33/F，34/F，增设240×240构造柱，直接从下层370×240构造柱内生根，配筋同GZ3伸入女儿墙压顶内。

8. 结施－05，L－8取消QL2，其截面尺寸和配筋同QL2。

9. 结施－05，19－24/A增设QL连接，其截面尺寸与配筋同QL1，墙与墙之间全部为现浇板，现浇板配筋同空调板配筋。

10. 结施－05，12/E，28/E构造柱取消。

11. 结施－06，8－11/A－B，29－32/A－B，空调板配筋及标高同阳台现浇板。

12. 结施－08，L－12改为L－10，GZ生根于11.98处，位置分别为1/F/6，1/F/7，1/F/14，1/F/28，1/F/33，1/F/34，配筋不变。

13. 结施－09，L－11改为L－10。

14. 结施－13，GZ4改为GZ3，生根于15.00m，止于18.00m，GZ5改为GZ4，生根于ML－5，GZ5生根于L－13，配筋不变。

建设单位（盖章、签字）：×××、×××　　设计单位（盖章、签字）：×××、×××

监理单位（盖章、签字）：×××、×××　　施工单位（盖章、签字）：×××、×××

第二章 招投标书中的造价疑难问题

第一节 评标中的造价问题

工程造价人员在招投标阶段也有广泛的参与空间,发挥着重要作用。参与范围主要有:

(1)工程造价人员参加项目招标答疑会。

对投标人提出的项目工程报价相关的疑问作出符合招标文件及其他要求的书面答复。

(2)工程造价人员对项目的投标报价进行分析。

工程造价人员对有效投标文件的分析工作应包括:判别投标人对招标文件商务条款的响应程度;如需要投标人计算工程量的,检查投标人工程量计算规则运用是否恰当以及工程量计算是否存在偏差;检查投标人的商务报价是否存在计算误差;检查总价与单价是否存在偏差,以及各投标报价中指定单价或限定单价的相符性。

(3)工程造价人员与委托人协商确定一个参考价格。

这一参考价格可以是工程造价咨询人员自行计算编制的,也可以是最低的投标报价或者各投标报价的平均价格，还可以是有较高施工技术要求项目的技术标得分最高人的投标报价。

(4)工程造价人员在进行投标报价分析时，应做好以下工作：

1)投标报价分析应由总报价依次向单项工程、单位工程、专业工程、分部工程和分项工程的项目综合单价或工料单价逐级展开。

2)工程造价咨询人员应对投标人措施项目清单报价的相符性进行鉴别，其内容为：招标文件中的有关要求是否满足和保证；措施项目内容和价格与投标文件中的施工方案、施工工艺是否一致。

3)工程造价咨询人员应对投标人其他项目清单报价进行审核，其内容为：投标报价中的暂定金额、限定金额是否与招标文件要求相一致。暂定金额与限定金额是否被列入总价下浮范围；总承包服务费和零星项目费用是否符合招标文件规定，取费是否合理。投标人是否承诺了其应承担的责任等。

(5)工程造价人员对投标报价分析之后，对需要投标人补充和澄清的问题应逐一列出，并纳入分析报告。

工程造价人员完成并提供委托人的投标报价分析报告应包括：投标报价排序及比较(建设工程投标总报价排序分析表)；分部分项工程量清单报价分析表(分部分项工程量清单报价汇总分析表；分部分项工程量清单主要项目综合单价比较表)。措施项目清单报价比较表；其他项目清单报价比较表；投标人需澄清、说明、补正的事宜；结论与建议。

(6)工程造价人员应根据委托人要求，配合评标委员会，就投标文件中需要投标人作出澄清、说明和补正的有关工程造价方面的事宜提出意见或建议。

(7)工程造价人员应按评标委员会的要求，完成具体的澄清、说明和补正工作。

工程造价人员在投标人澄清时，不得提出带有暗示性或诱导性问题，或向其明确投标文件中的遗漏和错误。

工程造价人员应协助评标委员会根据招标文件、投标文件、投标报价分析报告及投标澄清书面记录，确定投标报价偏差性质及合理性。

二 方法

1. 问：如何选择合适的评标方法？

答：招标人对承包商的选择要求均体现于招标文件中的评标办法与标准，可以说一个招标项目的评标办法及标准是决定中标结果的最关键因素。评标办法与标准的合理性、适用性、针对性直接决定了能否选择出优秀的承包商。反之，评标方法与标准的不适用，自然难以选择出符合招标人要求的承包商。

(1)常用评标办法。

根据《中华人民共和国招标投标法》(以下简称《招标投标法》)、国家七部委 12 号令《评标委员会和评标方法暂行规定》等法律法规的规定，我国目前的评标办法主要包括经评审的最低投标价法、综合评估法及法律、行政法规允许的其他评标方法。同时，我国各地方政府根据国家法律法规及当地的实际情况，也制定了相应的评标定标办法。

1)经评审的最低投标价法。

经评审的最低投标价法一般适用于具有通用技术、性能标准或者招标人对其技术、性能没有特殊要求的招标项目。采用该方法确定的中标人的投标应能够满足招标文件的实质性要求，并且经评审的投标价格最低，但是投标价格低于其成本的除外。

2)综合评估法。

采用综合评估法评标的，中标人的投标应能够最大限度地满足招标文件中规定的各项综合评价标准。

3)法律、行政法规允许的其他评标方法。

如抽签法、合理低价评标法、平均报价评标法、两阶段低价评标法和 A + B 值评标法等。

(2)评标办法的选择,见表 2 - 2 - 1。

选择合适的评标办法,首先应对现行评标办法的适用条件及应用情况进行研究,充分了解其在应用过程中的利与弊,才能根据工程的具体情况作出相应的选择。

表 2 - 1 - 1 评标方法选择

序号	评标方法	适 用 条 件	对评标结果影响
1	经评审的最低投标价法	①投标人要有企业定额或类似数据资料,能够快速估算自身成本; ②招标保证措施齐全,最主要的是要有工程担保措施; ③当工程技术、性能没有特殊要求,工程设计图纸深度足够,招标文件及工程量清单详尽、准确; ④建设工程招投标市场化程度较高	①让业主以最低的价格获得最优的服务,能够最大限度地降低工程项目投资成本,提高投资效益; ②低价中标,高价索赔;低价低质;恶性竞争;价格太低无法完工而形成“半拉子工程”
2	综合评估法	①当工程技术、性能有特殊要求,或建设工程管理水平不高; ②工程设计图纸深度不够,招标文件及工程量清单粗放; ③投标单位未建立独立的估价信息; ④建设工程招投标担保制度不完善时	业主可根据工程的实际情况,调节评分项目及分值权重,能对招标结果进行调控
3	“标底式”评标	①建筑市场不规范; ②投标单位不规范	
4	其他	当建设工程规模较小,技术、工艺简单或出现其他情况时,可采用法律、行政法规允许的其他评标方法,如抽签法等	

采用什么样的评标方法,选择什么样的承包人,只要不违反国家的法律法规,能体现公平、公正就可以。如何确定评标方法可以考虑以下几点:

1)与项目总体目标一致。

分析项目的重要程度,对于质量、工期的要求是不是很高,有无创一流工程或者全优工程的期望、今后的维修管理等情况。

2)分析项目的工艺、技术特点。

如一般的河湖清淤,有无防汛要求,根据技术的难易程度,特别是施工设备投入的要求,可以分成非常简单的工程,一般技术要求的工程、较复杂的工程、复杂的工程。

3)分析竞争态势。

对于参加投标的竞争态势进行分析,要考虑到投标单位之间的竞争、协作、联合,防止被不合适的哄抬或者过分的压价。

4)考虑工程项目所在地的社会经济环境、业主自身的情况和行业的特点。

如工程所在地段的政治经济、人文地理、自然环境、社会治安、风土人情及社会沿革、当地群众的生产生活等方面。有的地方社会经济环境相对封闭,外来企业就很较难参与竞争,有的地方相对开放,外来参与竞争则容易些。

业主方面主要是:资金筹集的情况、业主对于工程的期望。资金富余的,价格因素可以考虑少一点,反之,只需要十分注意价格因素;此外,资金不完全到位的,特别是地方工程,往往需要承包商短期内垫资。

5)考虑延续性。

同一个项目,多个标段分期或者分年度招标的,要考虑到策略的延续性。

6)考虑生命周期成本。

投标价最低,并不意味结算价最低,更不意味生命周期成本最低。

2. 问:如何对招投标进行审查?

答:归纳为表 2-1-2。

表 2-1-2 招投标审查

序号	审查重点与方法
一	招投标条件是否具备、程序是否合法
1	招标准备阶段,应注意审查招标人的准备工作是否充分,是否按程序做完了全部工作,招标申请是否获得批准,手续是否齐全,招标人在招标申请中是否存在肢解建设项目,规避招标,致使招标项目不完整的现象
2	招投标阶段,要注意审查招标人是否按规定编制了招标文件,发布了招标公告或发出招标邀请书;对招标文件的修改和补充,是否按有关规定进行;投标人的资格是否符合要求;标书是否有效。一般情况下,招标人在招标文件中都明确规定了投标人的资质和级别要求,发放标书前对前来投标的投标人都要进行资格审查,了解这些单位的资历、资质、信誉、业绩、财力和技术等情况,只有通过资格预审的单位才有资格参加投标。这样一来,达不到要求的投标人为了能够参加投标,往往以联合设计或施工、监理的名义高套企业资质和级别,或挂靠有资质的单位。对投标人的资质符合性要重点审查,同时还应审查投标人的标书是否按规定进行了密封并加盖了单位公章和负责人的印章,标书是否按规定格式填写、字迹是否清晰,是否在规定的截止日之前递交
3	开标、评标、定标阶段,要注意审查开标程序是否规范,标箱是否在有关部门和人员的监督下当众开启,开标过程有无记录,评标过程是否公平公正,是否严格按招标文件规定的各项要求和标准,择优选择中标单位,整个过程及结果是否保密
二	招标文件内容是否完整合规
1	招标人应本着实事求是的原则编制招标文件,使之内容充分翔实。招标文件中应明确投标价格的计算依据,如工程计价类别,执行的定额标准或取费标准,执行的人工、材料、机械设备政策性调整文件,材料、设备计价方法及供货方式,工程量清单等,以便于投标人在投标时能以此为依据,全面考虑施工方案和投标报价,避免由于招标文件内容不全面而导致投标失真的问题发生
2	审查招标文件中所列示的有关评标的要求是否符合《招标投标法》及有关规定,对于不合规的内容应及时予以纠正
三	标底与投标报价是否真实准确
1	标底一般由招标人委托具备编制标底资格的造价工程师或具备编制条件的中介组织完成,也可由招标人自行编制。为了防止"低标抢价",作为基准价格的标底要有一个上限和下限的幅度规定
2	审查标底是否经过有关部门审核,只有经过审核认可的标底方可作为评标依据。审查招标标底和投标报价,关键是审查其编制过程的真实性和合法合规性,重点审查编标单位或人员是否具备相应资格,标底是否经过审核,投标报价是否在建设成本确定的基础上形成,有无低于成本竞争的行为。同时,还应注意审查投标过程有无人为压力、哄抬标价或泄露标底的问题。标底和投标报价审查的内容与建设项目概预算审查的内容基本相同,包括编制标底的依据是否符合工程所在地的有关政策法规和规定,是否符合项目本身的技术特点,及对环境等客观因素的要求,各项依据是否充分;编制标底所采用的单价是否正确,所列的工程名称、种类、规格、计量单位与定额或估价表所列内容是否一致,定额套用和换算是否准确,对定额缺项的处理是否符合编制标底的有关规定和原则;工程量的计算是否准确,取费标准是否有高套或低套现象,各项费用的计算基础、各种费率的采用、单项定额与综合定额有无重复计算,图纸中未包含的设备是否计入了标底或报价

续表

序号	审查重点与方法
四	招投标管理工作是否规范
	审查规范招标管理工作，严格操作程序，制止违章行为

1. 招投标阶段应注意的法律问题

答：招投标阶段有一些法律问题需要有明确的认识，归纳为表2－1－3。

表2－1－3　招投标阶段应注意的法律问题

序号	项目	应注意的法律问题
一	招标	
1	是否必须招标的审查	根据《招标投标法》第三条的规定，是否属于必须公开招标的范围
2	必须招标的工程建设项目	（1）根据《招标投标法》和《工程建设项目招标范围和规模标准规定》的规定： ①大型基础设施、公用事业等关系社会公共利益、公众安全的项目； ②全部或者部分使用国有资金投资或者国家融资的项目； ③使用国际组织或者外国政府贷款、援助资金的项目。包括项目的勘察、设计、施工、监理以及与工程建设有关的重要设备、材料等的采购，达到当地规定投资标准，必须进行招标。 （2）根据《工程建设项目招标范围和规模标准规定》规定，关系社会公共利益、公众安全的基础设施项目的范围包括： ①煤炭、石油、天然气、电力、新能源等能源项目； ②铁路、公路、管道、水运、航空以及其他交通运输业等交通运输项目； ③邮政、电信枢纽、通信、信息网络等邮电通信项目； ④防洪、灌溉、排涝、引（供）水、滩涂治理、水土保持、水利枢纽等水利项目； ⑤道路、桥梁、地铁和轻轨交通、污水排放及处理、垃圾处理、地下管道、公共停车场等城市设施项目； ⑥生态环境保护项目； ⑦其他基础设施项目

续表

序号	项目	应注意的法律问题
		(3)关系社会公共利益、公众安全的公用事业项目的范围包括： ①供水、供电、供气、供热等市政工程项目； ②科技、教育、文化等项目； ③体育、旅游等项目； ④卫生、社会福利等项目； ⑤商品住宅，包括经济适用住房； ⑥其他公用事业项目。 (4)使用国有资金投资项目的范围包括： ①使用各级财政预算资金的项目； ②使用纳入财政管理的各种政府性专项建设基金的项目； ③使用国有企业事业单位自有资金，并且国有资产投资者实际拥有控制权的项目。 (5)国家融资项目的范围包括： ①使用国家发行债券所筹资金的项目； ②使用国家对外借款或者担保所筹资金的项目； ③使用国家政策性贷款的项目； ④国家授权投资主体融资的项目； ⑤国家特许的融资项目。 (6)使用国际组织或者外国政府资金的项目的范围包括： ①使用世界银行、亚洲开发银行等国际组织贷款资金的项目； ②使用外国政府及其机构贷款资金的项目； ③使用国际组织或者外国政府援助资金的项目
3	可不进行施工招标的项目	有下列情形之一的，经县级以上地方人民政府建设行政主管部门批准，可以不进行施工招标： ①停建或者缓建后恢复建设的单位工程，且承包人未发生变更的； ②施工企业自建自用的工程，且该施工企业资质等级符合工程要求的； ③在建工程追加的附属小型工程或者主体加层工程，且承包人未发生变更的； ④法律、法规、规章规定的其他情形
4	工程招标的条件	工程招标须具备下列条件： ①按照国家有关规定需要履行项目审批手续的，已经履行审批手续； ②工程资金或者资金来源已经落实； ③施工招标的，应有满足需要的设计文件及其他技术资料； ④法律、法规、规章规定的其他条件
5	自行招标和委托招标	①招标人具有编制招标文件和组织评标能力的，可以自行办理招标事宜。任何单位和个人不得强制其委托招标代理机构办理招标事宜。依法必须进行招标的项目，招标人自行办理招标事宜的，应当向有关行政监督部门备案； ②招标人不具有编制招标文件和组织评标能力的，工程建设项目进行招标应当委托具有相应资格的招标代理机构进行招标

续表

序号	项目	应注意的法律问题
6	招标代理机构及其资格	招标代理机构是依法设立、从事招标代理业务并提供相关服务的社会中介组织。工程招标代理机构资格分为甲、乙两级
7	公开招标和邀请招标	①招标方式可分为公开招标和邀请招标。公开招标是指招标人以招标公告的方式邀请不特定的法人或者其他组织投标;邀请招标是指招标人以投标邀请书的方式邀请特定的法人或者其他组织投标。 ②招标人采用公开招标方式的,应当发布招标公告,应当通过国家指定的报刊、信息网络或者其他媒介发布。招标人采用邀请招标方式的,应当向三个以上具备承担招标项目的能力、资信良好的特定的法人或者其他组织发出招标邀请书。招标公告或投标邀请书应当载明招标人的名称和地址,招标项目的性质、数量、实施地点和时间以及获取招标文件的办法等事项
8	招标人对投标申请人的资格预审	①招标人可以根据招标工程的需要,对投标申请人进行资格预审,也可以委托工程招标代理机构对投标申请人进行资格预审。实行资格预审的招标工程,招标人应当在招标公告或者投标邀请书中载明资格预审的条件和获取资格预审文件的办法。 ②资格预审文件一般应当包括资格预审申请书格式、申请人须知,以及需要投标申请人提供的企业资质、业绩、技术装备、财务状况和拟派出的项目经理与主要技术人员的简历、业绩等证明材料。 ③经资格预审后,招标人应当向资格预审合格的投标申请人发出资格预审合格通知书,告知获取招标文件的时间、地点和方法,并同时向资格预审不合格的投标申请人告知资格预审结果。 ④在资格预审合格的投标申请人过多时,可以由招标人从中选择不少于7家资格预审合格的投标申请人
9	招标文件	(1)施工招标的招标人应当根据招标工程的特点和需要,自行或者委托工程招标代理机构编制招标文件。招标文件应当包括以下内容: ①投标须知,包括工程概况、招标范围、资格审查条件、工程资金来源或者落实情况(包括银行出具的资金证明)、标段划分、工期要求、质量标准、现场踏勘和答疑安排、投标文件编制、提交、修改、撤回的要求、投标报价要求、投标有效期、开标的时间和地点、评标的方法和标准等; ②招标工程的技术要求和设计文件; ③采用工程量清单招标的,应当提供工程量清单; ④投标函的格式及附录; ⑤拟签订合同的主要条款; ⑥要求投标人提交的其他材料。 依法必须进行施工招标的工程,招标人应当在招标文件发出的同时,将招标文件报工程所在地的县级以上地方人民政府建设行政主管部门备案。 (2)应注意设计招标文件应当包括以下内容: ①工程名称、地址、占地面积、建筑面积等; ②已批准的项目建议书或者可行性研究报告; ③工程经济技术要求;

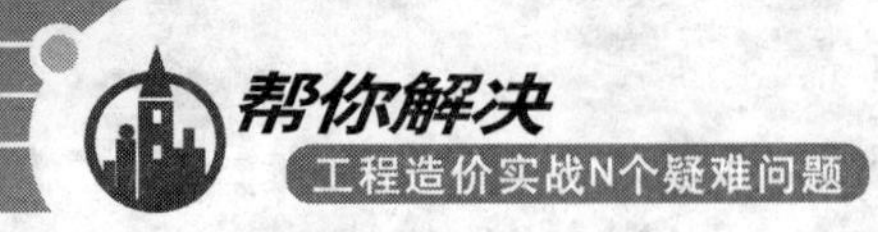

续表

序号	项目	应注意的法律问题
		④城市规划管理部门确定的规划控制条件和用地红线图； ⑤可供参考的工程地质、水文地质、工程测量等建设场地勘察成果报告； ⑥供水、供电、供气、供热、环保、市政道路等方面的基础资料； ⑦招标文件答疑、踏勘现场的时间和地点； ⑧投标文件编制要求及评标原则； ⑨投标文件送达的截止时间； ⑩拟选用的合同示范文本或拟签订合同的主要条款； ⑪未中标方案的补偿办法
10	招标文件的修改和要求提交投标文件的时限	①应注意招标人对已发出的招标文件进行必要的澄清或者修改的,应当在招标文件要求提交投标文件截止时间至少 15 日前,以书面形式通知所有招标文件收受人,并同时报工程所在地的县级以上地方人民政府建设行政主管部门备案。该澄清或者修改的内容为招标文件的组成部分。 ②招标人应当确定投标人编制投标文件所需要的合理时间。依法必须招标的项目,自招标文件开始发出之日起至投标人提交投标文件截止之日止,最短不得少于 20 日
二	投标	
1	投标人的资格审查	①应注意施工投标人应当具备相应的施工企业资质,并在工程业绩、技术能力、项目经理资格条件、财务状况等方面满足招标文件提出的要求。 ②设计投标人应当具有与招标项目相适应的工程设计资质。境外设计单位参加国内建筑工程设计投标的,应当经省、自治区、直辖市人民政府建设行政主管部门批准
2	投标文件	(1)应当按照招标文件的要求编制投标文件,对招标文件提出的实质性要求和条件作出响应。招标文件允许投标人提供备选标的,投标人可以按照招标文件的要求提交替代方案,并作出相应报价作备选标。律师注意施工投标文件应当包括以下内容: ①投标函; ②施工组织设计或者施工方案; ③投标报价; ④招标文件要求提供的其他材料。 其中应包括拟派出的项目负责人与主要技术人员的简历、业绩和拟用于完成招标项目的机械设备等。 (2)投标人应当在招标文件要求提交投标文件的截止时间前,将投标文件密封送达投标地点。招标人收到投标文件后,应当向投标人出具标明签收人和签收时间的凭证,并妥善保存投标文件。在开标前,任何单位和个人均不得开启投标文件。投标人在招标文件要求提交投标文件的截止时间前,可以补充、修改或者撤回已提交的投标文件。补充、修改的内容为投标文件的组成部分

续表

序号	项目	应注意的法律问题
3	投标担保	应注意招标人在招标文件中要求投标人提交投标担保的。投标担保可以采用投标保函或者投标保证金的方式。投标保证金可以使用支票、银行汇票等,一般不得超过投标总价的2%,最高不得超过50万元。投标人应当按照招标文件要求的方式和金额,将投标保函或者投标保证金随投标文件提交招标人
4	联合投标	应注意两个以上法人或者其他组织可以组成一个联合体,以一个投标人的身份共同投标。联合体各方均应当具备承担招标项目的相应能力和相应的勘察、设计、施工、监理资格条件。由同一专业的单位组成的联合体,按照资质等级较低的单位确定资质等级。联合体各方应当签订共同投标协议,明确约定各方拟承担的工作和责任,并将共同投标协议连同投标文件一并提交招标人。联合体中标的,联合体各方应当共同与招标人签订合同,就中标项目向招标人承担连带责任
5	投标人禁止行为	投标人不得相互串通投标报价,不得排挤其他投标人的公平竞争,损害招标人或者其他投标人的合法权益。投标人不得与招标人串通投标,损害国家利益、社会公共利益或者他人的合法权益。禁止投标人以向招标人或者评标委员会成员行贿的手段谋取中标。投标人不得以低于成本的报价竞标,也不得以他人名义投标或者以其他方式弄虚作假,骗取中标
三	开标	
1	开标时间和地点	开标应当在招标文件确定的提交投标文件截止时间的同一时间公开进行,开标地点应当为招标文件中预先确定的地点。开标应当按照以下规定进行: 由投标人或者其推选的代表检查投标文件的密封情况,也可以由招标人委托的公证机构进行检查并公证。经确认无误后,由有关工作人员当众拆封,宣读投标人名称、投标价格和投标文件的其他主要内容。 招标人在招标文件要求提交投标文件的截止时间前收到的所有投标文件,开标时都应当当众予以拆封、宣读。 开标过程应当记录,并存档备查
2	无效投标文件的认定	应注意在开标时,投标文件出现以下情形之一的,应当作为无效投标文件,不得进入评标: ①投标文件未按照招标文件的要求予以密封的; ②投标文件中的投标函未加盖投标人的企业及企业法定代表人印章的,或者企业法定代表人委托代理人没有合法、有效的委托书(原件)及委托代理人印章的; ③投标文件的关键内容字迹模糊、无法辨认的; ④投标人未按照招标文件的要求提供投标保函或者投标保证金的; ⑤组成联合体投标的,投标文件未附联合体各方共同投标协议的
四	评标	

续表

序号	项目	应注意的法律问题
1	评标委员会	评标由招标人依法组建的评标委员会负责。律师应注意依法必须进行施工招标的工程，其评标委员会由招标人的代表和有关技术、经济等方面的专家组成，成员人数为5人以上单数，其中招标人、招标代理机构以外的技术、经济等方面专家不得少于成员总数的三分之二。评标委员会的专家成员，应当由招标人从建设行政主管部门及其他有关政府部门确定的专家名册或者工程招标代理机构的专家库内相关专业的专家名单中确定。确定专家成员一般应当采取随机抽取的方式。与投标人有利害关系的人不得进入相关工程的评标委员会。评标委员会成员的名单在中标结果确定前应当保密。注意审核开标时间和地点的合法性、投标文件的有效性、有效投标文件是否对招标文件的实质性内容作出响应等，要根据项目特殊性起草有针对性的询标提纲，审核评标方法的合法性等
2	询标	(1)评标委员会可以用书面形式要求投标人对投标文件中含义不明确的内容作必要的澄清或者说明。投标人应当采用书面形式进行澄清或者说明，其澄清或者说明不得超出投标文件的范围或者改变投标文件的实质性内容。 有以下情形之一的，评标委员会可以要求投标人作出书面说明并提供相关材料： ①设有标底的，投标报价低于标底合理幅度的； ②不设标底的，投标报价明显低于其他投标报价，有可能低于其企业成本的。 经评标委员会论证，认定该投标人的报价低于其企业成本的，不能推荐为中标候选人或者中标人。 (2)招标人询标提纲应注意：通过询标澄清不确定的变数和相应的责任。需要澄清的问题，是招投标过程中尚不确定的、中标后签订承发包合同时往往又会扯皮的问题，例如总包管理费(包括管理范围和取费基价)、不同年限的保修金及相应保修年限的设置、对监理单位的认可和配合工作措施，以及如果中标将选用什么合同文本、如何适用等
3	评标和评标方法	①评标委员会应当按照招标文件确定的评标标准和方法，对投标文件进行评审和比较，并对评标结果签字确认；设有标底的，应当参考标底。评标可以采用综合评估法、经评审的最低投标价法或者法律法规允许的其他评标方法。采用综合评估法的，应当对投标文件提出的工程质量、施工工期、投标价格、施工组织设计或者施工方案、投标人及项目经理业绩等，能否最大限度地满足招标文件中规定的各项要求和评价标准进行评审和比较。以评分方式进行评估的，对于各种评比奖项不得额外计分。采用经评审的最低投标价法的，应当在投标文件能够满足招标文件实质性要求的投标人中，评审出投标价格最低的投标人，但投标价格低于其企业成本的除外。 ②评标委员会完成评标后，应当向招标人提出书面评标报告，阐明评标委员会对各投标文件的评审和比较意见，并按照招标文件中规定的评标方法，推荐不超过3名有排序的合格的中标候选人。招标

续表

序号	项目	应注意的法律问题
		人根据评标委员会提出的书面评标报告和推荐的中标候选人确定中标人。使用国有资金投资或者国家融资的工程项目,招标人应当按照中标候选人的排序确定中标人。当确定中标的中标候选人放弃中标或者因不可抗力提出不能履行合同的,招标人可以依序确定其他中标候选人为中标人。招标人也可以授权评标委员会直接确定中标人
五	中标	
1	确定中标人时限和条件	招标人应当在投标有效期截止时限起30日内确定中标人。中标人的投标应当符合以下条件之一: ①能够最大限度地满足招标文件中规定的各项综合评价标准; ②能够满足招标文件的实质性要求,并且经评审的投标价格最低;但是投标价格低于成本的除外。 中标人确定后,招标人应当向中标人发出中标通知书,并同时将中标结果通知所有未中标的投标人。中标通知书对招标人和中标人具有法律效力
2	确定中标人后向建设部门的报告	依法必须进行施工招标的工程,招标人应当自确定中标人之日起15日内,向工程所在地的县级以上地方人民政府建设行政主管部门提交施工招标投标情况的书面报告。书面报告应当包括以下内容: ①施工招标投标的基本情况,包括施工招标范围、施工招标方式、资格审查、开评标过程和确定中标人的方式及理由等。 ②相关的文件资料,包括招标公告或者投标邀请书、投标报名表、资格预审文件、招标文件、评标委员会的评标报告(设有标底的,应当附标底)、中标人的投标文件。委托工程招标代理的,还应当附工程施工招标代理委托合同
3	合同的签署	招标人和中标人应当自中标通知书发出之日起30日内,按照招标文件和中标人的投标文件订立书面合同;招标人和中标人不得再行订立背离合同实质性内容的其他协议。订立书面合同后7日内,中标人应当将合同送县级以上工程所在地的建设行政主管部门备案。中标人不与招标人订立合同的,投标保证金不予退还并取消其中标资格,给招标人造成的损失超过投标保证金数额的,应当对超过部分予以赔偿;没有提交投标保证金的,应当对招标人的损失承担赔偿责任。招标人无正当理由不与中标人签订合同,给中标人造成损失的,招标人应当给予赔偿
4	中标无效的情形	发生以下六种情形的中标无效: ①招标代理机构违反《招标投标法》第五十条规定,泄露应当保密的与招标投标活动有关的情况和资料的,或者与招标人、投标人串通损害国家利益、社会公共利益或者他人合法权益的,影响中标结果的; ②根据《招标投标法》第五十二条规定,依法必须进行招标的项目的招标人向他人透露已获取招标文件的潜在投标人的名称、数量或者可能影响公平竞争的有关招标投标的其他情况,或者泄露标底的,影响中标结果的;

续表

序号	项目	应注意的法律问题
		③根据《招标投标法》第五十三条规定，投标人相互串通投标或者与招标人串通投标的，投标人以向招标人或者评标委员会成员行贿的手段谋取中标的； ④根据《招标投标法》第五十四条规定，投标人以他人名义投标或者以其他方式弄虚作假、骗取中标的； ⑤依法必须进行招标的项目，招标人违反《招标投标法》第五十五条规定，与投标人就投标价格、投标方案等实质性内容进行谈判，影响中标结果的； ⑥根据《招标投标法》第五十七条规定，招标人在评标委员会依法推荐的中标候选人以外确定中标人的，依法必须进行招标的项目在所有投标被评标委员会否决后自行确定中标人的。 依法必须进行招标的项目违反法律规定，中标无效的，应当依照《招标投标法》规定的中标条件从其余投标人中重新确定中标人或者依照《招标投标法》重新进行招标
5	可责令改正的四种招投标行为	发生以下四种情形的，行政机关可以"责令改正"： ①违法不招标或规避招标。招标人违反法律规定，对必须招标的项目不招标的，将必须进行招标的项目化整为零或者以其他任何方式规避招标的，《招标投标法》第四十九条规定，可以"责令限期改正"； ②违法限制投标。招标人以不合理的条件限制或排斥潜在投标人的，对潜在投标人实行歧视待遇的，强制要求投标人组成联合体共同投标的，或者限制投标人之间竞争的，《招标投标法》第五十一条规定，可以"责令改正"； ③中标后改变投标实质性内容。招标人与中标人不按照招标文件和中标人的投标文件订立合同的，或者招标人、中标人订立背离招投标文件实质性内容的合同的，《招标投标法》第五十九条规定，可以"责令改正"； ④违法干涉招投标活动。任何单位违反法律规定，限制或者排斥本地区、本系统以外的法人或者其他组织参加投标的，为招标人指定招标代理机构，强制招标人委托招标代理机构办理招标事宜的，或者以其他方式干涉招标投标活动的，《招标投标法》第六十二条规定，可以"责令改正"
6	应当重新招标的情形	发生以下两种情形的，应当重新招标： ①投标人少于法定人数。《招标投标法》第二十八条规定："投标人应当在招标文件要求提交投标文件的截止时间前，将投标文件送达投标地点。招标人收到投标文件后，应当签收保存，不得开启。投标人少于三个的，招标人应当依照本法重新招标。" ②所有投标均被否决。《招标投标法》第四十二条规定："评标委员会经评审，认为所有投标都不符合招标文件要求的，可以否决所有投标。依法必须进行招标的项目的所有投标被否决的，招标人应当依照本法重新招标。"

2. 清单清标的方法（表 2-1-4）

答：实行工程量清单招标的建设工程，招标人可以在评标前组织造价咨询机构或者招标代理机构进行清标，即对基础性数据进行分析和整理，但不得进行评审性工作。一般要形成清标报告。清标人员应当符合有关法律、法规、规章对评标委员会成员的回避条件规定。

表 2-1-4 清标方法

序号	常见清标方向	常见清标方法
1	检查计算错误	每个分部分项工程的子项数量乘以单价是否等于合计；每页的总价合计是否等于本页每个子项的合计；每个分部分项的总价合计是否等于每页的合计；每个单项工程的总价合计是否等于每个分部分项工程合计；每个分项合计汇总是否等于每个单位工程合计，每个单位工程合计是否等于本次投标总价等
2	审查报价范围	
3	确认暂定工程或暂定单价没有被擅自修改	
4	审查过高和过低的单价	将所有投标人的分部分项工程单价并列进行比较，对于某些分部分项工程单价偏低或偏高，则招标人发清标函列项说明，投标人如果返回调整单价则用于工程变更支付而不调整原投标总价
5	分部分项工程项目没有报价或在清单中新增项目	没有报价的项目应发函确认包含在投标总价中；要求投标人补充提供没有报价项目的单价分析表以便以后该项目发生变更有计价可依；投标人新增的项目要求其提供该项目在图纸上的具体轴线位置，以便判断新增项目是原清单漏项还是将非承包范围的项目也包括在总价内。后一种情况应要求其删除，并调整总价，以便保持与其他投标人报价范围一致
6	其他	

清标是评标的基础。清标是在评标委员会评标之前审查投标文件是否完整、总体编排是否有序、文件签署是否合格、投标人是否提交投标保证金、有无计算上的错误等。算术错误将按以下方法更正：若单价计算的结果与总价不一致，以单价为准修改总价；若用文字表示的数值与用数字表示的数值不一致，以文字表示的数值为准。如果投标人不接受对其错误的更正，其投标将被拒绝。在详细

评标之前，审查每份投标文件是否实质上响应了招标文件的要求。实质上响应的投标应该是与招标文件要求的关键条款、条件和规格相符，没有重大偏离的投标。对关键条文的偏离、保留或反对，例如关于投标保证金、适用法律、税及关税等内容的偏离将被认为是实质上的偏离。

四 数据

清标报告参考格式

______________工程

清标情况报告书

招 标 人 代 表：__________（签字）

清标工作组负责人：______（签字）

日期：____年____月____日

报 告 目 录

一、清标工作组成员表
二、基本情况表
三、投标文件符合性、响应性偏差表
四、需要投标人澄清、说明或补正的投标人名单
五、投标文件有重大偏差情况表
六、计算错误检查一览表
七、计算错误调整表
八、经清标符合要求的投标人
九、经清标不符合要求的投标人
十、评标总价比较表
十一、清单项目过低价格摘录
十二、措施项目过低价格摘录

(1)清标工作组成员表(表2-1-5)。

表2-1-5　清标工作组成员表

序号	姓名	现工作单位	职务	技术职称	执业资格	承担的清标工作

注:由清标工作组成员本人一一填写。

招标人的法定代表人或委托代理人(签字)________

年　月　日

(2)基本情况表(表2-1-6)。

表2-1-6　基本情况表

工程概况	建设单位		工程名称	
	建设地点		建设规模	
	招标范围			
	标段划分			

续表

招标文件要求的主要指标	质量要求及违约责任	
	工期要求及违约责任	
	对投标人的资质类别等级的要求	
	对拟派项目经理资资质等级要求	
	评标办法和评标标准	
	其他	

填表人(签字)＿＿＿＿＿＿　　　　年　　月　　日

(3)投标文件符合性、响应性偏差表(表2－1－7)。

表2－1－7　投标文件符合性、响应性偏差表

序号	投标人名称	质量标准	施工工期	履约担保	质量奖励和违约	工期奖励和违约	技术方面是否符合要求

清标人(签字)＿＿＿＿＿＿　　　　年　　月　　日

(4)需要投标人澄清、说明或补正的投标人名单,见表2-1-8。

表2-1-8 需要投标人澄清、说明或补正的投标人名单

一、投标文件存在含义不明确、同类问题表述不一致或有明显文字错误的	
投标人名称	表述错误情况
二、投标文件有细微偏差的	
投标人名称	细微偏差情况

清标人(签字)__________　　　　年　月　日

(5)投标文件有重大偏差情况表(表2-1-9)。

表2-1-9 投标文件有重大偏差情况表

投标文件有以下情形之一的,属于重大偏差,视同未能对招标文件作出实质性响应,按废标处理:

1)未按规定加盖投标人的公章和法定代表人或其委托代理人印章的,由委托代理人盖章的,但未随投标文件一起提交合法、有效的"授权委托书"原件的。

2)未按招标文件规定的格式填写,内容不全或关键字迹模糊、无法辨认的。

3)投标人递交两份或多份内容不同的投标文件,或在一份投标文件中对同一招标项目报有两个或多个报价,且未声明哪一个有效,按招标文件规定提交备选投标方案的除外。

4)投标文件载明的招标项目完成期限超过招标文件规定的期限。

5)明显不符合技术规范、技术标准的要求。

6)投标报价超过最高限价(详见开标前三天最高限价公示)的。

7)不同投标人的投标文件出现了评标委员会认为不应当雷同的情况。

8)改变招标文件提供的分部分项工程量清单中的计量单位、工程数量。

9)改变招标文件规定的暂定费用、预留金或不可竞争费用的。

10)现场安全文明施工措施费未按要求单列和计算的。

11)违反《建设工程工程量清单计价规范》(GB 50500—2008),未按招标文件要求进行报价的。

12)投标文件载明的货物包装方式、检验标准和方法等不符合招标文件的要求。

13)投标文件提出了不能满足招标文件要求或招标人不能接受的工程验收、计量、价款结算支付办法。

14)以他人的名义投标、串通投标、以行贿手段谋取中标或者以其他弄虚作假方式投标的。

15)经评标委员会认定投标人的投标报价低于成本价的

有上述重大偏差的投标文件

投标人名称	重大偏差条款	重大偏差表现情况	建议

清标人(签名)__________ 年 月 日

第二节
工程量计算

工程量是以自然计量单位或物理计量单位表示的各分项工程或结构构件的工程数量。自然计量单位是以物体的自然属性作为计量单位。如灯箱、镜箱、柜台以“个”为计量单位，晒衣架、帘子杆、毛巾架以“根”或“套”为计量单位等。物理计量单位是以物体的某种物理属性作为计量单位。如墙面抹灰以“m^2”为计量单位，窗帘盒、窗帘轨、楼梯扶手、栏杆以“m”为计量单位等。

工程计价以工程量为基本依据，因此，工程量计算的准确与否，直接影响工程造价的准确性，以及工程建设的投资控制。工程量是施工企业编制施工作业计划，合理安排施工进度，组织现场劳动力、材料以及机械的重要依据。工程量是施工企业编制工程形象进度统计报表，向工程建设投资方结算工程价款的重要依据。

1. 工程量计算的依据

(1)施工图纸及配套的标准图集。

施工图纸及配套的标准图集，是工程量计算的基础资料和基本依据。因为施工图纸可以全面反映建筑物(或构筑物)的结构构造、各部位的尺寸及工程做法。

(2)预算定额、工程量清单计价规范。

根据工程计价的方式不同(定额计价或工程量清单计价),计算工程量应选择相应的工程量计算规则,编制施工图预算应按预算定额及其工程量计算规则算量;若工程招投标编制工程量清单,应按“计价规范”附录中的工程量计算规则算量。

工程量计算必须有统一尺度,这就是规定的计算规则,否则“一人一把号,各吹各的调”,就会造成工程量计算的混乱,使计算出的工程造价无法真实反映建筑工程的价值。因此,熟悉和掌握工程量计算规则,是准确计算工程量的重要因素。例如墙体工程中计算砖墙面积时,墙体高度的取定,很多预算人员在墙体高度取定时较混乱,主要就是对工程量计算规则不熟悉,外墙与内墙、平屋面与坡屋面、现浇板与预制板都有所区别。

(3)施工组织设计或施工方案。

施工图纸主要表现拟建工程的实体项目,分项工程的具体施工方法及措施,应按施工组织设计或施工方案确定。如计算挖基础土方,施工方法是采用人工开挖,还是采用机械开挖,基坑周围是否需要放坡、预留工作面或做支撑防护等,应以施工组织设计或施工方案为计算依据。

2. 工程量计算的顺序

工程量计算之前,首先应安排分部工程的计算顺序,然后安排分部工程中各分项工程的计算顺序。分部分项工程的计算顺序,应根据其相互之间的关联因素确定。

计算工程量时应注意:按设计图纸所列项目的工程内容和计量单位,必须与相应的工程量计算规则中相应项目的工程内容和计量单位一致,不得随意改变。

为了保证工程量计算的精确度,工程数量的有效位数应遵守以下规定:以“吨”为单位,应保留小数点后三位数字,第四位四舍五

入;以“立方米”、“平方米”、“米”为单位,应保留小数点后两位数字,第三位四舍五入;以“个”、“项”等为单位,应取整数。

计算工程量,应分别不同情况,采用以下几种方法:

(1)按顺时针顺序计算。

以图纸左上角为起点,按顺时针方向依次进行计算,当按计算顺序绕图一周后又重新回到起点。这种方法一般用于各种带形基础、墙体、现浇及预制构件计算,其特点是能有效防止漏算和重复计算。

(2)按编号顺序计算。

结构图中包括不同种类、不同型号的构件,而且分布在不同的部位,为了便于计算和复核,需要按构件编号顺序统计数量,然后进行计算。

(3)按轴线编号计算。

对于结构比较复杂的工程量,为了方便计算和复核,有些分项工程可按施工图轴线编号的方法计算。例如在同一平面中,带形基础的长度和宽度不一致时,可按Ⓐ轴①~③轴,Ⓑ轴③、⑤、⑦轴这样的顺序计算。

(4)分段计算。

在通长构件中,当其截面有变化时,可采取分段计算。如多跨连续梁,当某跨的截面高度或宽度与其他跨不同时可按柱间尺寸分段计算,再如楼层圈梁在门窗洞口处截面加厚时,其混凝土及钢筋工程量都应按分段计算。

(5)分层计算。

例如墙体、构件布置、墙柱面装饰、楼地面做法等各层不同时,都应按分层计算,然后再将各层相同工程做法的项目分别汇总项。

(6)分区域计算。

大型工程项目平面设计比较复杂时,可在伸缩缝或沉降缝处将平面图划分成几个区域分别计算工程量,然后再将各区域相同特征的项目合并计算。

工程量的计算顺序,笔者推荐采用地毯式算量顺序(后详)。

二 方法

1. 问：如何快速计算土建工程量？

答：工程量是编制预算、标底或投标报价的原始数据，是编制预算的核心和重要组成部分，也是一项复杂而细致的工作。目前因各地的套价软件很多，且较为成熟，已被很多预算工作者所使用。在这方面，大大降低了劳动强度，提高了工作效率。但现行工程量计算，因软件算量尚不普及，仍以手工计算为主，也是我们编制预算耗时最多，而又不可缺少的基础工作。如何快速、准确计算工程量则是我们必须面对的一大问题。

(1)熟悉计算规则。

关于工程量计算的规则有很多，如常见的有以下系列（表2－2－1）：

表2－2－1　工程量计算规则种类

规则体系	常用规则
清单	《建设工程工程量清单计价规范》(GB 50500—2008)
定额	《全国统一建筑工程预算工程量计算规则》(GJD_{CZ}-101—1995)
	各省市定额工程量计算规则
	行业定额工程量计算规则

造价人员在做工程量计算时，首先要明确工作目标的工程量计算是要运用哪种工程量计算规则，然后依据相应的工程量计算规则进行工程量计算。

其次要熟悉各种规则的内容及计算规则，这也是预算人员最起码的基本功。熟悉和掌握工程量计算依据及计算规则，是快速、准确计算工程量的前提。如果在计算时，因对某些工程量计算规则不熟悉，计算时不停地翻看依据或对计算规则理解有偏差。比如有些人在计算墙体时对墙体高度取定时较混乱，造成工程量计算有误，主要就是对工程量计算规则不熟悉。外墙与内墙、平屋面与坡屋面、现浇板与预制板的墙体高度都有所区别。

(2)熟悉相关规范及图集。

图纸上常引用的规范或图集种类见表2-2-2。

表2-2-2 常见图集种类

种类	常见图集	备注
建筑	××省(或地区)建筑配件图集	根据各省情况自行收集
结构	G101系列《钢筋混凝土结构施工图平面整体表示方法制图规则和构造详图》	平法钢筋量计算的依据,全国通用
	××省(或地区)建筑抗震构造详图	地方性文件

比如框架工程常会引用《钢筋混凝土结构施工图平面整体表示方法制图规则和构造详图》,各地也有本省市常用的《建筑抗震构造详图》等结构构件通用图集,《钢筋混凝土结构构件设计规范》等也是设计人员常用规范。因一般设计时引用规范或图集时,在施工图上就不会再出现相关的节点构造、细部做法。

(3)标准、规范、规程概念的区别。

工程建设标准是为在工程建设领域内获得最佳秩序,对建设活动或其结果规定共同的和重复使用的规则、导则或特性的文件,该文件经协商一致制定并经一个公认机构批准,以科学、技术和实践经验的综合成果为基础,以促进最佳社会效益为目的。规范是在工农业生产和工程建设中,对设计、施工、制造、检验等技术事项所做的一系列规定。规程是对作业、安装、鉴定、安全、管理等技术要求和实施程序所做的统一规定。

标准、规范、规程都是标准的一种表现形式,习惯上统称为标准,只有针对具体对象才加以区别。当针对产品、方法、符号、概念等时,一般采用标准;当针对工程勘察、规划、设计、施工等技术事项所做的规定时,通常采用规范;当针对操作、工艺、管理等技术要求时,一般采用规程。

同等条件下,效力级别是:标准 > 规范 > 规程。

(4)灵活运用新的"统筹法"。

传统的"统筹法"在此不必多述，它的最大特别是利用基数（三线一面），连续计算相关的工程量。但由于工程结构多变，基数统一利用有困难，另外很多工程量计算规则并未用到基数等原因，使得"统筹法"并没有被普遍采用。

"地毯式"这个词汇现地应用已较广泛，如"地毯式轰炸"、"地毯式搜索"、"地毯式检查"、"地毯式报导"等，"地毯式"一词的意义是指像卷地毯一样，所到之处无一遗漏、非常彻底地做某事。

笔者在这里提出一个"地毯式算量"的技术概念与算量理念，它是指用地毯式算量的基本语言，按地毯式算量的基本顺序，对施工图进行一次完整的地毯式搜索，通过造价人员读取图中的"点"与"线"，一次性地、顺次罗列出一张图纸或一个模块的所有计算工程量的需用信息，并借助地毯式算量的基本模块，完成后续的书写公式、计算、统计、汇总、查找、替换等低级重复工作（最后的工作，建议由电脑软件完成）的工程量计算新算法。

该算法使原本复杂的工程量计算，转变成造价人员顺次读图，电脑整理数据的过程，图纸读完了，工程量也就算完了，从而达到让电脑和软件充分为造价人员服务的目的，进而大大提高工作效率，降低造价人员大脑的疲劳程度。该算量理念思路清晰、效率高且不易造成漏项和重复，使原本枯燥、令人烦恼与生畏的工程量计算变成了愉快地阅读图纸的过程，且这种阅读按固定模式进行，而非杂乱无章、到处都是信息点的过程，整体过程好像是读小说一样，令人心情愉快。

图纸是有一定规律的，在做预算过程中，是以识图的过程为主线进行，也就是识一张图做一张图的计量，做完一张图扔一张图，图扔完也就证明图识完了，算量也就做完了。因此，做工程量计算必须会识图，并要掌握一定的识图顺序。

假如现在我们需要对某套住宅中所有的家用电器、家具等的保有量做调查统计，通常我们会用两种方法：

第一种方法：按家具、家电品种顺序统计，如先统计床，我们一个房间一个房间统计每个房间中床的数量，然后再一个房间一个房间统计柜子的数量，接着一个房间一个房间统计电视的数量……，如此这样，直到将所有家具、家电统计完毕。

第二种方法：按每个房间进行集中统计。我们每走进一个房间，就把这个房间中所有的家具、家电全部记录下来，最后再进行数据归并整理。

我们来用一个表格，对两种方法的统计效果做一下对比评价（表2-2-3）：

表2-2-3　统计效果对比

	方法一（按种类分次记录）	方法二（按房间集中记录）
房间进出次数	如果一共有10种家具、家电，10个房间，那么我们总计房间进出次数是100次。即：房间进出次数=家具家电种类×房间个数	如果一共有10种家具、家电，10个房间，那么我们总计房间进出次数是10次（即只要每个房间进出一次就够了）。即：房间进出次数=房间数
搜索效率	效率低下	效率很高
是否容易漏项与重复	统计中容易漏项和重复	可有效避免统计中漏项和重复
数据整理统计工作量	较小	较大

从表2-2-3中我们可以得知，采用方法二，按区域集中统计记录可以避免漏项和重复，而且根据需要还可以从统计结果中很方便地得到每个房间的数据信息，但是这种方法的缺陷就是数据整理统计时工作量比较大。

我们再来看一下日常造价工作中工程量计算的方法对比，见表2-2-4。

表2-2-4　工程量计算方法对比

	方法一（定额子目或清单编码顺序）	方法二（地毯式算量顺序）
子目或项目搜索数	每计算一个子目或项目都需要重新在图纸上搜索一遍。即：总搜索次数=子目或项目种类×图纸页数	不需事先确定要查找什么样的数据信息，我们只需按照地毯式算量读图顺序逐个记录下所有有价值的数据信息。即：总搜索次数=图纸页数

在实际工作中，很多造价人员习惯于按定额子目或清单编码的顺序计算工程量，每计算一个子目或分项都需要重新在图纸上搜索一遍，这其实就是前面所说的第一种家具、家电统计方法。

也有部分造价人员按图纸顺序,逐个依次计算出所有项目,最后再作数据合并统计。这其实就是前面所说的第二种家具、家电统计方法,也就是"地毯式"算量理念。如果我们使用合适的软件来统计计算,那么数据整理统计可以由电脑自动完成,这样第二种方法的缺陷反而变成了优势。"地毯式"计算工程量,我们不需要先确定要查找什么样的数据信息,只要按照最方便的读图顺序逐个记录下所有有价值的数据信息,最后一起汇总统计处理,这样能最大限度地提高读图效率。

"地毯式"算量的原理是:算平面图的时候,尽可能把这张图纸上所有可以算钱的东西一次全部算出来。这样就不需要来回反复翻查图纸,当然实际做的时候,做一张、清一张,算完一张图纸就把它完全"扔掉"是不可能的,但按这个思路去做就会最大限度地减少重复翻阅图纸及避免漏项,这就是"地毯式"算量的原理。

我们平时计算工程量的时候,有很大部分时间是花在读图和查找图纸上的,那么如何能提高读图效率就成为能否提高计算工程量效率的关键因素之一。传统的按子目顺序计算方法是先确定我们需要查找什么样的数据信息再去到图纸上搜索相关的信息,通常我们不能很快精确地确定所需要的信息标注在哪里,每搜索一项新的信息就要重新开始搜索,这样必定造成读图效率低下。"地毯式"计算工程量,不需要先确定我们要查找什么样的数据信息,只要按照最方便的读图顺序逐个记录下所有有价值的数据信息,最后一起汇总统计处理,这样能最大限度地提高读图效率。按地毯式搜索出所有的量后,措施性的量有些在图上显示不出来的,需要手工补充上。

地毯式算量的搜索顺序如图 2－2－1 所示。

搜索顺序
- 图纸间:按图纸顺序或楼层顺序
- 平面内:按先上后下,先左后右依轴线、平面进行搜索

图 2－2－1　地毯式算量的搜索顺序

在一个平面内搜索的过程中,我们可以用尺子比着,从上到下、从左到右依次移动尺寸,这样能有效避免顺次搜索时,再有什么遗

漏。在实战中,有的造价人员在图纸上涂颜色与标注,用来表示图示构件已经计算过工程量了。不同的构件用不同颜色进行描图,可填满构件空间或描出构件边框,颜色不够可用斜纹格线。通过给图纸着色,来帮助追踪哪有以及哪些工程量未计算,帮助检查计算范围有没有出错。同时这个方法对苦闷的工程量计算工作也增加了一点情趣。对于没有图的图纸说明,涉及有工程量需要计算时,可在说明上划线,作必要的标注。

假设某工程(共二层)共有建筑施工图 6 张,分别是:

建施 1:建筑设计说明

建施 2:一层平面图

建施 3:二层平面图

建施 4:屋顶平面图

建施 5:剖面图

建施 6:立面图

结构施工图 4 张,分别是:

结施 1:结构设计说明

结施 2:基础平面结构布置图

结施 3:二层楼面结构布置图

结施 4:屋顶平面结构布置图

我们算量的工作方法是:

1)准备工作。

①将图纸说明(包括建筑设计说明、结构设计说明)、引用图集的内容标注到图纸相应图中,以避免按图搜索时遗忘内容。

②编制节点规划,如图 2-2-2 所示。

节点一般分层、分轴线、分构件。

③将门窗表中门窗名称、尺寸录入软件中备用(不考虑数量)。

2)“地毯式”搜索。

按照先建施、后结施的顺序地毯式搜索。

①分别读各层建施平面图。

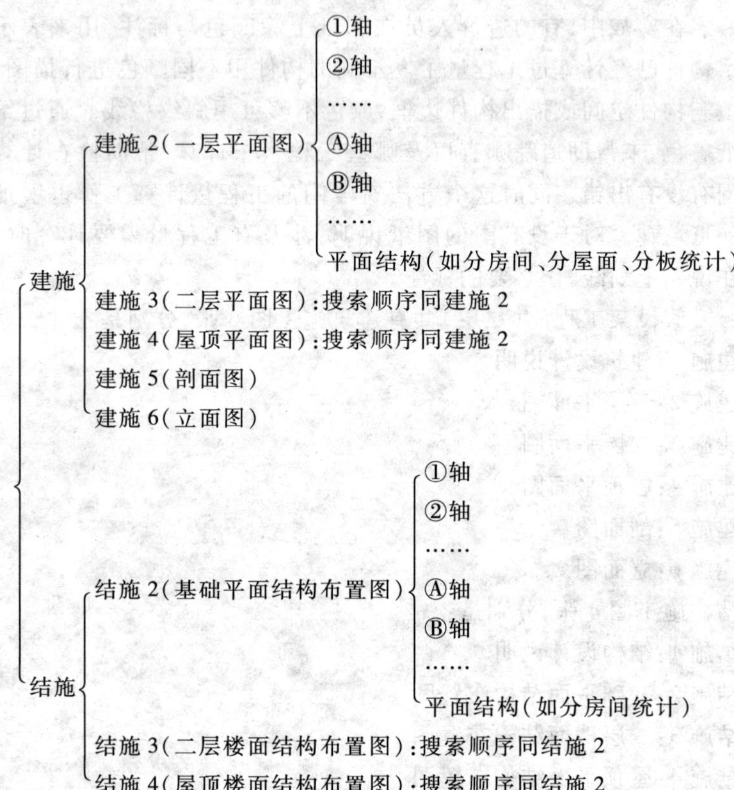

图 2－2－2　节点规划

读图时分两块读，一是先读线，分轴线依次采集出各轴线相关数据。读图的轴线顺序是：

先上后下、先左后右、先横后竖的顺序搜索。如图 2－2－3 所示，我们可以依 1～12 的次序“地毯式”搜索出图中依附于轴线的所有信息。

如以上节点规划所示，比如我们在读①轴线时，可以提取出该轴线的点（如门窗、过梁）的数据，线（如梁、墙）的数据，面（如墙面装饰）的数据。

分轴线读取完所有依附于轴线的数据后，我们开始读取涉及平面结构的数据，我们按照建筑的长方向顺次按从左至右或从上至下的顺序读取数据(如分房间)，如图 2－2－3 所示，我们可以按从左至右的顺序分开间读取数据，如整个房间模块的顺序(顶、地、墙、踢脚)。

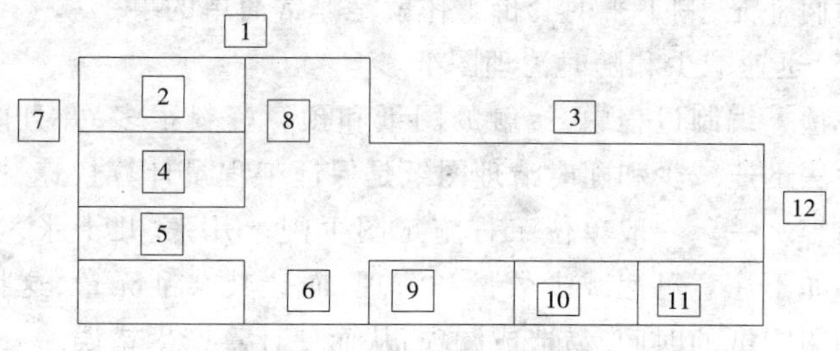

图 2－2－3　搜索顺序图

②读建施屋顶平面图。

可以按轴线顺序分次读取女儿墙或屋顶上墙、压顶等依附于轴线的数据。可以按从左至右或从上至下的顺序读取屋面防水、保温等计算所需信息。

③读建施剖面图。

剖面图的作用主要是：与平面图相对照；读取层高等信息；计算楼梯扶手量等。

④读建施立面图。

对复杂的装饰及造型，我们可以结合平面图进行数据信息读取。

⑤读结施基础平面结构布置图。

可以分轴线，按顺序读取计算混凝土或砖基础等的信息。

⑥读结施分层楼面结构布置图。

可以按轴线顺序分别读取依附于轴线的点(如柱)、线(如梁)计算需要信息。也可以按照从左至右或从上至下的顺序读取、计算面(板)的量的信息。

⑦读结施屋顶平面结构布置图。

可按轴线顺序分别读取依附于轴线的点(如女儿墙中的构造柱)、线(如压顶)计算需要信息。也可以按照从左至右或从上至下的顺序读取、计算面(板)的量的信息。

经过以上步骤的“地毯式”搜索，我们基本上可以不遗不漏地读完并利用计算机完成了工程量的计算，计算机帮助我们完成后续工作并提供清晰的报表。当然图中不能显示出的措施性工程量还需要我们补充，剩下来的套价工作就是非常简单的事了。

(5)迅速减少和随时清理图纸。

在预算编制过程中，接触的图纸和预算资料很多，并且内容繁杂。设法迅速减少和随时清理图纸是保证工程量计算快速、准确的重要内容之一。一般单位工程施工图少则十几张、几十张，多则上百张。如不注意迅速减少数量和清理，而让其杂乱无章，这将大大增长翻阅图纸的时间，易造成漏项，从而使计算产生错误。

1)迅速减少图纸数量。

在一张图纸上工程量能全部算出的，应尽量算出，有时光靠一张图纸还不能将某工程量算出，须结合其他图纸才能全部将某分项工程或构件的尺寸得出，从而算出其工程量。这时也应翻看其他图纸将工程量算出，免得以后还得用这张图纸。若一张图纸上工程量已全部计算完毕，可将这张图纸抽出，另外存放，则这张图纸成为“废纸”，因不会再来翻阅这张图纸。这样“废纸”越来越多，工程量计算也就越接近尾声。

2)随时清理图纸。

若同一张图纸上的工程量不宜一次计算，对已计算者，可在图纸相应位置作下记号，未计算者不作标记，以利于继续进行工程量计算和最后的图纸、项目清理。已计和未计图纸都要按图序放置，决不能用时将图纸抽出，用完后随便一放，以致再次翻图时浪费时间，同时要靠回忆或核对工程量计算底稿来确定项目是否已经计算，且易发生错乱。特别在做较大工程项目时或多人合作计算较大工程项目时，此点显得尤为重要。

2. 问：土石方工程量如何计算？

答：将土石方部分重要分项的计算列于表2－2－5。

表 2-2-5 土石方工程量的计算

项目编码	项目名称	计量单位	清单工程量计算规则	定额工程量计算规则
010101001	平整场地	m^2	按设计图示尺寸以建筑物首层面积计算	按外墙外皮线外放 2m 计算
010101002	挖土方	m^3	按设计图示尺寸以体积计算	利用棱台体积公式计算挖土方的上下底面积：$V=1/6\times H\times(S_{上}+4\times S_{中}+S_{下})$计算土方体积（其中，$S_{上}$为上底面积，$S_{中}$为中截面面积，$S_{下}$为下底面面积） 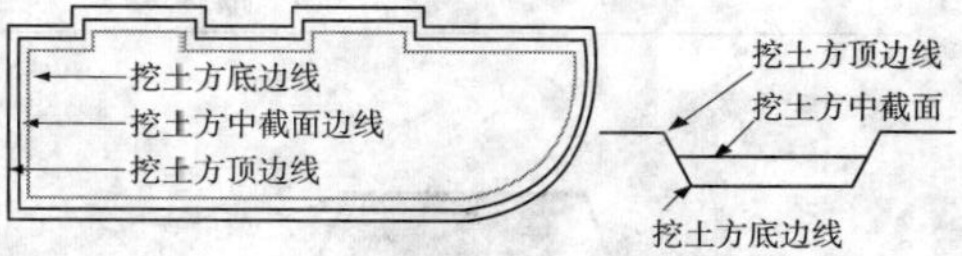 挖土方底边线 挖土方中截面边线 挖土方顶边线 挖土方顶边线 挖土方中截面 挖土方底边线
010101003	挖基础土方	m^3	按设计图示尺寸以基础垫层底面积乘以挖土深度计算： 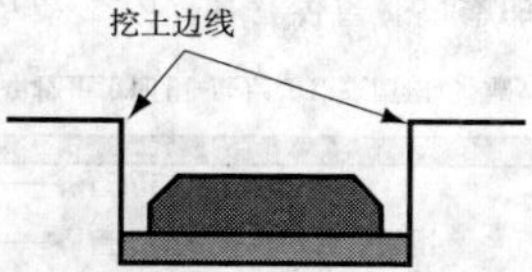 挖土边线 ①计算挖土方底面积。 方法一：利用底层的建筑面积＋外墙外皮到垫层外皮的面积。外墙外边线到垫层外边线的面积计算。（按外墙外边线外放图形分块计算或者按“外放图形的中心线×外放长度”计算）	

续表

项目编码	项目名称	计量单位	清单工程量计算规则	定额工程量计算规则
			 外墙外边线 垫层边线到外墙皮部分面积 垫层边线 清单挖土方面积=底层的建筑面积+外墙外皮到垫层外皮的面积 方法二:分块计算垫层外边线的面积。(同分块计算建筑面积) ②计算挖土方的体积。土方体积 = 挖土方的底面积 × 挖土深度。 $S_{下}$ = 底层的建筑面积 + 外墙外皮到挖土底边线的面积。(包括工作面、排水沟、放坡等) 用同样的方法计算 $S_{中}$ 和 $S_{下}$	人工或机械挖土方的体积应按槽底面积乘以挖土深度计算。槽底面积应以槽底的长乘以槽底的宽,槽底长和宽是指混凝土垫层外边线加工作面,如有排水沟者应算至排水沟外边线。排水沟的体积应纳入总土方量内。当需要放坡时,应将放坡的土方量合并于总土方量中  挖土顶边线 挖土底边线
010103001	土(石)方回填	m^3	按设计图示尺寸以体积计算: ①场地回填:回填面积乘以平均回填厚度。 ②室内回填:主墙间净面积乘以回填厚度。 ③基础回填:挖方体积减去设计室外地坪以下埋设的基础体积(包括基础垫层及其他构筑物)	①场地回填:回填面积乘以平均回填厚度。 ②室内回填:主墙间净面积乘以回填厚度。 ③基础回填:挖方体积减去设计室外地坪以下埋设的基础体积(包括基础垫层及其他构筑物)。 ④管沟回填:挖土体积减去垫层和直径大于 200mm 的管沟体积

3. 问：定额规则大开挖、挖地槽土方工程有何区别？如何计算工程量？

答：在定额工程量计算规则条件下，什么时间算大开挖？什么时间算挖地槽？如何算？这些问题还是有必要进行深入理解的。现对二者列表归纳如下（表2－2－6）：

表2－2－6 大开挖、挖地槽工程量计算对比

序号	大开挖（满堂开挖）	挖地槽
定义	当设计图纸中采用满堂混凝土基础或者虽然采用带形基础，但是带形基础的宽度较大，所剩余土较少的挖土。一般采用大开挖。满堂挖土大部分采用机械开挖，也有极个别采用人工开挖 槽上口长或宽 槽上口长或宽 挖深 槽底长或宽 槽底长或宽	槽底宽度在3m以下且长度是宽度3倍以外或者槽底面积在$20m^2$以内的地坑为挖地槽，其余为挖土方。一般适用于设计图纸中采用带形混凝土基础或带形垫层。 槽上口宽 槽长(中心线) 挖深 槽底宽
示例	1 1 5100 2100 5100 3600 3600 3600 3600 3600 3600 3600 3600 240 120 −0.03 180 −0.60 60 100 120 −1.50 120 300 100 640 3600 (3000) [4800] 1040 1–1 120 120 −0.03 180 60	1 1 2 2 3 1 1 3 1 1 5100 2100 5100 3600 3600 3600 3600 3600 3600 3600 3600 240120 −0.03 180 −0.60 120 60 100 −1.80 100 640 520 1040 920 1–1 120 120 −0.03 180 −0.60 −1.80 600 600 400 400 1000 1000 800 800 2–2 3–3

续表

<table>
<tr><th>序号</th><th>大开挖（满堂开挖）</th><th>挖　地　槽</th></tr>
<tr><td></td><td>1. 假定设计改为满堂基础时：
$H=(1.50+0.30+0.10-0.60)\,m=1.30m$
1.30<1.40　（不需放坡）
采用的计算公式：$V=ABH$
$A=(28.8+1.04\times2)\,m=30.88m$
$B=(12.3+1.04\times2)\,m=14.38m$
$H=(1.50+0.40-0.60)\,m=1.30m$
$V=ABV=30.88\times14.38\times1.30m^3$
$=577.271m^3$
2. 假定设计改为满堂基础时，挖深加大（-1.5调至-1.7），如下图所示：
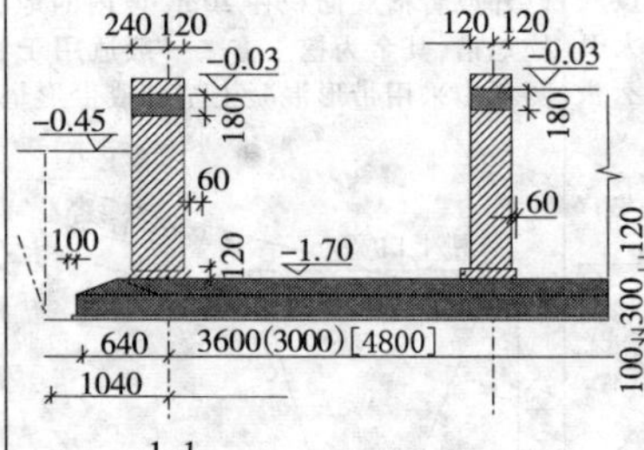

1-1
挖深 $H=(1.70+0.40-0.45)\,m=1.65m$
1.65>1.40　（应计算放坡）
如采用机械挖土，则放坡系数1:0.72
可采用公式：$V=H/3[S_{上}+S_{下}+(S_{上}\times S_{下})1/2]$
$S_{下}=AB=30.88\times14.38m^2=444.0544m^2$
$S_{上}=ab=(30.88+1.188\times2)\times(14.38+1.188\times2)\,m^2=557.2375m^2$
$H=(1.70+0.40-0.45)\,m=1.65m$
$V=H/3[S_{上}+S_{下}+(S_{上}\times S_{下})1/2]$
$=1.65\div3\times[557.2375+444.0544+(557.2375\times444.0544)1/2]\,m^3$
$=0.55\times[557.2375+444.0544+497.4372]\,m^3$
$=824.30m^3$
注：$a=2KH+A$　$(K=0.72\quad H=1.65)$
$b=2KH+B$　$(K=0.72\quad H=1.65)$
$V=ABH+(A+B)\times K\times H_2+4/3K_2H_3$
$=[30.88\times14.38\times1.65+(30.88+14.38)\times0.72\times1.65\times1.65+4/3\times0.722\times1.653]\,m^3$
$=(732.6898+88.7187+3.1050)\,m^3$
$=824.51m^3$</td><td>1. 挖深 $H=(1.9-0.6)\,m=1.30m<1.40m$　（不放坡）
带形基础且不放坡，可采用挖地槽的方式
$S_{1-1}=1.96\times(1.9-0.6)\,m^2=2.548m^2$
$L_{1-1}=(28.92+12.42)\times2m^2=82.68m$
$V_{1-1}=2.548\times82.68m^3=210.669m^3$
$S_{3-3}=1.60\times1.30m^2=2.08m^2$
$L_{3-3}=(28.8-0.92\times2)\times2m=53.92m$
$V_{3-3}=2.08\times53.92m^3=112.154m^3$
$S_{2-2}=2.0\times1.30m^2=2.60m^2$
$L_{2-2}=(5.1-0.92-0.80)\times14m=47.32m$
$V_{2-2}=2.60\times47.32m^3=123.032m^3$
$\Sigma=V_{1-1}+V_{2-2}+V_{3-3}=(210.669+112.154+123.032)\,m^3$
$=445.86m^3$
2. 上述图纸挖深做一下调整（-1.8调至-2.1），如下图所示：
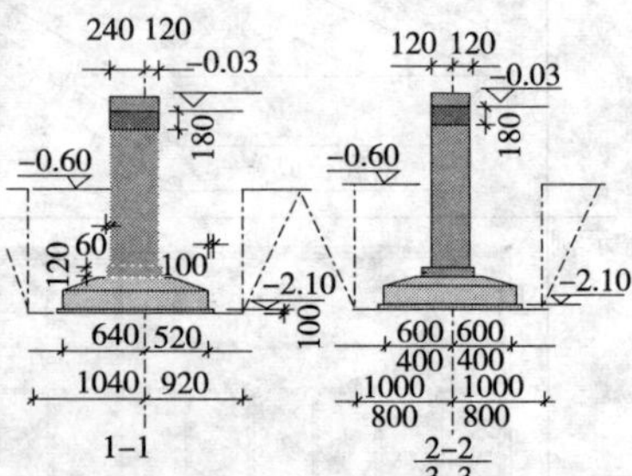

1-1　　2-2 / 3-3
挖深 $H=(2.2-0.6)\,m=1.60m>1.40m$
（需要放坡）
带形基础且需要放坡，可采用挖地槽的方式
$S_{1-1}=(1.96+1.60\times0.43$[1]$)\times1.60m^2$
$=4.2368m^2$
$L_{1-1}=(28.92+12.42)\times2m=82.68m$
$V_{1-1}=4.2368\times82.68m^3=350.2986m^3$
$S_{3-3}=(1.60+1.60\times0.43)\times1.60m^2$
$=3.6608m^2$
$L_{3-3}=(28.8-0.92\times2)\times2m=53.92m$
$V_{3-3}=3.6608\times53.92m^3=197.3903m^3$
$S_{2-2}=(2.0+1.60\times0.43)\times1.60m^2$
$=4.3008m^2$</td></tr>
</table>

续表

序号	大开挖（满堂开挖）	挖地槽
	$V = H/6(S_上 + S_下 + 4S_中)$ $= 1.65 \div 6 \times (557.2375 + 444.0544 + 4 \times 499.2346)m^3$ $= 824.51m^3$	$L_{2-2} = (5.1 - 0.92 - 0.80) \times 14m = 47.32m$ $V_{2-2} = 4.3008 \times 47.32m^3 = 203.5139m^3$ $\Sigma = V_{1-1} + V_{2-2} + V_{3-3} = (350.2986 + 197.3909 + 203.5139)m^3$ $= 751.2034m^3$

注：① 0.43为放坡系数。

4. 问：桩与地基基础工程量如何计算？

答：工程量计算归纳见表2-2-7，在表中，未作标注适用哪种工程量计算规则的，表明适用工程量清单工程量计算规则、定额工程量计算规则，只标明适用定额工程量计算规则的，表明只适用定额工程量计算规则。

表2-2-7 基础工程量计算

	满堂基础	条形基础	独立基础	承台基础
一	垫层			
1. 示意图	C30混凝土满基 素混凝土垫层 灰土垫层 素土垫层	室外地坪 ±0.000 基础墙 地圈梁 条基挖土方 砖基础 混凝土垫层 灰土垫层 600 600		
2. 工程计算	①素土垫层体积的计算【适用于定额工程量计算规则】 利用棱台的计算公式：素土垫层体积 $=1/6 \times H \times (S_上 + 4 \times S_中 + S_下)$计算土方体积（其中，$S_上$为上底面积，$S_中$为中截面面积，$S_下$为下底面面积） ②灰土垫层体积的计算【适用于定额工程量计算规则】 利用棱台的计算公式：灰土垫层体积 $= 1/6 \times H \times (S_上 + 4 \times S_中 + S_下)$计算土方体积（其中，$S_上$为上底面积，$S_中$为中截面面积，$S_下$为下底面面积）	①素土垫层工程量【适用于定额工程量计算规则】 外墙条基素土工程量＝外墙素土中心线的长度×素土的截面积 内墙条基素土工程量＝内墙素土净长线的长度×素土的截面积 ②灰土垫层工程量【适用于定额工程量计算规则】 外墙条基灰土工程量＝外墙灰土中心线的长度×灰土的截面积 内墙条基灰土工程量＝内	①独立基础垫层的体积【适用于定额工程量计算规则】 垫层体积＝垫层面积×垫层厚度 ②独立基础垫层模板【适用于定额工	①承台基础垫层的体积【适用于定额工程量计算规则】 垫层体积＝垫层面积×垫层厚度 ②承台基础垫层模板【适用于定额

续表

	满堂基础	条形基础	独立基础	承台基础
	③混凝土体积的计算 基础垫层与混凝土基础按混凝土的厚度划分,混凝土的厚度在12cm以内者执行垫层子目;厚度在12cm以外者执行基础子目 垫层体积=垫层面积×垫层厚度 ④垫层模板的计算【适用于定额工程量计算规则】 垫层模板=垫层的周长×垫层高度	墙灰土净长线的长度×灰土的截面积 ③混凝土垫层工程量【适用于定额工程量计算规则】 外墙条基混凝土垫层基础=外墙条形基础混凝土垫层的中心线长度×混凝土垫层的截面积 内墙条基混凝土垫层基础=内墙条形基础混凝土垫层的净长线长度×混凝土垫层的截面积 ④垫层模板【适用于定额工程量计算规则】 定额规则的混凝土垫层模板=混凝土垫层的侧面净长×混凝土垫层高度	程量计算规则】 垫层模板=垫层周长×垫层高度	工程量计算规则】 垫层模板=垫层周长×垫层高度
3. 难点	①算素土垫层、灰土垫层的上、中、下底面积时需要计算"各自边线到外墙外边线图"部分的中心线,中心线计算起来比较麻烦(同平整场地) ②截面面积不好计算 ③重叠地方不好处理(同平整场地) ④如果出现某些边放坡系数不一致,难以处理			
二	基础			
1. 示意图	基础梁 满堂基础			
2. 工程量计算	①满堂基础的体积 计算方法一:满堂基础最大面积的底面积×满基底板厚度-多算部分三角带的体积 满堂基础最大面积的底面积=建筑面积+外墙外皮到满堂外边线的面积	①条形基础工程量 外墙条形基础的工程量=外墙条形基础中心线的长度×条形基础的截面积 内墙条形基础的工程量=内墙条形基础净长线的长度×条形基础的截面积	①独立基础体积=各层体积相加(用长方体和棱台公式)	①独立基础体积=各层体积相加(用长方体和棱台公式)

续表

	满堂基础	条形基础	独立基础	承台基础
	三角带的体积 = 斜坡中心线周长×多算部分三角形截面积 计算方法二:满堂基础顶面积×满堂基础底板的厚度 + 梯形带的体积 满堂基础顶面积 = 建筑面积 + 外墙外皮到满堂外边线的面积 - 斜坡宽度的面积 梯形带体积 = 斜坡中心线长度×梯形截面面积 计算方法三:满堂基础最大面积的底面积×满堂基础底板未起边的厚度 + 起边棱台体积 ②满堂基础模板:【适用于定额工程量计算规则】 定额规则的满堂基础模板 = 满基外边线的长度×满基外边线的高度 + 满基斜坡中心线周长×满基斜坡斜长 ③满堂基础梁 满堂基础梁的体积计算方法:满堂基础梁的体积 = 梁的净长×梁的净高 定额规则的满堂基础模板【适用于定额工程量计算规则】= 梁高出满基的侧面净长×梁高出满基的侧面净高 + 梁头面积	注意:净长线的计算 a. 砖条形基础按内墙净长线计算 b. 混凝土条形基础按分层净长线计算 ②条基模板 定额规则的混凝土条基模板 = 混凝土条基侧面净长×混凝土条基高度 ③圈梁工程量 外墙地圈梁的工程量 = 外墙地圈梁中心线的长度×地圈梁的截面积 内墙地圈梁的工程量 = 内墙地圈梁净长线的长度×地圈梁的截面积 ④圈梁模板【适用于定额工程量计算规则】 定额规则的地圈梁模板 = 地圈梁侧面净长×地圈梁高度 ⑤基础墙工程量 外墙基础墙的工程量 = 外墙基础墙中心线的长度×基础墙的截面积 内墙基础墙的工程量 = 内墙基础墙净长线的长度×基础墙的截面积	②独立基础模板 = 各层周长×各层模板高【适用于定额工程量计算规则】	②独立基础模板 = 各层周长×各层模板高【适用于定额工程量计算规则】
3. 难点	①计算满堂基础的体积时,外墙外皮到满堂外边线部分区域、斜坡宽度部分区域等的中心线的长度算起来比较麻烦(同平整场地) ②基础梁的净长计算,必须考虑相交梁之间的相互扣减问题 ③满堂基础梁的模板的计算,必须考虑满基以及相交梁之间的相互扣减问题	①条形基础各层实体的净长线很难算 ②计算条形基础各层实体的净长线时,要考虑与外墙相交的情况,同时要考虑与内墙相交的情况,内墙横向部分通常计算,竖向部分分断计算,这样条形基础各层单元实体净长度算起来很麻烦	①异形独立基础体积不好计算 ②独立基础与其他基础相交时扣减量不好计算	

5. 问:砌筑工程工程量如何计算?

答:(1)墙体工程量包括:

1)墙休休积:混凝土墙;砖墙。

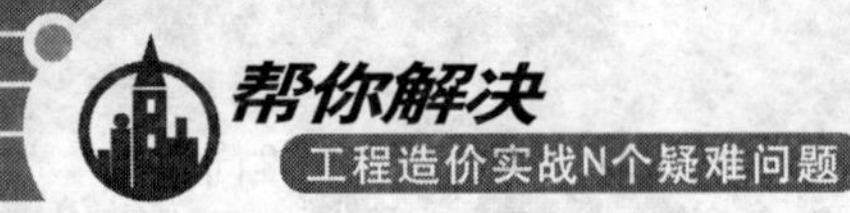

2）混凝土墙模板。

3）内外脚手架。

（2）墙体工程量计算方法

墙体体积 = 长 × 宽 × 高 − 门窗洞口体积 − 墙内过梁 − 墙内柱 − 墙内梁

具体计算方法见表 2−2−8。

表 2−2−8 砌筑工程量计算

	实心砖墙、空心砖墙及石墙	现浇混凝土墙
工程量计算	均按设计图示尺寸以体积计算。扣除门窗洞口、过人洞、空圈、嵌入墙内的钢筋混凝土柱、梁、圈梁、挑梁、过梁及凹进墙内的壁龛、管槽、暖气槽、消火栓箱所占体积。不扣除梁头、板头、檩头、垫木、木楞头、沿缘木、木砖、门窗走头、砖墙内加固钢筋、木筋、铁件、钢管及单个面积 0.3m² 以内的孔洞所占体积。凸出墙面的腰线、挑檐、压顶、窗台线、虎头砖、门窗套的体积亦不增加，凸出墙面的砖垛并入墙体体积内	按设计图示尺寸以体积计算。不扣除构件内钢筋、预埋铁件所占体积，扣除门窗洞口及单个面积 0.3m² 以外的孔洞所占体积，墙垛及凸出墙面部分并入墙体体积计算内
说明	1. 墙长度：外墙按中心线，内墙按净长计算。 2. 墙高度： ①外墙：斜（坡）屋面无檐口天棚者算至屋面板底；有屋架且室外均有天棚者算至屋架下弦底另加 200mm；无天棚者算至屋架下弦底另加 300mm，出檐宽度超过 600mm 时按实砌高度计算；平屋面算至钢筋混凝土板底。 ②内墙：位于屋架下弦者，算至屋架下弦底；无屋架者算至天棚底另加 100mm；有钢筋混凝土楼板隔层者算至楼板顶；有框架梁时算至梁底。 ③女儿墙：从屋面板上表面算至女儿墙顶面（如有混凝土压顶时算至压顶下表面）。 ④内、外山墙：按其平均高度计算。 ⑤围墙：高度算至压顶下表面（如有混凝土压顶时算至压顶下表面）围墙柱并入围墙体积内	1. 混凝土墙 ①钢筋混凝土墙应扣除门窗洞口所占的体积。 ②墙的高度按下层板上皮至上一层板下皮的高度计算。 ③混凝土墙与柱连在一起时，如混凝土柱不凸出墙外，混凝土柱的体积并入墙体内计算；如混凝土柱凸出墙外，混凝土墙的长度算至柱子侧面，与墙连接的柱另行计算。 ④混凝土墙与梁连在一起时，如混凝土梁不凸出墙外且梁下没有门窗（或洞口），混凝土梁的体积并入墙体内计算；如混凝土梁凸出墙外或梁下有门窗（或洞口），混凝土墙与梁应分别计算。 ⑤混凝土墙体的模板 = 墙体的外露面积 + 洞口侧壁面积。 2. 内外脚手架按墙面垂直投影面积计算。外墙脚手架长度按外墙外边线计算，内墙脚手架长度按内墙净长计算。高度按自然地坪至墙顶的总高计算

续表

	实心砖墙、空心砖墙及石墙	现浇混凝土墙
		3. 分层墙的计算 ①分层墙墙厚以及偏心不一样时要分别计算墙体计算中心线。 ②分层墙扣减时要分层扣减。 ③女儿墙：从屋面板上表面算至女儿墙顶面（如有混凝土压顶时算至压顶下表面）
难点		①在计算墙体之前，必须计算出相应的扣减量。比如，柱或梁宽度比墙大的情况，在计算柱或梁时，必须考虑柱或梁嵌入墙内的体积。 ②模板类似。 ③混凝土墙计算时要分别计算门窗（或洞口）上墙和非门窗（或洞口）墙

6. 问：混凝土及钢筋混凝土工程工程量如何计算？

答：归纳见表2-2-9。

表2-2-9 混凝土及钢筋混凝土工程量计算

项目编码	项目名称	计量单位	工程量计算规则
010402001	矩形柱	m^3	1. 构造柱 ①构造柱体积＝构造柱体积＋马牙槎体积 其中马牙槎体积＝马牙槎与墙相交宽度×马牙槎嵌入墙内的长度（0.03）×构造柱高度 ②构造柱模板＝构造柱模板＋马牙槎模板 马牙槎模板面积＝马牙槎嵌入墙内的长度（0.03）×构造柱高度【适用于定额工程量计算规则】 2. 构造柱工程量计算的难点 ①构造柱的马牙槎算起来很麻烦，须考虑柱子与几个墙面相交。 ②模板计算难点同体积。 3. 框架柱 框架柱体积＝框架柱截面积×框架柱柱高 其中柱高： ①有梁板的柱高，应自柱基上表面（或楼板上表面）至上一层楼板上表面之间的高度计算。 ②无梁板的柱高，应自柱基上表面（或楼板上表面）至柱帽下表面之间的高度计算。 ③框架柱的柱高，应自柱基上表面至柱顶高度计算。 框架柱的模板＝框架柱周长×框架柱支模高度【适用于定额工程量计算规则】

续表

项目编码	项目名称	计量单位	工程量计算规则
			预制混凝土柱按设计图示尺寸以体积计算。不扣除构件内钢筋、预埋铁件所占体积,柱上的钢牛腿按铁件计算。 4. 装修 ①独立柱装修 = 框架柱周长 × 装修高度 ②柱侧装修 = 柱外露长度 × 装修高度
010402002	异形柱		
010403001	基础梁	m^3	1. 梁的体积 = 梁的截面面积 × 梁的长度 现浇混凝土梁按设计图示尺寸以体积计算。不扣除构件内钢筋、预埋铁件所占体积,伸入墙内的梁头、梁垫并入梁体积内。 ①梁与柱连接时,梁长算至柱侧面,主梁与次梁连接时,次梁长算至主梁侧面。 ②圈梁与梁连接时,圈梁体积应扣除伸入圈梁内的梁的体积。 ③在圈梁部位挑出的混凝土檐,其挑出部分在 12cm 以内时,并入圈梁体积内计算;挑出部分在 12cm 以外时,以圈梁外皮为界限,挑出部分为挑檐天沟。 ④预制混凝土梁按设计图示尺寸以体积计算。不扣除构件内钢筋、预埋铁件所占体积。 2. 梁的模板面积 = (梁侧面高之和 + 梁底) × 梁的长度【适用于定额工程量计算规则】 3. 梁侧装修 = 梁外露长度 × 装修长度 4. 梁工程量计算的难点 ①梁的体积计算,要考虑与柱子、混凝土墙、梁相交时的扣减情况。 ②梁的模板不好计算,要考虑净长度
010403002	矩形梁		
010403003	异形梁		
010403004	圈梁		
010403005	过梁		
010403006	弧形、拱形梁		
010405001	有梁板	m^3	1. 板的体积 = 板的面积 × 板的厚度 现浇混凝土板按设计图示尺寸以体积计算。不扣除构件内钢筋、预埋铁件及单个面积 0.3m^2 以内的孔洞所占体积。 有梁板(包括主、次梁与板)按梁、板体积之和计算,无梁板按板和柱帽体积之和计算,各类板伸入墙内的板头并入板体积内计算,薄壳板的肋、基梁并入薄壳体积内计算。 预制混凝土板按设计图示尺寸以体积计算。不扣除构件内钢筋、预埋铁件及单个尺寸 300mm × 300mm 以内的孔洞所占体积,扣除空心板空洞体积。 2. 板的模板 = 板的底模 + 板的周边模板 板的底模 = 板的底面净面积 板的周边模板 = 板的外露周边长度 × 板的厚度 【适用于定额工程量计算规则】 3. 板工程量计算的难点
010405002	无梁板		
010405003	平板		
010405004	拱板		
010405005	薄壳板		
010405006	栏板		
010405007	天沟、挑檐板		

续表

<table>
<tr><td>010405008</td><td>雨篷、阳台板</td><td rowspan="2"></td><td rowspan="2">①异形板的面积计算比较麻烦。
②计算模板时板的底面净面积比较麻烦。
③计算模板时板的外漏周边长度比较麻烦。
④无梁板要计算柱帽体积</td></tr>
<tr><td>010405009</td><td>其他板</td></tr>
<tr><td>010406001</td><td>直形楼梯</td><td rowspan="2">m^3</td><td rowspan="2">1. 楼梯
现浇混凝土楼梯按设计图示尺寸以水平投影面积计算。不扣除宽度小于500mm的楼梯井，伸入墙内部分不计算。
①楼梯的水平投影面积包括踏步、斜梁、休息平台、平台梁以及楼梯与楼板连接的梁（楼梯与楼板的划分以楼梯梁的外侧面为分界）。
②当整体楼梯与现浇楼板无梯梁连接时，以楼梯的最后一个踏步边缘加300mm为界。
2. 楼梯的实际体积
分别计算楼梯踏步、楼梯板、休息平台混凝土体积。
楼梯体积 = 踏步体积 + 梯板体积
①踏步体积 = 三角形面积（1/2 × 踏步宽度 × 踏步高度）× 梯板净宽 × 踏宽数。
其中：踏步个数 = 踏宽数 + 1；踏宽数 = 楼梯净长/踏步宽度（楼梯净长：等于踏步段水平投影净长，即扣减（墙）后的长度）；踏步高度 = 楼梯高度/（踏步个数 + 1）；梯板净宽 = 楼梯宽度扣减墙后的宽度。
②梯板体积 = 梯板净宽 × 楼梯斜长 × 梯板厚度。
其中：楼梯斜长 = K × 楼梯水平投影长度（楼梯水平投影长度 = 楼梯净长；K = [sqrt（踏步宽度^2 + 踏步高度^2）]/踏步宽度
③休息平台体积：计算同板。
如果休息平台与墙相交，扣除与墙相交部分体积。
3. 楼梯栏板、栏杆
①栏板按面积或者体积计算。
栏板体积 = 栏板面积 × 栏板厚度计算
栏板面积 = 栏板长度 × 栏板高度计算
栏板长度是楼梯的实际长度，即斜长度。
②栏杆按长度或者吨位进行计算。
栏杆长度是按照楼梯的实际长度（即斜长度）进行计算的。
4. 楼梯装修：楼梯侧面装修；楼梯底面装修。
①楼梯装饰按设计图示尺寸以楼梯（包括踏步、休息平台及500mm以内的楼梯井）水平投影面积计算。楼梯与楼地面相连时，算至梯口梁内侧边沿；无梯口梁者，算至最上一层踏步边沿加300mm。
②楼梯侧面装修 = 踏步侧面面积 + 梯板侧面积。
其中：踏步侧面面积 = 1/2 × 踏步宽度 × 踏步高度 × 踏步个数；梯板侧面积 = 楼梯斜长 × 梯板厚度。
③楼梯底面装修 = 楼梯底部面积。
5. 楼梯模板 = 楼梯侧模 + 楼梯底模；计算同装修面积。
【适用于定额工程量计算规则】</td></tr>
<tr><td>010406002</td><td>弧形楼梯</td></tr>
</table>

视野·方法·经验·数据

续表

010407002	散水、坡道	m^2	1. 现浇混凝土散水、坡道按设计图示尺寸以面积计算。不扣除单个0.3m^2以内的空洞所占面积;扣除坡道、台阶所占面积。 ①散水面积 = 散水中心线长度 × 散水宽度 ②采用分块计算的方法计算 2. 素土垫层 = 散水面积 × 垫层厚度【适用于定额工程量计算规则】 3. 灰土垫层 = 散水面积 × 垫层厚度【适用于定额工程量计算规则】 4. 混凝土垫层 = 散水面积 × 垫层厚度【适用于定额工程量计算规则】 5. 散水伸缩缝 =(散水中心线长度/设置伸缩缝间隔长度 - 1)× 散水宽度【适用于定额工程量计算规则】 6. 散水工程量计算难点 ①散水中心线长度不好计算。 ②采用分块计算有的节点计算麻烦

7. 问:屋面及保温工程工程量如何计算?

答:归纳见表2-2-10。

表2-2-10 屋面相关工程量计算

项目编码	项目名称	计量单位	工程量计算规则
010702001	屋面卷材防水	m^3	1. 屋面面积 瓦屋面、型材屋面(包括挑檐部分)均按设计图示尺寸水平投影面积乘以屋面坡度系数(查屋面坡度系数表)以斜面积计算。 ①不扣除房上烟囱、风帽底座、风道、屋面小气窗和斜沟等所占面积。 ②屋面小气窗出檐与屋面重叠部分的面积不增加,但天窗出檐部分重叠的面积计入相应的屋面工程量内。 ③瓦屋面的出线、披水、稍头抹灰、脊瓦等工料均不另计算。 2. 屋面防水面积 屋面卷材防水、屋面涂膜防水按设计图示尺寸按面积以平方米计算。 ①斜屋顶(不包括平屋顶找坡)按图示尺寸的水平投影面积乘以屋面坡度延长系数按斜面积以平方米计算,平屋顶按水平投影面积计算,由于屋面泛水引起的坡度延长不另考虑。 ②不扣除房上烟囱、风帽底座、风道、屋面小气窗和斜沟所占面积,其根部弯起部分不另计算。 ③屋面的女儿墙、伸缩缝和天窗等处的弯起部分,并入屋面工程量内。天窗出檐部分重叠的面积应按图示尺寸以平方米计算,并入卷材屋面工程内。如图纸未注明尺寸,伸缩缝、女儿
010702002	屋面涂膜防水		
010702003	屋面刚性防水		

续表

项目编码	项目名称	计量单位	工程量计算规则
010702004	屋面排水管	m	墙可按 25cm，天窗处按 50cm 计算。 ④涂膜屋面的工程量计算同卷材屋面。涂膜屋面的油膏嵌缝、玻璃布盖缝、屋面分隔缝，以延长米计算 3. 屋面抹水泥砂浆找平层的工程量与卷材屋面相同。 4. 屋面保温层的工程量与卷材屋面相同。 5. 屋面工程量中铁皮、UPVC 雨水斗，铸铁落水口，铸铁、UPVC 弯头、短管，铅丝网球按个计算。 6. 屋面排水管按设计图示尺寸以展开长度计算。如设计未标注尺寸，以檐口下皮算至设计室外地坪以上 15cm 为止，下端与铸铁弯头连接者，算至接头处。 7. 平屋面工程量计算的难点 ①异形屋面的面积不好计算。 ②异形屋面的周长不好计算。 ③屋面其他零星工程量比较碎，容易漏项。 ④坡屋面计算要考虑坡度系数，斜面积不好计算。 ⑤老虎窗的面积不好计算
010702005	屋面天沟、沿沟	m^2	

8. 问：装饰工程工程量如何计算？

答：归纳见表 2－2－11。

表 2－2－11　装修工程量计算

	房间内装修	外墙装修（房间外装修）
工程量计算	1. 地面垫层：素土、灰土、混凝土【适用于定额工程量计算规则】 地面垫层面积同地面面积，应扣除沟道所占面积乘以垫层厚度以体积计算。 2. 地面防水 地面防潮层面积同地面面积，墙面防潮按图示尺寸以面积计算，不扣除 0.3m^2 以内的孔洞。 3. 地面面层：抹灰、块料 ①整体面层按设计图示尺寸以面积计算。应扣除凸出地面的构筑物、设备基础、室内管道、地沟等所占面积。不扣除间壁墙和 0.3m^2 以内的柱、垛、附墙烟囱及孔洞所占的面积。门洞、空圈、暖气包槽、壁龛的开口部分不增加面积。 ②块料面层按设计图示尺寸以面积计算。应扣除凸出地面的构筑物、设备基础、室内管道、地沟等所占面积。不扣除间壁墙和 0.3m^2 以内的柱、垛、附墙烟囱及孔洞所占的面积。门洞、空圈、暖气包槽、壁龛的开口部分不	1. 墙面、墙裙抹灰 墙面抹灰按设计图示尺寸以面积计算。扣除墙裙、门窗洞口及单个 0.3m^2 以外的孔洞面积，不扣除踢脚线、挂镜线和墙与构件交接处的面积，门窗洞口和孔洞的侧壁及顶面不增加面积。附墙柱、梁、垛、烟囱侧壁并入相应墙面面积内。 ①外墙抹灰面积按外墙垂直投影面积计算。 ②外墙裙抹灰面积按其长度乘以高度计算。 ③外墙窗间墙抹灰，以展开面积按外墙抹灰相应

续表

房间内装修	外墙装修(房间外装修)
增加面积。 4. 楼面防水 楼面防水面积同楼面面积。 5. 楼面面层:抹灰、块料。 同地面面层。 6. 踢脚:抹灰、块料。 ①踢脚线按设计图示长度乘以高度以面积计算。楼梯踢脚线的长度按其水平投影长度乘以系数1.15。 ②水泥砂浆踢脚线及成品木质踢脚线按图示尺寸以米计算。【适用于定额工程量计算规则】 7. 墙裙:抹灰、块料。 ①内墙裙抹灰面积以长度乘以高度计算。应扣除门窗洞口和空圈所占面积,并增加门窗洞口和空圈的侧壁面积,垛的侧壁面积,并入墙裙内计算。 ②块料面层,按实贴面积计算。 8. 墙面:抹灰、块料。 ①墙面抹灰按设计图示尺寸以面积计算。扣除墙裙、门窗洞口及单个0.3m^2以外的孔洞面积,不扣除踢脚线、挂镜线和墙与构件交接处的面积,门窗洞口和孔洞的侧壁及顶面不增加面积。附墙柱、梁、垛、烟囱侧壁并入相应墙面面积内。 内墙抹灰面积按主墙间的净长乘以高度计算:a. 无墙裙的,高度按室内楼地面至天棚底面计算。b. 有墙裙的,高度按墙裙顶至天棚底面计算。 ②墙面贴块料面层,按实贴面积计算。 9. 天棚面积 天棚抹灰按设计图示尺寸以水平投影面积计算。不扣除间壁墙、垛、柱、附墙烟囱、检查口和管道所占的面积,带梁天棚、梁两侧抹灰面积并入天棚面积内,板式楼梯底面抹灰按斜面积计算,锯齿形楼梯底板抹灰按展开面积计算。 ①各种吊顶天棚龙骨按主墙间净空面积计算,不扣除间壁墙、检查口、附墙烟囱、柱垛和管道所占面积,但天棚中的折线、迭落等圆弧形、高低灯槽等面积也不展开计算。 ②天棚基层按展开面积计算。 ③铝扣板收边线、石膏板缝按延长米计算。 ④保温层按实铺面积计算。 ⑤灯光槽按延长米计算。 ⑥有坡度及拱顶的天棚抹灰面积,按展开面积以平方米计算。 ⑦天棚中的折线、迭落等圆弧形、拱形、高低灯槽及其他艺术形式天棚面层均按展开面积计算。	子目计算。 2. 墙面块料 ①墙面镶贴块料按设计图示尺寸实贴面积计算。 ②墙饰面按设计图示墙净长乘以净高以面积计算。扣除门窗洞口及单个0.3m^2以外的孔洞所占面积

续表

	房间内装修	外墙装修(房间外装修)
	10. 吊顶面积 天棚吊顶按设计图示尺寸以水平投影面积计算。天棚面中的灯槽及跌级、锯齿形、吊挂式、藻井式天棚面积不展开计算。不扣除间壁墙、检查口、附墙烟囱、柱、垛和管道所占面积,扣除单个 $0.3m^2$ 以外的孔洞、独立柱及与天棚相连的窗帘盒所占的面积	
难点	①计算地面装修时要考虑局部装修不一样的地方。 ②计算踢脚线块料面积要考虑扣减洞口以及侧壁。 ③计算墙裙要考虑扣减门洞口、窗洞口、门联窗洞口以及侧壁。 ④计算墙面时要考虑所有洞口以及侧壁。 ⑤计算天棚时要考虑梁的侧面抹灰。 ⑥计算块料装修时要计算侧壁。 ⑦有间壁墙时的地面装修。 ⑧计算门窗侧壁时,要考虑立樘位置。 ⑨同一个房间出现不同材质的墙体,要考虑不同的装修	①计算墙裙要考虑扣减门洞口、窗洞口、门联窗洞口以及侧壁。 ②计算墙面时要考虑所有洞口以及侧壁。 ③墙裙、墙面装修计算时要考虑扣减台阶。 ④女儿墙的内外装修不一样

9. 问:安装工程工程量如何快速计算?

答:准确计算工程量是确定工程造价的基础。工程造价是由计算工程量、定额套用、各项费用的计取、材料价格的取定等诸多因素确定的。依因素分析法不难看出,工程量计算是影响工程造价的主要因素。只有正确计算工程量,才能准确核定工程造价。工程量计算是工程由实物量到货币量转化的纽带,它通过定额套用、各项费用的计取、材料价格选定等工作,最终以货币形式替代实物形态,完成工程造价的计算过程。因此,工程量计算是确定工程造价的基础。

(1)快速计算工程量的一般程序,见表 2-2-12。

表 2-2-12 快速准确计算工程量程序

项目	说　明
熟悉图纸	须对基本图、详图、系统图、设计说明等反复阅读,弄清工程的性质、类型、规模、标准和位置等,直至对设计意图有一个比较透彻的理解
理解计价依据(如定额)	熟悉工程计算规则、定额的适用范围,吃透定额总说明、章节说明、分项定额(定额子目)包含的工作内容以及附注等,防止在计算中出现漏项或重复计算

续表

项目	说　明
合理选择计算顺序	合理的计算顺序有多种方法,可按系统图所标注的回路序号顺序计算,也可按施工次序进行。如编制动力安装工程量时,可依照电源设备安装——线路或电缆安装——用电设备安装的顺序进行。在计算配线部分的工程量时,可采用顺序计算法,即从电源端(起点)一个回路一个回路地按顺序计算,也可按多层建筑物分层或分部来计算
掌握现场情况	对图纸上发现的问题或未标清楚的地方,可参考施工规范及现场施工方法来考虑。如配电室电气开关柜的安装,施工规范是先安装基础型钢,后安装开关柜。然而图纸上往往不画出来,如果不懂得施工规范,常常会遗漏这项材料费和安装费
仔细计算调测工程量	安装工程施工完毕后,为了检验安装工程质量合格与否,判定其能否投入运行使用,都必须经过专门的试验和调整并做好记录,这是安装工作的重要工序。对电气工程来说,调试工程量的计算比较复杂,一般在图纸上反映不明显,要准确计算调试工程量,必须了解系统调整的概念及其计算规则,划清界限,否则就会出现重复计算或漏项。如对中央信号装置试验调整,计算者往往一看图纸很复杂就不下工夫,很可能多计工程量。如果概念明确,图纸看懂,就会按冲击继电器的个数为准来计算工程量。又如起重机的试验调整,定额子目的工作内容不包括其送配电系统调试,应另计取送配电系统调试工程量。欲把较为复杂电气项目的调试工程量计算准确,就必须理解电气接线原理图,必要时还应请教专业技术人员

(2)安装工程量一般计算顺序调查。

我们对造价人员进行调查后,统计出造价人员最常使用的安装工程量计算顺序,如图 2－2－4 所示。

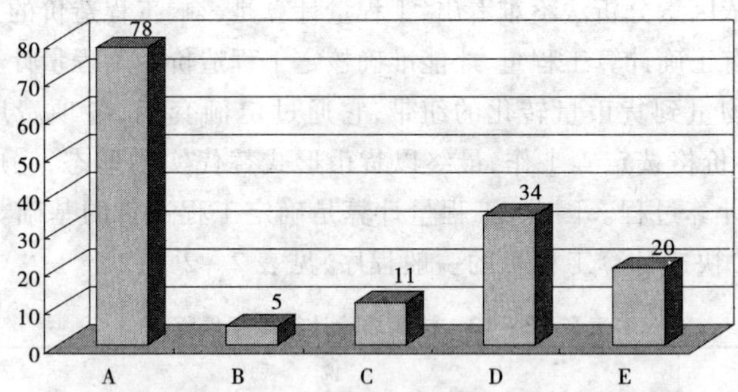

注:图中 A 表示“按系统图所标注的回路序号顺序计算”;B 表示“按施工次序进行”;C 表示“按介质流向从起点端到终点端按顺序计算”;D 表示“按建筑物分层或分部来计算”;E 表示“按系统从大头计算到小头,或从小口径到大口径计算”。柱上数字表明接受调查的造价人员的投票数。

图 2－2－4　安装造价人员工程量计算方式调查

(3)安装工程量计算常见错误类型,见表2-2-13。

表2-2-13 安装工程量计算常见错误类型

错误类型	说 明	示 例
重复计算工程量	如果对定额了解不够或出现计算顺序混乱,就有可能发生重复计算工程量的情况	如户外接地母线敷设的定额子目中已含沟深750mm,每米0.34m^{3}挖土,只有在设计要求深度不同时,才可按实际土方量重新换算。如果忽略了此说明,就可能重复计算。预算定额一般都综合了一定的工作内容,计算工程量必须熟悉预算定额
多计工程量	这个问题产生主要有两个方面原因:一是施工单位出于盈利目的有意多计工程量,二是由于对定额所含内容不明白,对图纸及计算规则理解不透,或对定额解释不了解,抱有宁多勿少想法,也常引起多计工程量的情况	如在电气照明的管内穿线定额中,定额已综合了接头线长度,如果在计算工程量时再考虑接头线,显然就多计工程量了
遗漏或少计工程量	这种情况一般较少,如果不熟悉施工过程,对工程量计算规则不理解,也有可能会出现遗漏或少计工程量的情况	如电缆波形增加长度、中间头及终端头预留长度、引上引下出楼地面高度以及绕过障碍物增加长度、进配电箱长度等,图纸上一般不注明,因而在审核时应注意,以体现客观公正的审计原则

1. 造价人员转工地的学问

答:归纳见表2-2-14。

表2-2-14 造价人员转工地应了解的信息

序号	应了解内容	说 明
一	学习	
1	了解施工工艺	

续表

序号	应了解内容	说　明
	作用： ①编写预算时不至于漏项太多。施工工艺的过程与造价（做预算）有关。 ②看施工方法与工艺。找出与方案的区别	①从工地放线开始，每天要抽出一定的时间到工地，细心观察工地技术人员是怎样测点防线的、工人师傅是怎样运用“三一砌筑法”施工砌体的，构造钢筋的设置位置、拉结钢筋的长度是否符合规范，钢筋工是怎样按钢筋下料单制作钢筋成品的、混凝土工人是如何按照配合比进行混凝土制作的、模板工人是怎样按施工图配置模板支模的，看看场地的总体布局、看看材料的堆场、看看工人施工的速度。 ②工程做到哪个部位就针对那个部位的施工图去看看现场，从工程开始的平整场地到整体结构的完成。如土方工程，主要有几个方法组成，怎么挖，怎么抽水等。如某深基坑开挖后，边壁有滑移产生，在选择锚固方案时，因方案不同，造价相差较大。 ③看的时候，要细心分析，室内外的高差与图纸是否相符、基底是否经过处理、有无放坡、有无支挡土板、与施工方案是否一致、他们使用的标准转的质量和信息价的性价比，钢筋的品牌、产地规格、进货时间、制作时的弯钩长度、是否经过除锈、估算他们操作完成一个成品所需要的时间等一系列问题。 ④现场情况、三通一平情况、可能的地质情况、冬雨季时间、工期等
2	图纸与实物对照	
	作用： ①将图纸中的内容与实物对照会加强感性认识。 ②深入工地能够加速自己的入行进度。达到更好地识图，更准确地理解图纸，对做预算非常有好处，许多新手入行就是运用此法	①对工程的整体了解，有些具体构件通过现场建立三维实体感，比如仿古建筑里的斗拱，看书要想象它的模样很困难。 ②理解一些构件间的界限，比如板带布置在哪，一些钢筋在实际施工中是如何排布的
3	定额子目与施工工序对照	
	作用：看实际工作内容与定额工作内容的区别	①看每个分项工程的工作内容，考虑一下需要套哪些定额，与定额比较一下，看看与哪些地方不同。比如材料、机械都有可能不同等，也可以看看定额是如何测定人材机消耗量的，可以试着计算一下实际人材机消耗量，进行一下数据的比较。 ②测量标高现场监控
4	预算工程量规则与施工下料规则的区别	

续表

序号	应了解内容	说　明
	作用：对照图纸看工程实际是如何做的，体会与按图纸按照工程量计算规则计算的差别	①去工地主要是看一些自己曾经计算过的部位、构件等。 ②看看实物，想想自己的计算过程，考察自己对工程量计算规则的理解和掌握程度，对分部分项工程有没有掉项、有没有重复等。 ③土方、场地平整，多半甲方都提供三通一平，考虑为何重复计算。 ④基坑开挖 2m 内的都不会放坡，每边就留 100mm，垫层不会支模板。 ⑤砌体：拉结筋是否设置，构造柱做法。 ⑥钢筋：有没有漏筋，钢筋长度够不够，焊接头是否规范（级别差距大的不能用电渣压力焊，例 20 的和 25 的不能用电渣压力焊，只能绑扎或其他形式）。看锚固与接头形式。拿着配筋图，现场核对钢筋，搭接是否太长，板筋有没有多放等。钢筋应该注意板筋有没有上放，搭接长度有没有，钢筋下料的方式是不是和算量时的方式一样。作为预算人员，重点不是看工人绑得对不对，而是看预算规则和实际的差别在哪里，目的是更合理地造价。比如说钢筋的搭接长度，完全没必要按照书上讲的公式计算。看过之后心里就有数了，很容易估出钢筋用量近似值。至于看钢筋下料等内容，完全是为了核对当初在预算时的差额，找出自己从前算错的地方，以便日后遇到此类工程时注意不要出现计算上的错误。 ⑦看实际情况和预算用料、预算的施工方案是否存在很大的差异
二	控制	
1	消耗量的控制	
	作用：分析现场分项工程的工料机消耗成本	①了解现场的浪费、亏损、盈利情况。 ②看有没有按图施工，有没有超出图纸范围浪费材料。 ③看下材料、人工的损耗和各设备的布置，各工种的人员安排等。 ④人工投入，主要看工效，比如工人一天干多少活等，要有个直观认识。 ⑤机械投入，比如安装工程，不到现场就不清楚施工环境，大型机械设备是否有作业的空间，这都和费用有直接关系
2	材料价格控制	
	作用：了解材料的性能、产地、型号、价格等方面。材料市场价格的掌握与施工现场的对比，是我们控制造价的有力武器	①所用材料的档次，主要是记一些与常规做法不同的地方。 ②建筑材料的采购价是多少，结算是多少，中间的利润是多少。 一般建筑工程中材料占工程造价的 60% ~70%，而且材料因为产地、运输距离、买卖双方、品牌、生产时间、政策、天气、时间、原料、质量品质等因素的不同会造成价格很大的差异，而且由于房地产开发的周期一般短则一年多则数年，

续表

序号	应了解内容	说明
		所以在开发中会有材料价格波动情况出现，由于政府出台的相应建筑工程材料价格信息，材料品种不全、实效不及时，造价人员不应该完全依靠政府的价格信息，而应该做到：自己走访市场，了解材料各个参数；收集整理施工现场所需建材的信息，对比政府的价格信息找出差异；深入工地询问小包工头或工人，了解一些综合单价或分解单价
3	变更、签证的控制	
	作用：对每一次变更、签证做到心里有数	①如果发生了某项变更，将连带产生哪些费用。包括工地外的费用，比如资金成本等。 ②施工中对工程变更、现场签证、施工索赔、经济洽商、技术联系单等所提到的部位，造价人员都要认真核对
三	依据	
1	测量标高现场监控	标高是计算土方工程量的重要依据，了解地形，对签证算量能很好地把控
2	看现场地质情况	土方工程看土质类别、标高、开挖方式、开挖机械还是人工等。套定额分土壤类别，所以要看与地质报告相不相符
3	看看现场放坡是否达到定额要求或者专项施工方案要求	
4	砌筑工程看墙厚、拉接筋的放置形式、间距等	
5	看装饰分界线	一些装饰的分界线在图纸中可能不明确，如面砖在遇窗处是否会深入窗洞一砖，遇压顶时在压顶上面会不会有一砖等。这些都需在现场搞明确
四	筹划	
1	为结算做准备	
		①由于从事预决算工程的预算员，对某单位工程可能不是十分了解，而一些形体较为复杂或装潢复杂的工程，竣工图不可能面面俱到，逐一标明，因此在工程量计算阶段必须要深入工地现场核对、丈量、记录才能准确无误。 ②有经验的预算人员在编制结算时，往往是先查阅所有资料，再粗略地计算工程量，发现问题，出现疑问逐一到工地核实。 ③有些工程往往无明确的图纸，主要靠签证结算，但竣工后很难复核，要深入工地。掌握第一手资料，方便做好结算工作。维修等工程深入工地更重要。 ④注意到实际费用和预算费用的差别在一份预算做好之后，心里要清楚其与实际差别的大小

续表

序号	应了解内容	说　明
2	为索赔做准备	
		①甲方代表、监理等和工程结算有关的人员要善于沟通。可以去和现场的施工员交流，了解施工的一些情况，甚至要去和工人交谈。到工地也可以和一线的工人、管理人员交谈，了解分部分项工程的难易程度、材料用量、人工行情、建材行情等。 ②费用变化后，相关当事人是什么心态与处理方式。特别注意甲方、监理、施工三个单位的负责人是如何处理相关事务的。包括他们处理事务的原则及手法。没有相当的为人处世之道，很多决定实际从一开始就注定是要失败的
3	为诉讼做准备	
	作用：做预算的人员不能管工程和材料的质量，但是对于到底工程的质量和材料使用的情况还是应该多到现场进行了解的，以便后期工作的展开	拍照留底作证据

2. 计算工程量时，进行分工算量的技巧

答：实际工作中，一项造价工作往往是多人合作的。这时作为专业负责人就要进行合理的分工与组织。这时我们应如何做呢？下面通过某造价咨询单位的一个分工实例帮助大家分工时参考：

实例 2－2－1

某造价咨询公司专业分工流程。

(1)专业负责人：研究图纸列出本次出件的基本项目（即：列项），见表 2－2－15。

(2)成员按照指定项目计算工程量。

(3)专业负责人按照项目套定额上机形成标准范本。

(4)专业负责人检查、互查。

表2-2-15　列　项

序号	项目名称	计算项目	计算要求	定额编号
一	基础部分	混凝土基础	外墙中心线长、内墙净长线、基础断面	
		垫层	垫层表面积	
		砖基础	外墙中心线长、内墙净长线、基础断面	
		地圈梁	外墙中心线长、内墙净长线、圈梁断面	
		构造柱	各种型号断面积、混凝土上表到圈梁下表净高	
		开挖土方	操作面宽300、放坡0.75H、操作面外边线长	
		回填土方	挖土—基础、不减圈梁	
二	结构混凝土部分	柱		
		梁		
		板		
		阳台		
		楼梯		
		雨篷		
		挑板	空调板、飘窗板	
		栏板		
		混凝土墙		
		圈梁		
		过梁		
		窗台梁		
三	门窗列表	外墙窗	分层、分型号、单位面积、数量、汇总面积	
		外墙门	进户门、楼梯口对讲门、防火门	
		内墙门	阳台门、卫生间门、房间门	
		阳台窗		
四	墙体部分	外墙		
		24内墙		
		12内墙		
		成品隔断墙		
		女儿墙		

续表

序号	项目名称	计算项目	计算要求	定额编号
五	阳台部分	阳台地面		
		墙体保温面积		
		不保温抹灰面积		
		阳台外抹灰面积		
		阳台底抹灰面积		
六	外墙部分	实体外墙保温面积		
		凸出墙体抹灰面积		
		女儿墙内外抹灰面积		
		独立柱、梁抹灰		
		雨篷抹灰		
七	飘窗部分	内墙侧抹灰面积		
		挑板上下抹灰面积		
八	屋面部分	斜坡屋面积		
		平屋顶面积		
		防水面积		
		保温面积		
		找坡焦砟体积		
		通气帽		
		上人爬梯		
		台阶		
		雨水管		
		伸缩缝		
		装饰框架		
九	内墙部分	卧室地面		
		踢脚线		
		卧室墙面		
		卫生间地面		
		防水面积		
		墙面		
		厨房地面		
		厨房墙面		
十	楼梯部分	一层地面		
		一层墙面		
		各层楼梯面		
		各层楼梯斜面、顶面		
		顶层顶面		
		楼梯栏杆		
		踢脚线		

视野·方法·经验·数据

3. 土方工程量审核经验

答:土方挖填项目因工程量大,时间性强,审核时无法进行实测,且施工单位往往在土方工程中做手脚,所以土方工程量审核成为工程造价审核的一个难点。

(1)土方工程中的三个标高。

①原始标高,以监理进场后实测为准,由监理单位提供。

②设计标高,一般图纸上有,由设计单位提供。

③开挖埋填后的实际标高,以现场记录数据为准,需监理人员及建设管理人员的认证。

审核时尤其要注意提供的是否是三个标高的原始数据,因为有时施工单位会提供已处理过的标高数据来作为工程量的计算依据。

(2)利用以上三个标高数据进行计算。

公式:清标高度=原始标高-设计标高。

开挖埋填高度=设计标高-开挖埋填后的标高。

实际高度=清标高度+开挖埋填高度。

计算出每个测量点的实施工高度,然后结合地形等实际情况划分地块面积,一般地势平坦划分的面积就大一些,最后分段计算出开挖或埋填的土方工程量。

公式:土方工程量=实际高度×对应地块面积。

(3)对土方工程量核对。

再对照土方工程月进度报表(工程计量资料),结合自己的计算结果数据,进行对土方工程量审计核对。

此时,往往很容易就能发现月进度报表中前后重复计算、多算、漏算等情况,同时也提供审核线索的机会。而且也能进一步核实自己的计算结果。

1. 常用土建工程量计算模块公式（表 2－2－16）

表 2－2－16　土建工程量计算模块公式

序号	模块	图形	图示符号含义	可计算项目工程量计算公式（点线面体）
一、门窗模块				
1	窗洞（半圆形）		R——半径	①洞口面积（m^2）$=\frac{1}{2}\times 3.14\text{sqr}(R)$ ②侧边长（m）$=3.14R$ ③洞底宽（m）$=2R$ ④洞顶宽（m）$=0$ ⑤洞口高（m）$=R$
2	窗洞（对称六角）		B——窗腰宽 b——窗顶宽 H——宽半高	①洞口面积（m^2）$=(b+B)\times H$ ②侧边长（m）$=\text{sqrt}\{\text{sqr}[(B-b)/2]+\text{sqr}(H)\}\times 4+2b$ ③洞底宽（m）$=b$ ④洞顶宽（m）$=b$ ⑤洞口高（m）$=2H$
3	窗洞（尖顶）		B——窗宽 H——窗高 H_1——尖顶高	①洞口面积（m^2）$=BH+\frac{1}{2}BH_1$ ②侧边长（m）$=2\times\text{sqrt}[\text{sqr}(B/2)+\text{sqr}(H_1)]+B+2H$ ③洞底宽（m）$=B$ ④洞顶宽（m）$=0$ ⑤洞口高（m）$=H$
4	窗洞（矩形）		B——窗宽 H——窗高	①洞口面积（m^2）$=BH$ ②侧边长（m）$=2(B+H)$ ③洞底宽（m）$=B$ ④洞顶宽（m）$=B$ ⑤洞口高（m）$=H$

续表

序号	模块	图形	图示符号含义	可计算项目工程量计算公式(点线面体)
5	窗洞(三角形)	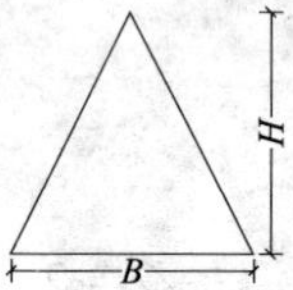	B——窗宽 H——尖顶高	①洞口面积(m²) = $\frac{1}{2}BH$ ②侧边长(m) = 2 × sqrt[sqr(B/2) + sqr(H)] + B ③洞底宽(m) = B ④洞顶宽(m) = 0 ⑤洞口高(m) = H
6	窗洞(梯形)	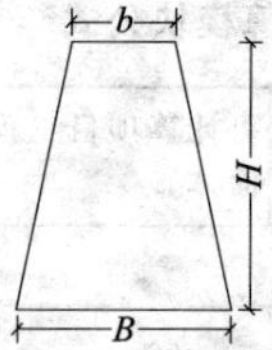	B——窗底宽 b——窗顶宽 H——窗顶 h——过梁高	①洞口面积(m²) = (b + B) × h/2 ②侧边长(m) = 2 × sqrt{sqr[(B − b)/2] + sqr(H)} + b + B ③洞底宽(m) = B ④洞顶宽(m) = b ⑤洞口高(m) = H
7	窗洞(圆拱形)	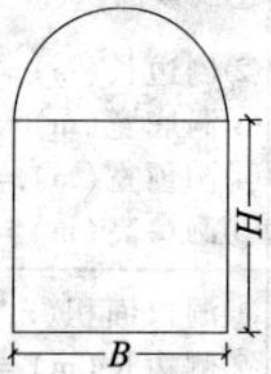	B——窗宽 H——窗高	①洞口面积(m²) = $\frac{1}{2}$ × 3.14 × sqr(B/2) + BH ②侧边长(m) = $\frac{1}{2}$ × 3.14B + B + 2H ③洞底宽(m) = B ④洞顶宽(m) = 0 ⑤洞口高(m) = H
8	窗洞(圆形)	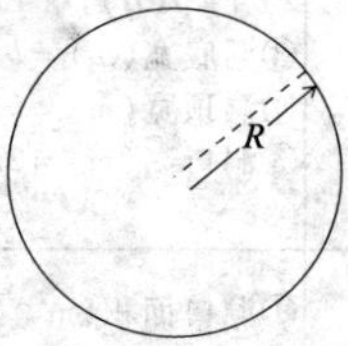	R——半径	①洞口面积(m²) = 3.14sqr(R) ②侧边长(m) = 3.14 × 2R ③洞底宽(m) = 0 ④洞顶宽(m) = 0 ⑤洞口高(m) = 0
9	门洞(尖顶)	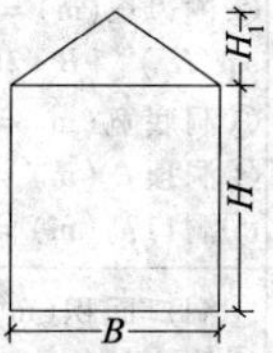	B——门宽 H——门高 H_1——尖顶高	①洞口面积(m²) = $BH + \frac{1}{2}BH_1$ ②侧边长(m) = 2 × sqrt[sqr(B/2) + sqr(H_1)] + 2H ③洞底宽(m) = B ④洞顶宽(m) = 0 ⑤洞口高(m) = H
10	门洞(矩形)	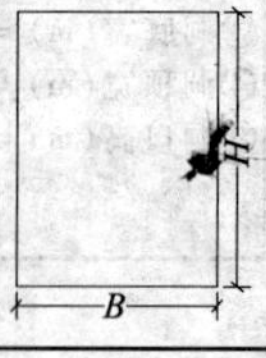	B——门宽 H——门高	①洞口面积(m²) = BH ②侧边长(m) = B + 2H ③洞底宽(m) = B ④洞顶宽(m) = B ⑤洞口高(m) = H

续表

序号	模块	图形	图示符号含义	可计算项目工程量计算公式(点线面体)
11	门洞(圆拱形)	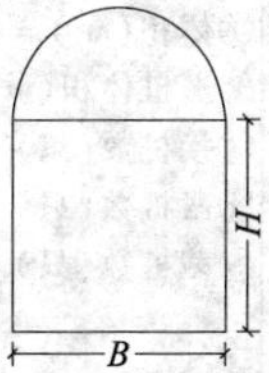	B——门宽 H——门高	①洞口面积(m^2) $=\frac{1}{2}\times 3.14$sqr$(B/2)+BH$ ②侧边长(m) $=\frac{1}{2}\times 3.14B+2H$ ③洞底宽(m) $=B$ ④洞顶宽(m) $=0$ ⑤洞口高(m) $=H$
12	门连窗1	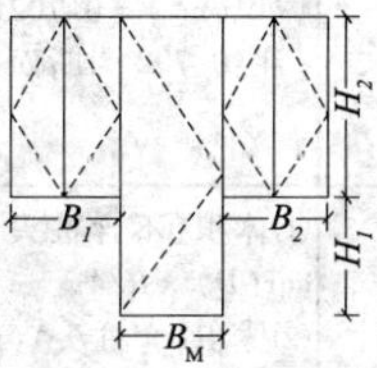	B_M——门宽 B_1——窗宽 B_2——窗宽 H_1——窗台高 H_2——窗高	①洞口面积(m^2) $=B_1H_2+B_M(H_1+H_2)+B_2H_2$ ②侧边长(m) $=2B_1+B_M+2B_2+2H_2+2H_1$ ③洞底宽(m) $=B_M$ ④洞顶宽(m) $=B_1+B_M+B_2$ ⑤洞口高(m) $=H_1+H_2$
13	门连窗2	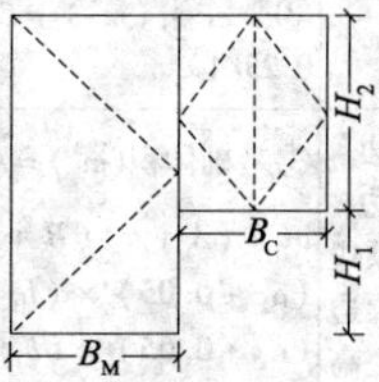	B_M——门宽 B_C——窗宽 H_1——窗台高 H_2——窗高	①洞口面积(m^2) $=B_M(H_1+H_2)+B_CH_2$ ②侧边长(m) $=B_M+2B_C+2H_2+2H_1$ ③洞底宽(m) $=B_M$ ④洞顶宽(m) $=B_M+B_C$ ⑤洞口高(m) $=H_1+H_2$
二、基础模块				
1	管桩1	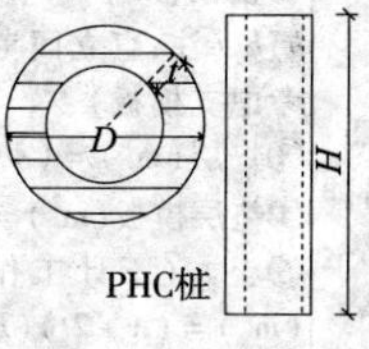 PHC桩	D——桩外径 t——壁厚 H——桩计算长度 N——根数	①体积(扣中空)(m^3) $=3.14\times[$sqr$(D)-$sqr$(D-2t)]\times h/4\times n$ ②体积(不扣中空)(m^3) $=3.14\times$sqr$(D)\times h/4\times n$
2	管桩2	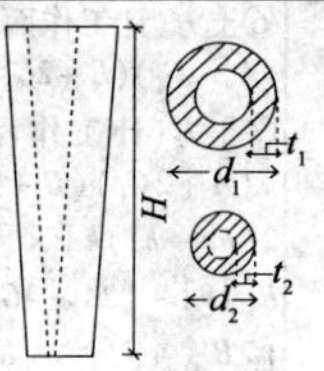	d_1——大头直径 t_1——大头壁厚 d_2——小头直径 t_2——小头壁厚 H——桩计算长度 N——根数	①体积(扣中空)(m^3) $=3.14h$[sqr$(d_1/2)+$sqr$(d_2/2)+d_1d_2/4]/3-3.14h$[sqr$(d_1/2-t_1)+sqr(d_2/2-t_2)+(d_1/2-t_1)\times(d_2/2-t_2)]/3$ ②体积(不扣中空)(m^3) $=3.14h\times$[sqr$(d_1/2)+$sqr$(d_2/2)+d_1d_2/4]/3$

视野·方法·经验·数据

续表

序号	模块	图形	图示符号含义	可计算项目工程量计算公式(点线面体)
3	方桩		A——桩宽 H——计算高度 N——根数 H_2——送桩深度 n_1——接桩数 n_2——凿桩数 n_3——截桩数	①体积(m³) = A^2Hn ②送桩体积(m³) = A^2H_2n ③接桩数(只) = n_1 ④凿桩数(只) = n_2 ⑤截桩数(只) = n_3
4	搅拌桩		H——桩长 N——根数	体积(m³) = 0.702HN (注:0.702 为断面面积)
5	灌注桩		H——桩长 D——直径	①体积(不含桩头)(m³) = 3.14 × sqr(D) × H/4 ②体积(含桩头)(m³) = 3.14 × sqr(D) × (H + 0.25)/4 ③凿桩头(m³) = 3.14 × sqr(D) × 0.25/4
6	杯形基础		A——下底边 B——下底边 a——基础顶边 b——基础顶边 h_1——杯基底高 h_2——杯基锥高 h_3——杯口高 a_1——杯口 b_1——杯口 h_s——杯口深 t——垫层外伸 h_4——垫层厚 h_5——基底深 G_z——工作面 k——放坡系数	①基础体积(m³) = $ABh_1 + \frac{1}{6}[AB + ab + (A+a)(B+b)]h_2 + abh_3 - (a_1+0.05)\times(b_1+0.05)h_s$ (注:$(a_1+0.05)\times(b_1+0.05)h_s$ 为杯口锥形近似值,如果已知杯口上下宽应精确扣减) ②模板(m²) = $2(A+B)h_1 + 2(a+b)h_3$ (注:直立面考虑模板,斜坡不考虑支模板) ③垫层(m³) = $(A+2t)(B+2t)h_4$ ④垫层模板(m²) = $2(A+B+4t)h_4$ ⑤土方(不计工作面、不计放坡)(m³) = $(A+2t)(B+2t)(h_5+h_4)$ ⑥土方(计工作面、不计放坡)(m³) = $(A+2G_z)(B+2G_z)(h_5+h_4)$ ⑦土方(计工作面、计放坡)(m³) = $\{(A+2G_z)(B+2G_z) + [A+2G_z+2(h_5+h_4)k]\times[B+2G_z+2(h_5+h_4)k] + [2A+4G_z+2(h_4+h_5)k]\times[2B+4G_z+2(h_5+h_4)k]\}(h_5+h_4)/6$ ⑧杯芯(只) = 1

续表

序号	模块	图形	图示符号含义	可计算项目工程量计算公式（点线面体）
7	等高式标准砖基础 1	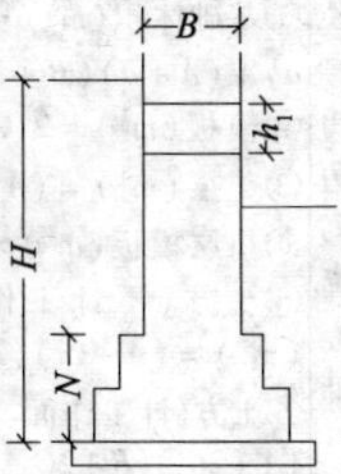 注：每阶（层）大放脚高为两皮砖，每层放出 1/4 砖（单面）	L ——基础长 B ——基墙宽 H ——基础高 N ——阶数（注：阶数指大放脚的台阶数，不是指砖的皮数） h ——基底深 h_1 ——圈梁高 h_2 ——垫层厚度 B ——垫层外伸 G_z ——工作面 k ——放坡系数	①砖基础（m^3）$= L[BH - Bh_1 + N(N+1) \times 0.00788]$［注：0.00788 系每个放脚宽与高的乘积（$0.0625 \times 0.126$）］ ②地圈梁（$m^3$）$= LBh_1$ ③圈梁模板（m^2）$= 2Lh_1$ ④垫层（m^3）$= L(B + 0.12N + 2b)2h$（注：每阶外伸 0.06m 宽，双侧共 0.12m，下同） ⑤土方（不计工作面、不计放坡）（m^3）$= L(B + 0.12N + 2b)(h + h_2)$ ⑥土方（计工作面、不计放坡）（m^3）$= L(B + 0.12N + 2G_z)(h + h_2)$［注：砖基础工作面的放脚外边算起（不含垫层）］ ⑦土方（计工作面、计放坡）（m^3）$= L[(B + 0.12N + 2G_z)(h + h_2) + \text{sqr}(h + h_2)k]$ ⑧基础回填土（m^3）$= L[(B + 0.12N + 2G_z)(h + h_2) + \text{sqr}(h + h_2)k] - L[BH - Bh_1 + N(N+1) \times 0.00788] - L(B + 0.12N + 2b)h_2$
8	等高式标准砖基础 2	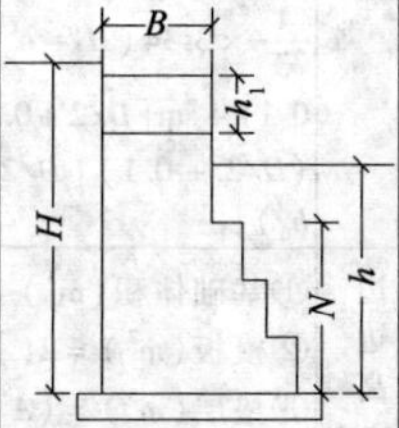	L ——基础长 B ——基墙宽 H ——基础高 N ——阶数（注：阶数指大放脚的台阶数，不是指砖的皮数） h ——基底深 h_1 ——圈梁高 h_2 ——垫层厚度 B ——垫层外伸 G_z ——工作面 k ——放坡系数	①砖基础（m^3）$= L[BH - Bh_1 + N(N+1)0.00394]$（注：0.00394 为 0.00788 的一半） ②地圈梁（m^3）$= LBh_1$ ③圈梁模板（m^2）$= 2Lh_1$ ④垫层（m^3）$= L(B + 0.06N + 2b)h_2$（注：每阶外伸 0.06m 宽） ⑤土方（不计工作面、不计放坡）（m^3）$= L(B + 0.06N + 2b)(h + h_2)$ ⑥土方（计工作面、不计放坡）（m^3）$= L(B + 0.06N + 2G_z)(h + h_2)$ ⑦土方（计工作面、计放坡）（m^3）$= L[(B + 0.06N + 2G_z)(h + h_2) + \text{sqr}(h + h_2)k]$ ⑧基础回填土（m^3）$= L[(B + 0.06N + 2G_z)(h + h_2) + \text{sqr}(h + h_2)k] - L[BH - Bh_1 + 0.00394N(N+1)] - L(B + 0.06N + 2b)h_2$

续表

序号	模块	图形	图示符号含义	可计算项目工程量计算公式(点线面体)
9	独立基础(锥形)	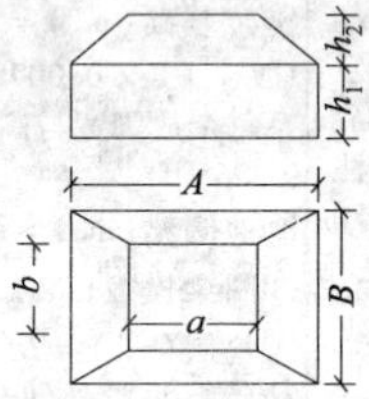	A——下底边 B——下底边 a——基础顶边 b——基础顶边 h_1——基础肩高 h_2——基础锥高 h_3——垫层厚度 t——垫层外伸 h_4——基底深 G_z——工作面 k——放坡系数	①基础体积(m³)$=ABh_1+h_2[AB+ab+(A+a)(B+b)]/6$ ②模板(m²)$=2(A+B)h_1$ ③垫层(m³)$=(A+2t)(B+2t)h_3$ ④垫层模板(m²)$=2(A+B+4t)h_3$ ⑤土方(不计工作面、不计放坡)(m³)$=(A+2t)(B+2t)(h_4+h_3)$ ⑥土方(计工作面、不计放坡)(m³)$=(A+2G_z)(B+2G_z)(h_4+h_3)$ ⑦土方(计工作面、计放坡)(m³)$=\{(A+2G_z)(B+2G_z)+[A+2G_z+2(h_4+h_3)k][B+2G_z+2(h_4+h_3)k]+[2A+4G_z+2(h_3+h_4)k][2B+4G_z+2(h_4+h_3)k]\}(h_4+h_3)/6$
10	独立基础(圆形)	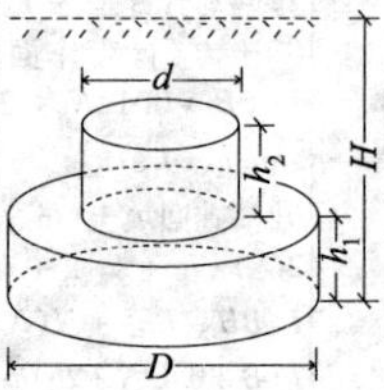	D——下部直径 d——上部直径 h_1——下部高度 h_2——上部高度 h_0——垫层厚度 H——基底埋深 k——放坡系数	①基础体积(m³)$=3.14\times[\mathrm{sqr}(D)h_1+\mathrm{sqr}(d)h_2]/4$ ②模板(m²)$=3.14(Dh_1+dh_2)$ ③垫层(m³)$=3.14\times\mathrm{sqr}(D+0.2)h_0/4$(注:按常规垫层外伸0.1m考虑,下同) ④土方(不计工作面、不计放坡)(m³)$=3.14\times\mathrm{sqr}(D+0.2)(H+h_0)/4$ ⑤土方(计工作面、计放坡)(m³)$=\frac{1}{3}\times3.14(H+h_0)\times\{\mathrm{sqr}(D/2+0.1)+\mathrm{sqr}[D/2+0.1+k(H+h_0)]+(D/2+0.1)[D/2+0.1+k(H+h_0)]\}$
11	独立基础(矩形)	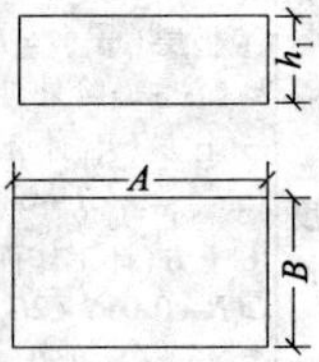	A——下底边 B——上底边 h_1——基础高 h_2——垫层厚度 t——垫层外伸 h_4——基底深 G_z——工作面 k——放坡系数	①基础体积(m³)$=ABh_1$ ②模板(m²)$=2(A+B)h_1$ ③垫层(m³)$=(A+2t)(B+2t)h_2$ ④垫层模板(m²)$=2(A+B+4t)h_2$ ⑤土方(不计工作面、不计放坡)(m³)$=(A+2t)(B+2t)(h_4+h_2)$ ⑥土方(计工作面、不计放坡)(m³)$=(A+2G_z)(B+2G_z)(h_4+h_2)$ ⑦土方(计工作面、计放坡)(m³)$=\{(A+2G_z)(B+2G_z)+[A+2G_z+2(h_4+h_2)k][B+2G_z+2(h_4+h_2)k]+[2A+4G_z+2(h_4+h_3)k][2B+4G_z+2(h_4+h_2)k]\}(h_4+h_2)/6$

续表

序号	模块	图形	图示符号含义	可计算项目工程量计算公式(点线面体)
12	间隔式(不等高)标准砖基础	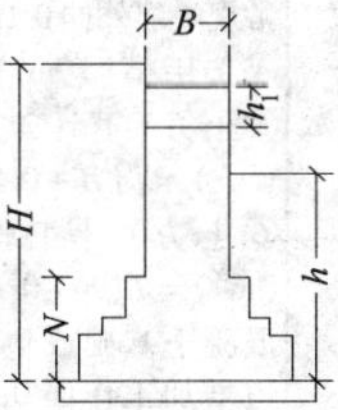	L——基础长 B——基墙宽 H——基础高 N_1——高步阶数 N_2——低步阶数 h——基底深 h_1——圈梁高 h_2——垫层厚度 t——垫层外伸 G_z——工作面 k——放坡系数	①砖基础(高低阶数相同时)(m^3) $=L\{BH-Bh_1+[(N_1+1)\times0.126+N_2\times0.063]\times0.0625(N_1+N_2)\}$ ②砖基础(高低阶数不同时)(m^3) $=L\{BH-Bh_1+[(0.126N_1+N_2\times0.063)\times0.0625(N_1+N_2+1)\}$ ③地圈梁(m^3) $=LBh_1$ ④圈梁模板(m^2) $=2Lh_1$ ⑤垫层(m^3) $=L[B+(N_1+N_2)\times0.12+2t)]h_2$(注:每层外伸0.06m宽,双侧共0.12m,下同) ⑥土方(不计工作面、不计放坡)(m^3) $=L[(B+(N_1+N_2)\times0.12+2t)](h+h_2)$ ⑦土方(计工作面、不计放坡)(m^3) $=L[(B+(N_1+N_2)\times0.12+2G_z)](h+h_2)$ ⑧土方(计工作面、计放坡)(m^3) $=L\{[(B+(N_1+N_2)\times0.12+2B_1)(h+h_2)+\mathrm{sqr}(h+h_2)k]\}$
13	无梁式带形基础1	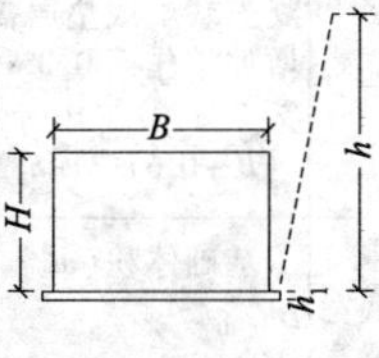	L——基础长 B——基础宽 H——基础高 h——基底深 h_1——垫层厚 k——放坡系数	①基础体积(m^3) $=LBH$ ②模板(m^2) $=2LH$ ③垫层(m^3) $=L(B+0.2)h_1$(注:按常规垫层外伸0.1m考虑,下同) ④垫层模板(m^2) $=2Lh_1$ ⑤土方(不计工作面、不计放坡)(m^3) $=L(B+0.2)(h+h_1)$ ⑥土方(计工作面、不计放坡)(m^3) $=L(B+0.6)(h+h_1)$(注:按混凝土基础或垫层需支模板时,每边增加工作面0.3m。可根据需要调整) ⑦土方(计工作面、计放坡)(m^3) $=L[(B+0.6)(h+h_1)+\mathrm{sqr}(h+h_1)k]$
14	无梁式带形基础2	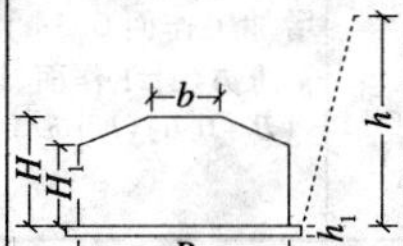	L——基础长 B——基础底宽 b——基础顶宽 H——基础高 H_1——基础肩高	①基础体积(m^3) $=L[(B+b)(H-H_1)/2+BH_1]$(注:断面积=梯形断面积+矩形断面积) ②模板(m^2) $=2LH_1$ ③垫层(m^3) $=L(B+0.2)h_1$(注:按

续表

序号	模块	图形	图示符号含义	可计算项目工程量计算公式(点线面体)
			h——基底深 h_1——垫层厚 k——放坡系数	常规垫层外伸 0.1m 考虑,下同) ④垫层模板(m^2) = $2Lh_1$ ⑤土方(不计工作面、不计放坡)(m^3) = $L(B+0.2)(h+h_1)$ ⑥土方(计工作面、不计放坡)(m^3) = $L(B+0.6)(h+h_1)$(注:按混凝土基础或垫层需支模板时,每边增加工作面 0.3m) ⑦土方(计工作面、计放坡)(m^3) = $L[(B+0.6)(h+h_1)+sqr(h+h_1)k]$
15	有梁有坡带形基础		L——基础长 B——基础底宽 b——基础梁宽 H——基础高 H_1——基础肩高 H_2——基础梁高 h——基底深 h_1——垫层厚 k——放坡系数	①基础体积(m^3) = $L[(B+b)(H-H_1-H_2)/2+BH_1+bH_2]$ ②模板(m^2) = $2L(H_1+H_2)$ ③垫层(m^3) = $L(B+0.2)h_1$(注:按常规垫层外伸 0.1m 考虑,下同) ④垫层模板(m^2) = $Lh_1 2$ ⑤土方(不计工作面、不计放坡)(m^3) = $L(B+0.2)(h+h_1)$ ⑥土方(计工作面、不计放坡)(m^3) = $L(B+0.6)(h+h_1)$(注:混凝土基础或垫层需支模板时,每边增加工作面 0.3m) ⑦土方(计工作面、计放坡)(m^3) = $L[(B+0.6)(h+h_1)+sqr(h+h_1)k]$
16	有梁无坡带形基础		L——基础长 B——基础底宽 b——基础梁宽 H——基础高 h_1——基础肩高 h——基底深 h_2——垫层厚 k——放坡系数	①基础体积(m^3) = $L[b(H-h_1)+Bh_1]$ ②模板(m^2) = $2LH$ ③垫层(m^3) = $L(B+0.2)h_2$(注:按常规垫层外伸 0.1m 考虑,下同) ④垫层模板(m^2) = $2Lh_2$ ⑤土方(不计工作面、不计放坡)(m^3) = $L(B+0.2)(h+h_2)$ ⑥土方(计工作面、不计放坡)(m^3) = $L(B+0.6)(h+h_2)$(注:混凝土基础或垫层需支模板时,每边增加工作面 0.3m) ⑦土方(计工作面、计放坡)(m^3) = $L[(B+0.6)(h+h_2)+sqr(h+h_2)k]$

续表

序号	模块	图形	图示符号含义	可计算项目工程量计算公式(点线面体)
17	整板基础	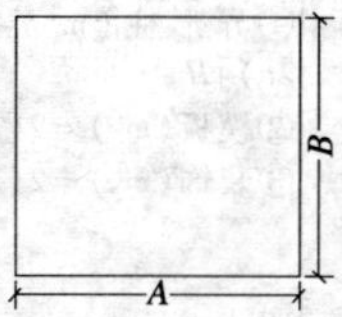	A——基础边长 B——基础边长 H——底板厚度 h_1——垫层厚度 S——垫层外伸 S_k——扣边角面积 D——扣孔洞体积 h_2——基底深度	①基础体积(m^3)$=(AB-S_k)H-D$ ②模板(m^2)$=2(A+B)H$ ③垫层(m^3)$=[(A+2S)(B+2S)-S_k]h_1$ ④垫层模板(m^2)$=2(A+B+4S)h_1$ ⑤土方(不计工作面、不计放坡)(m^3)$=[(A+2S)(B+2S)-S_k](h_2+h_1)$ ⑥周长(m)$=2(A+B+4S)$
18	条基接头处理	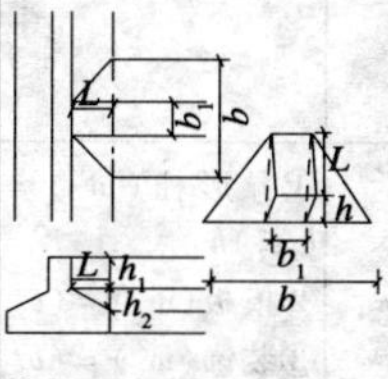 注:$h=h_1+h_2$	L——接头长 b_1——顶宽 h_1——高(长方体高) h_2——高(三棱锥高)	T形头体积(长方体+两个三棱锥+半个长方体)(m^3)$=Lb_1h+Lh_2\times(2b_1+b)/6$ (注:按照工程量计算规则,砖基础大放脚T形接头处的重叠部分不予考虑,混凝土基础应另外T形接头搭接体积。T形接头搭接部分体积=长方体体积+两个三棱锥+半个长方体体积之和)
19	楔形接头处理	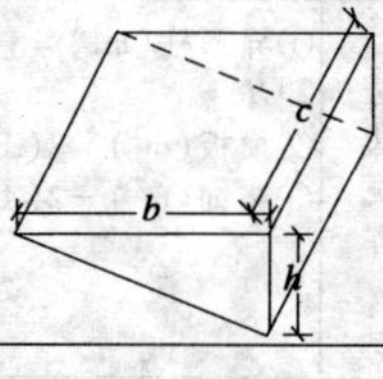	b——长 c——宽 h——高	体积(m^3)$=(bh/2)c$
三、柱模块				
1	对称T形断面柱	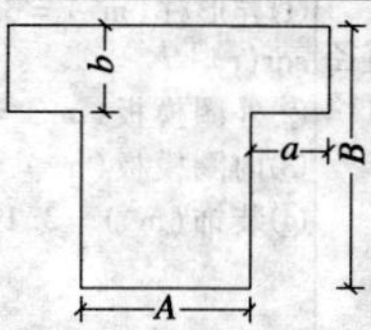	H——柱高 A——肋宽 a——翼缘宽 B——断面高 b——翼缘厚	①异形柱(m^3)$=(AB+2ab)H$ ②模板(m^2)$=2(A+B+2a)H$ ③饰面(m^2)$=2(A+B+2a)H$
2	不对称T形断面柱	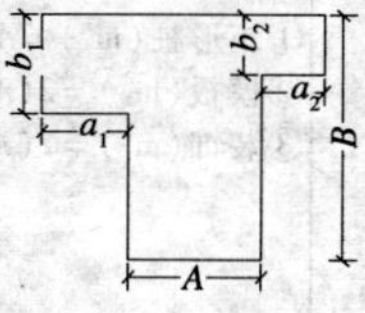	H——柱高 A——肋宽 B——断面高 a_1——翼缘宽 b_1——翼缘高 a_2——翼缘宽 b_2——翼缘高	①异形柱(m^3)$=(AB+a_1b_1+a_2b_2)H$ ②模板(m^2)$=2(A+B+a_1+a_2)H$ ③装饰(m^2)$=2(A+B+a_1+a_2)H$

续表

序号	模块	图形	图示符号含义	可计算项目工程量计算公式(点线面体)
3	槽形断面柱	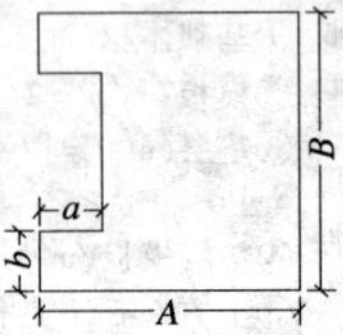	H——柱高 A——断面宽 B——断面高 a——翼缘宽 b——翼缘厚	①异形柱(m^3)=$[AB-a(B-2b)]H$ ②模板(m^2)=$2(A+B+2a)H$ ③装饰(m^2)=$2(A+B+2a)H$
4	L形断面柱	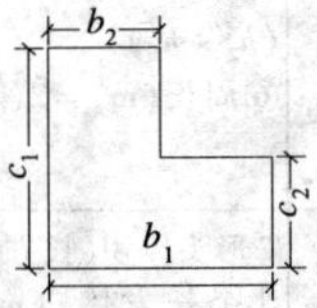	b_1——长边长 b_2——短边长 c_1——长边宽 c_2——短边宽 H——柱高	①异形柱(m^3)=$[b_1c_2+b_2(c_1-c_2)]h$ ②模板(m^2)=$(b_1+c_1)2H$ ③装饰(m^2)=$(b_1+c_1)2H$
5	十字形断面柱	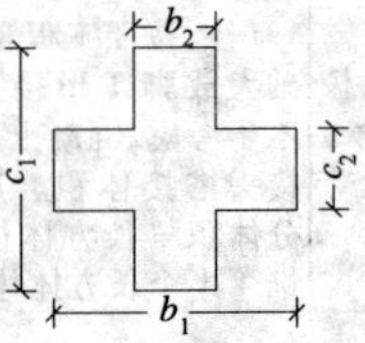	b_1——长边长 b_2——短边长 c_1——长边宽 c_2——短边宽 H——柱高	①异形柱(m^3)=$(b_1c_2+b_2c_1-b_2c_2)h$ ②模板(m^2)=$(b_1+c_1)\times 2H$ ③装饰(m^2)=$(b_1+c_1)\times 2H$
6	对称工字形断面柱	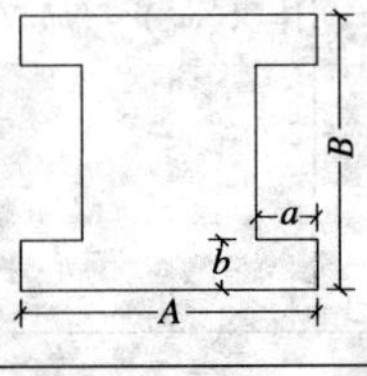	H——柱高 A——断面边 B——断面边 a——翼缘宽 b——翼缘厚	①异形柱(m^3)=$[AB-a(B-2b)2]H$ ②模板(m^2)=$2(A+B+2a)H$ ③装饰(m^2)=$2(A+B+2a)H$
7	环形断面柱	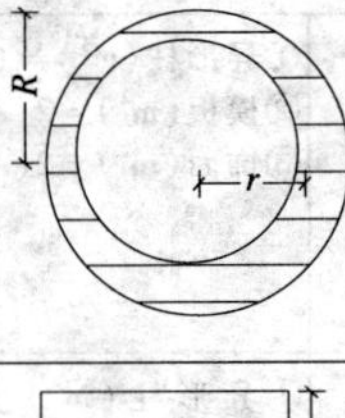	H——柱高 R——外圈直径 r——内圈直径	①异形柱(m^3)=$3.14\times[sqr(R)-sqr(r)]H$ ②外圈模板(m^2)=$3.14\times 2RH$ ③内圈模板(m^2)=$3.14\times 2rH$ ④装饰(m^2)=$3.14\times 2RH$
8	矩形断面柱(独立)	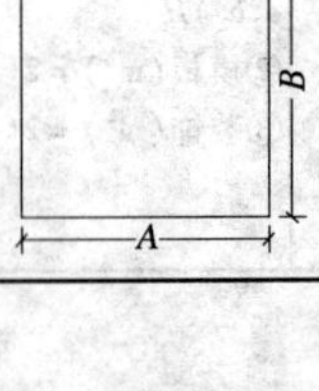	H——柱高 A——边长 B——边长	①矩形柱(m^3)=ABH ②模板(m^2)=$2(A+B)H$ ③装饰(m^2)=$2(A+B)H$

续表

序号	模块	图形	图示符号含义	可计算项目工程量计算公式(点线面体)
9	圆形断面柱	R	H——柱高 R——半径	①圆形柱(m^3) = 3.14 × sqr(R)H ②模板(m^2) = 3.14 × 2RH ③装饰(m^2) = 3.14 × 2RH
10	无马牙槎构造柱	A B	H——柱高 A——断面边长 B——断面边长	①构造柱(m^3) = ABH ②模板(m^2) = 2(A + B)H ③装饰(m^2) = 2(A + B)H
11	单面马牙槎构造柱	B A	H——柱高 A——断面边长 B——断面边长	①构造柱(m^3) = (AB + 0.03B)H(注:构造柱与砖墙的单面咬接按伸出0.06m考虑,但因马牙槎是交错咬出,故折为实体积计算工程量时,一个咬接面折为0.03m长计算) ②模板(m^2) = (2A + B)H ③装饰(m^2) = (2A + B)H
12	双面马牙槎构造价	A B	H——柱高 A——断面边长 B——断面边长	①构造柱(m^3) = (AB + 0.06B)H(注:构造柱与砖墙的单面咬接按伸出0.06m考虑,但因马牙槎是交错咬出,故折为实体积计算工程量时,一个咬接面折为0.03m长计算) ②模板(m^2) = 2AH ③装饰(m^2) = 2AH
13	三面马牙槎构造柱	A B	H——柱高 A——断面边长 B——断面边长	①构造柱(m^3) = (AB + 0.03A + 0.06B)H(注:构造柱与砖墙的单面咬接按伸出0.06m考虑,但因马牙槎是交错咬出,故折为实体积计算工程量时,一个咬接面折为0.03m长计算) ②模板(m^2) = AH ③装饰(m^2) = AH

续表

序号	模块	图形	图示符号含义	可计算项目工程量计算公式(点线面体)
14	四面马牙槎构造柱	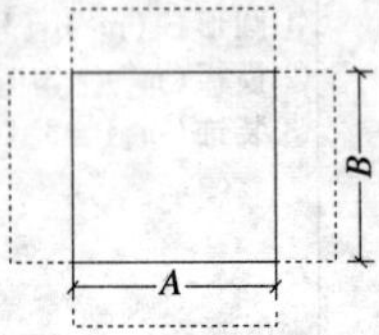	H——柱高 A——断面边长 B——断面边长	构造柱(m^3) = (AB + 0.06A + 0.06B)H(注:构造柱与砖墙的单面咬接按伸出0.06m考虑,但因马牙槎是交错咬出,故折为实体积计算工程量时,一个咬接面折为0.03m长计算)
15	单面附墙矩形柱	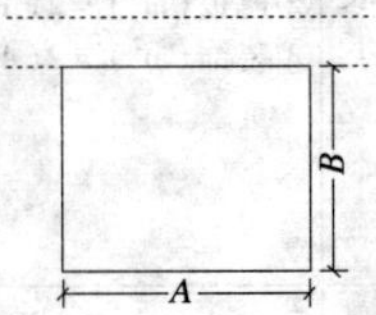	H——柱高 A——边长 B——边长	①矩形柱(m^3) = ABH ②模板(m^2) = $2(A+B)H$ ③装饰(m^2) = $(A+2B)H$
16	双面附墙矩形柱	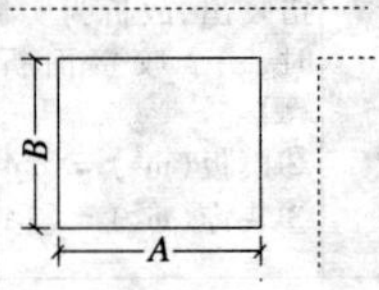	H——柱高 A——边长 B——边长	①矩形柱(m^3) = ABH ②模板(m^2) = $2(A+B)H$ ③装饰(m^2) = $(A+B)H$
17	单面靠墙矩形柱	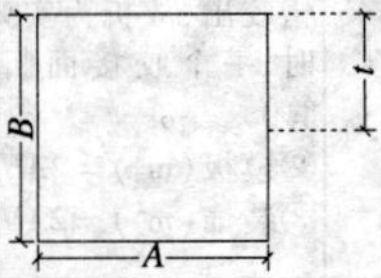	H——柱高 A——边长 B——边长 t——墙厚	①矩形柱(m^3) = ABH ②模板(m^2) = $2(A+B)H$ ③装饰(m^2) = $[2(A+B)-t]H$
18	双面靠墙矩形柱	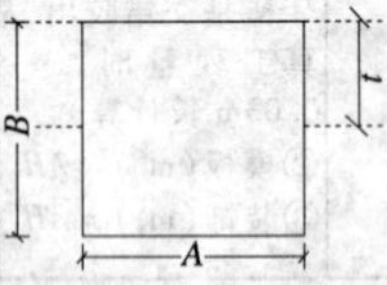	H——柱高 A——边长 B——边长 t——墙厚	①矩形柱(m^3) = ABH ②模板(m^2) = $2(A+B)H$ ③装饰(m^2) = $2(A+B-t)H$

续表

序号	模块	图形	图示符号含义	可计算项目工程量计算公式(点线面体)
19	三面靠墙矩形柱	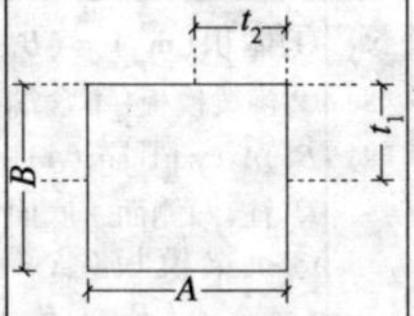	H——柱高 A——边长 B——边长 t_1——墙厚 t_2——墙厚	①矩形柱(m^3) $= ABH$ ②模板(m^2) $= 2(A+B)H$ ③装饰(m^2) $= [2(A+B)-t_2+2t_1]H$
20	四面靠墙矩形柱	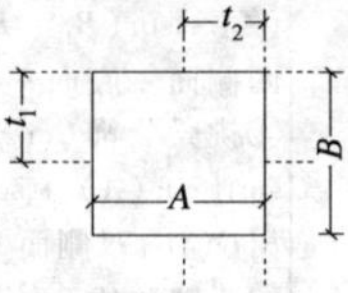	H——柱高 A——边长 B——边长 t_1——墙厚 t_2——墙厚	①矩形柱(m^3) $= ABH$ ②模板(m^2) $= 2\times(A+B)H$ ③装饰(m^2) $= 2(A+B-t_1-t_2)H$
21	菱形台柱	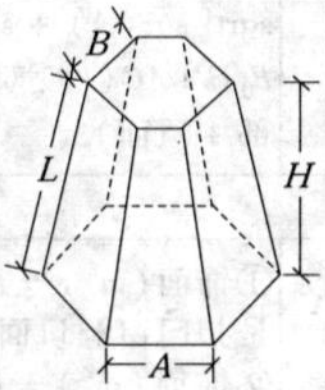	A——底边长 B——上边长 H——高 L——斜高 K——边数	①体积(m^3) $= H\{0.25\times sqr(A)K\times\cos(180/K)/\sin(180/K)+0.25\times sqr(B)K\times\cos(180/K)/\sin(180/K)+sqrt[0.25\times sqr(A)K\times\cos(180/K)/\sin(180/K)\ 0.25\times sqr(B)K\times\cos(180/K)/\sin(180/K)]\}/3$ ②顶面积 S_1(m^2) $= 0.25\times sqr(B)K\times\cos(180/K)/\sin(180/K)$ ③底面积 S_2(m^2) $= 0.25\times sqr(A)K\times\cos(180/K)/\sin(180/K)$ ④模板(侧面积)(m^2) $= (A+B)L/2K$ ⑤装饰(m^2) $= (A+B)L/2K$
22	圆形台柱	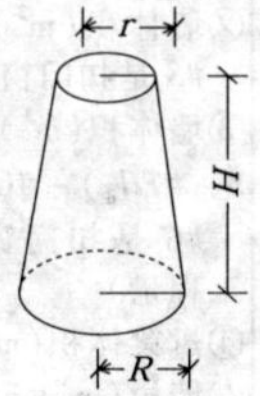	R——大圆半径 r——小圆半径 H——高	①体积(m^3) $= H/3\times3.14[sqr(R)+sqr(r)+Rr]$ ②模板(侧面积)(m^2) $= 3.14(R+r)\times sqrt[sqr(R-r)+sqr(H)]$ ③装饰(m^2) $= 3.14(R+r)\times sqrt[sqr(R-r)+sqr(H)]$
23	棱形柱	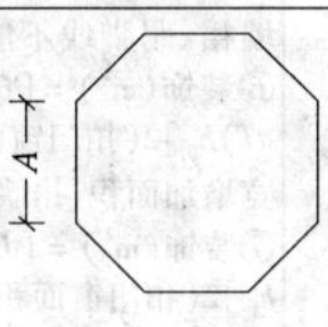	A——边长 K——多边形边数 H——高	①体积(m^2) $= 0.25\times sqr(A)K\times\cos(180/K)/\sin(180/K)H$ ②模板(侧面积)(m^2) $= AKH$ ③装饰(m^2) $= AKH$

续表

序号	模块	图形	图示符号含义	可计算项目工程量计算公式(点线面体)
24	牛腿、悬臂梁		A——悬臂长 B_1——构件高 B_2——构件高 C——构件宽	①体积(m^3) = $(B_1+B_2)A/2C$ ②挑梁模板(不含端部)(m^2) = $(B_1+B_2)A+\text{sqrt}[\text{sqr}(A)+\text{sqr}(B_1-B_2)]\times C$(注:两侧面+底面) ③挑梁模板(含端部)、牛腿模板(m^2) = $(B_1+B_2)\times A+\text{sqrt}[\text{sqr}(A)+\text{sqr}(B_1-B_2)]C+B_2C$(注:两侧面+底面+端面) ④挑梁装饰($m^2$) = $(B_1+B_2)A+\text{sqrt}[\text{sqr}(A)+\text{sqr}(B_1-B_2)]C+B_2C$(注:双侧面+底面+端部) ⑤牛腿装饰($m^2$) = $(B_1+B_2)A+\text{sqrt}[\text{sqr}(A)+\text{sqr}(B_1-B_2)]C+B_2C+AC$(注:双侧面+底面+端部+顶面)
四、墙模块				
1	单面墙装饰		B——墙长 H——墙高	①饰面(m^2) = $BH-\#S$(注:$-\#S$是扣门窗洞口面积) ②饰面(m^2) = $BH-\#S+\#C$(注:$-\#S+\#C$是扣门窗洞口面积,加洞口侧宽增加面积)
2	方形砌筑类内墙	"导墙(止水带)"即是用于卫生间周边墙或者加气混凝土底部的混凝土底座,一般为素混凝土制作,长度同墙长(不含门洞部分),宽度同上部墙体,高度150~200	B——墙长 H——墙高 t——墙厚 h_0——内墙裙高 H_d——导墙高	①墙面积(m^2) = $BH-\#S$(注:$-\#S$是扣门窗洞口面积) ②墙体积(m^3) = $(BH-\#S)t$(注:$-\#S$是扣门窗洞口面积) ③墙体积(m^3) = $[B(H-H_d)-(\#S-\#TH_d)-\#G]t$(注:$-\#S$、$-\#T$、$-\#G$是扣门窗、导墙、踢脚、过梁工程量) ④过梁体积($m^3$) = $\#Gt$ ⑤墙裙(m^2) = $(B-\#T)\times h_0 2$(注:墙裙、踢脚线不能同时有) ⑥装饰(m^2) = $[BH-\#S+\#C-(B-\#T)h_0]2$(扣门窗面积、加门窗洞口侧宽增加面积、扣墙裙面积) ⑦装饰(m^2) = $[BH-\#S-(B-\#T)h_0]2$(扣门窗面积、扣墙裙面积) ⑧钢网片(m) = $(H2+B-\#N)2$ ⑨素混凝土导墙(m^3) = $(B-\#T)tH_d$

续表

序号	模块	图形	图示符号含义	可计算项目工程量计算公式(点线面体)
3	三角形砌体类内墙		B ——墙长 H ——墙高 t ——墙厚 H_d——导墙高	①墙面积(m^2) = $BH/2 - \#S$(注:$-\#S$是扣门窗洞口面积) ②墙体积(m^3) = $[B\times(H-H_d)/2-(\#S-\#TH_d)-\#G]t$(扣门窗、导墙、踢脚、过梁工程量) ③素混凝土导墙(m^3) = $(B-\#T)tH_d$
4	方形砌筑类外墙		B ——墙长 H ——墙高 t ——墙厚 h_0——内墙裙高 h_1——外墙裙高 H_d——导墙高	①墙面积(m^2) = $BH - \#S$(扣门窗洞口面积) ②墙体积(m^3) = $(BH-\#S)t$(扣门窗洞口面积) ③墙体积(m^3) = $[B\times(H-H_d)-(\#S-\#T\times H_d)-\#G]\times t$(扣门窗、导墙、踢脚、过梁工程量) ④过梁体积($m^3$) = $\#Gt$ ⑤内墙裙(m^2) = $(B-\#T)\times h_0$(墙裙、踢脚线不能同时有) ⑥内装饰(m^2) = $B\times H-\#S+\#C-(B-\#T)\times h_0$(扣门窗面积、加洞口侧宽增加面积、扣墙裙面积) ⑦内装饰(m^2) = $BH-\#S-(B-\#T)h_0$(扣门窗面积、扣墙裙面积) ⑧外墙裙(m^2) = $(B-\#T)h_1$(墙裙、踢脚线不能同时有) ⑨外装饰(m^2) = $BH-\#S+\#C-(B-\#T)h_1$(扣门窗面积、加洞口侧宽增加面积、扣墙裙面积) ⑩外装饰(m^2) = $BH-\#S-(B-\#T)h_1$(扣门窗面积、扣墙裙面积) ⑪钢网片(m) = $(2H+B-\#N)2$ ⑫素混凝土导墙(m^3) = $(B-\#T)tH_d$
5	三角形砌筑类外墙		B ——墙长 H ——墙高 t ——墙厚 H_d——导墙高	①墙面积(m^2) = $BH/2-\#S$(扣门窗洞口面积) ②墙体积(m^3) = $[B(H-H_d)/2-(\#S-\#TH_d)-\#G]t$(扣门窗、导墙、踢脚、过梁工程量) ③素混凝土导墙(m^3) = $(B-\#T)\times t\times H_d$

续表

序号	模块	图形	图示符号含义	可计算项目工程量计算公式(点线面体)
6	混凝土内墙结构洞嵌砌	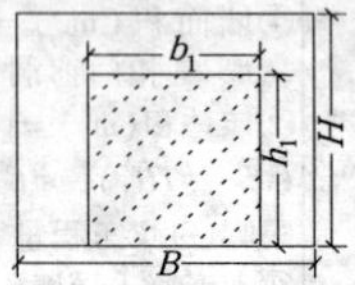	B——墙长 H——墙高 t——墙厚 b_1——结构洞宽 h_1——结构洞高 h_0——内墙裙高 H_d——导墙高	①钢筋混凝土墙面积(m^2) = $BH-b_1h_1$ ②钢筋混凝土墙体积(m^3) = $(BH-b_1h_1)t$ ③模板(m^2) = $2(BH-b_1h_1)+(2h_1+b_1)t$ ④填充墙面积(m^2) = $b_1h_1-\#S$(扣门窗洞口面积) ⑤填充墙体积(m^3) = $[b_1(h_1-H_d)-(\#S-\#TH_d)-\#G]t$(扣门窗、导墙、踢脚、过梁工程量) ⑥过梁体积($m^3$) = $\#Gt$ ⑦墙裙(m^2) = $(B-\#T)h_0 2$(墙裙、踢脚线不能同时有) ⑧装饰(m^2) = $[BH-\#S+\#C-(B-\#T)h_0]2$(扣门窗面积、加洞口侧宽增加面积、扣墙裙面积) ⑨装饰(m^2) = $[BH-\#S-(B-\#T)h_0]2$(扣门窗面积、扣墙裙面积) ⑩钢网片(m) = $(b_1+h_1 2-\#N)2$ ⑪素混凝土导墙(m^3) = $(b_1-\#T)tH_d$
7	混凝土内墙无嵌砌		B——墙长 H——墙高 t——墙厚 h_0——内墙裙高	①钢筋混凝土墙面积(m^2) = $BH-\#S$(扣门窗) ②钢筋混凝土墙体积(m^3) = $(BH-\#S)t$(扣门窗) ③模板(m^2) = $2(BH-\#S)$ ④过梁体积(m^3) = $\#Gt$ ⑤墙裙(m^2) = $(B-\#T)h_0 2$(墙裙、踢脚线不能同时有) ⑥装饰(m^2) = $[BH-\#S+\#C-(B-\#T)h_0]2$(扣门窗面积、加洞口侧宽增加面积、扣墙裙面积) ⑦装饰(m^2) = $[BH-\#S-(B-\#T)h_0]2$(扣门窗面积、扣墙裙面积)
8	混凝土外墙结构洞嵌砌		B——墙长 H——墙高 t——墙厚 b_1——结构洞宽 h_1——结构洞高 h_0——内墙裙高	①钢筋混凝土墙面积(m^2) = $BH-b_1h_1$ ②钢筋混凝土墙体积(m^3) = $(BH-b_1h_1)t$ ③模板(m^2) = $2(BH-b_1h_1)+(2h_1+b_1)t$

续表

序号	模块	图形	图示符号含义	可计算项目工程量计算公式(点线面体)
			h_2——外墙裙高 H_d——导墙高	④填充墙面积(m^2) = $B_1h_1 - \#S$(扣门窗洞口面积) ⑤填充墙体积(m^3) = $[b_1(h_1 - H_d) - (\#S - \#TH_d) - \#G]t$(扣门窗、导墙、踢脚、过梁工程量) ⑥过梁体积($m^3$) = $\#Gt$ ⑦外墙裙(m^2) = $(B - \#T)h_2$(墙裙、踢脚线不能同时有) ⑧外装饰(m^2) = $BH - \#S + \#C - (B - \#T)h_2$(扣门窗面积、加洞口侧宽增加面积、扣墙裙面积) ⑨外装饰(m^2) = $BH - \#S - (B - \#T)h_2$(扣门窗面积、扣墙裙面积) ⑩内墙裙(m^2) = $(B - \#T)h_0$(墙裙、踢脚线不能同时有) ⑪内装饰(m^2) = $BH - \#S + \#C - (B - \#T)h_0$(扣门窗面积、加洞口侧宽增加面积、扣墙裙面积) ⑫内装饰(m^2) = $BH - \#S - (B - \#T)h_0$(扣门窗面积、扣墙裙面积) ⑬钢网片(m) = $(b_1 + h_1 2 - \#N)2$ ⑭素混凝土导墙(m^3) = $(b_1 - \#T)tH_d$
9	混凝土外墙无嵌砌		B——墙长 H——墙高 t——墙厚 H_0——内墙裙高 H_1——外墙裙高	①钢筋混凝土墙面积(m^2) = $BH - \#S$ ②钢筋混凝土墙体积(m^3) = $(BH - \#S)t$ ③模板(m^2) = $2(BH - \#S)$ ④过梁体积(m^3) = $\#Gt$ ⑤外墙裙(m^2) = $(B - \#T)h_1$(墙裙、踢脚线不能同时有) ⑥外装饰(m^2) = $BH - \#S + \#C - (B - \#T)h_1$(扣门窗面积、加洞口侧宽增加面积、扣墙裙面积) ⑦外装饰(m^2) = $BH - \#S - (B - \#T)h_1$(扣门窗面积、扣墙裙面积) ⑧外墙裙(m^2) = $(B - \#T)h_0$(墙裙、踢脚线不能同时有) ⑨外装饰(m^2) = $BH - \#S + \#C - (B - \#T)h_0$(扣门窗面积、加洞口侧宽增加面积、扣墙裙面积) ⑩外装饰(m^2) = $BH - \#S - (B - \#T)h_0$(扣门窗面积、扣墙裙面积)

续表

序号	模块	图形	图示符号含义	可计算项目工程量计算公式(点线面体)
10	无嵌砌混凝土圆弧墙	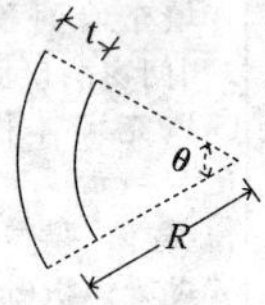	H——墙高 θ——圆弧含角 R——墙中半径 t——墙厚 H_1——超高高度	①钢筋混凝土墙面积(m^2)=$3.14\times 2R\theta/360H-\#S$ ②钢筋混凝土墙体积(m^3)=$(3.14\times 2R\theta/360H-\#S)t$ ③模板(m^2)=$(3.14\times 2R\theta/360H-\#S)2$ ④超高面积(m^2)=$3.14\times 2R\theta/360H_1-\#S$
11	有嵌砌混凝土圆弧墙	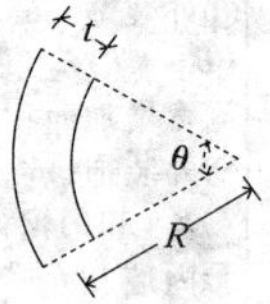	H——墙高 θ——圆弧含角 R——墙中半径 t——墙厚 b_1——结构洞宽 h_1——结构洞高 H_1——超高高度 H_d——导墙高	①钢筋混凝土墙面积(m^2)=$3.14\times 2R\theta/360H-b_1h_1$ ②钢筋混凝土墙体积(m^3)=$(3.14\times 2R\theta/360H-b_1h_1)t$ ③模板(m^2)=$(3.14\times 2R\theta/360H-b_1h_1)2+(2h_1+b_1)t$ ④填充墙面积(m^2)=$b_1h_1-\#S$(扣门窗) ⑤填充墙体积(m^3)=$(b_1h_1-\#S)t$(扣门窗) ⑥钢网片(m)=$(2h_1+b_1)3$ ⑦超高面积(m^2)=$3.14\times 2R\theta/360H_1$ ⑧素混凝土导墙(m^3)=$(b_1-\#T)tH_d$
12	直形剪力墙	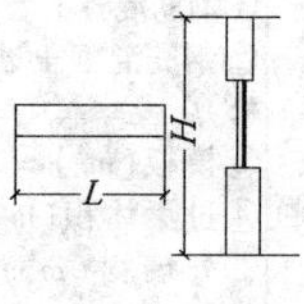	L——墙长 H——墙高 t——墙厚	①钢筋混凝土墙体积(m^3)=$(LH-\#S)t$(扣门窗洞口面积) ②装饰(m^2)=$LH-\#S$(扣门窗洞口面积) ③装饰(m^2)=$LH-\#S+\#C$(扣门窗洞口面积,加洞口侧宽增加面积) ④模板(m^2)=$(LH-\#S+\#C)2$
13	直形砖墙	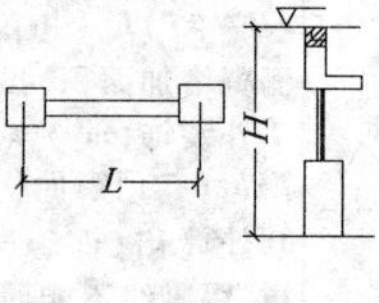	L——砖墙长 a——支座总宽 H——墙高或层高 t——砖墙厚度 h_0——内墙裙高 h_1——外墙裙高 h——梁高或板厚 n——墙与柱接触面个数	①墙面积(m^2)=$(L-a)(H-h)-\#S$ ②砖墙净体积(m^3)=$[(L-a)(H-h)-\#S]t$(含过梁及导墙) ③砖墙净体积(m^3)=$[(L-a)(H-h-H_d)-(\#S-\#TH_d)-\#G]t$(扣过梁及导墙) ④过梁体积($m^3$)=$\#Gt$ ⑤内墙裙(m^2)=$[(L-a)\#T]h_0$ ⑥砖墙内装饰(m^2)=$\{(L-a)(H-h)-\#S+\#C-[(L-a)-\#T]h_0\}(2-I)$(含侧边)

续表

序号	模块	图形	图示符号含义	可计算项目工程量计算公式(点线面体)
			I——外装饰面数 S——过梁支座长度 S_1——钉钢丝网宽 S_6——梁面钢网条数 H_d——导墙高	⑦砖墙内装饰(m^2) = {$(L-a)(H-h)$ − #S − [$(L-a)$ − #T]h_0}$(2-I)$(无侧边) ⑧外墙裙(m^2) = $(L-a)$#T]h_1 ⑨砖墙外装饰(m^2) = {$(L-a)(H-h)$ − #S + #C − [$(L-a)$ − #T]h_1}$(2-I)$(含侧边) ⑩砖墙外装饰(m^2) = {$(L-a)(H-h)$ − #S − [$(L-a)$ − #T]h_1}$(2-I)$(无侧边) ⑪钢丝网面积(m^2) = [$2(H-h)$ + $(L-a)S_6$] × $2S_1$ ⑫钢网片(m) = [$2(H-h)$ + $(L-a)$ − #N]2 ⑬柱与墙接触面积(m^2) = $-(H-h)tn$(计算柱抹灰扣除) ⑭梁底与墙接触面积(m^2) = $-(L-a)t$(计算板模扣、抹灰扣) ⑮素混凝土导墙(m^3) = $(L$ − #$T)tH_d$
五、梁模块				
1	L形断面梁	h, H, B, B_1	L——梁长 B——断面宽 H——断面高 B_1——翼缘宽 h——翼缘高	①异形梁(m^3) = $(BH+B_1h)L$ ②模板(m^2) = $(B+B_1+2H)L$ ③装饰(m^2) = $(B+B_1+H)2L$(独立梁) ④装饰(m^2) = $(B+B_1+2H)L$(板底板) ⑤支撑超高(m^3) = $(BH+B_1h)L$
2	T形断面梁	h, H, B, B_1	L——梁长 B——断面宽 H——断面高 B_1——翼缘宽 h——翼缘高	①异形梁(m^3) = $(BH+2B_1h)L$ ②模板(m^2) = $(B+2B_1+2H)L$ ③装饰(m^2) = $(B+2B_1+H)2L$(独立梁) ④装饰(m^2) = $(B+2B_1+2H)L$(板底梁) ⑤支撑超高(m^3) = $(BH+2B_1h)L$
3	槽形断面梁	H, b, h, B	L——梁长 B——断面宽 H——断面高 b——翼缘宽 h——翼缘高	①异形梁(m^3) = $[BH-b(H-2h)]L$ ②模板(m^2) = $(B+b+2H)L$ ③装饰(m^2) = $(B+b+H)2L$(独立) ④装饰(m^2) = $(B+2b+2H)L$(板底) ⑤支撑超高(m^3) = $(BH-b(H-2h)]L$

续表

序号	模块	图形	图示符号含义	可计算项目工程量计算公式(点线面体)
4	梯形断面梁	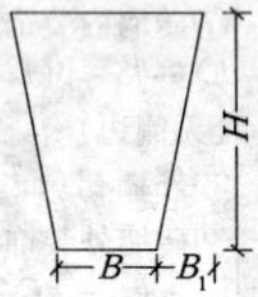	L——梁长 B——断面底宽 B_1——断面侧增 H——断面高	①梯形梁(m³) = $(B + B_1)HL$ ②模板(m²) = $\{B + 2 \times \text{sqrt}[\text{sqr}(B_1) + \text{sqr}(H)]\}L$ ③装饰(m²) = $\{B + B_1 + \text{sqrt}[\text{sqr}(B_1) + \text{sqr}(H)]\}2L$ 独立梁 ④装饰(m²) = $\{B + 2 \times \text{sqrt}[\text{sqr}(B_1) + \text{sqr}(H)]\}L$ 板底梁 ⑤ 支撑超高(m³) = $(B + B_1)HL$
5	单侧花篮梁	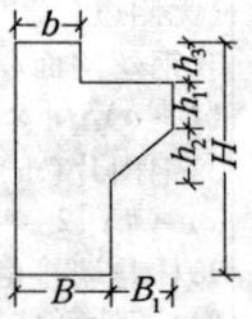	L——梁长 B——断面宽 H——断面高 B_1——外挑宽 H_1——外挑侧高 H_2——外挑斜高 b——顶面宽 H_3——搁置口高	①异形梁(m³) = $[B(H - h_3) + (h_1 + h_1 + h_2)B_1/2 + bh_3]L$ ②模板(m²) = $\{B + 2H - h_2 + sqrt[\text{sqr}(B_1) + \text{sqr}(h_2)]\}L$ ③装饰(m²) = $\{2B + B_1 + 2H - h_2 + \text{sqrt}[\text{sqr}(B_1) + \text{sqr}(h_2)]\}L$ 独立梁 ④支撑超高(m³) = $[B(H - h_3) + (h_1 + h_1 + h_2)B_1/2 + bh_3]L$
6	双侧对称花篮梁	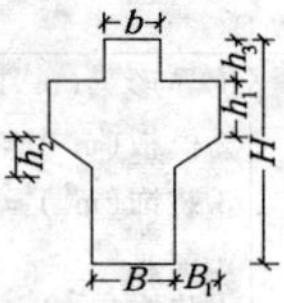	L——梁长 B——断面宽 H——断面高 B_1——外挑宽 h_1——外挑侧高 h_2——外挑斜高 b——顶面宽 h_3——搁置口高	①异形梁(m³) = $[B(H - h_3) + (h_1 + h_1 + h_2)B_1 + bh_3]L$ ②模板(m²) = $\{B + (H - h_2) \times 2 + 2 \times \text{sqrt}[\text{sqr}(B_1) + \text{sqr}(h_2)]\}L$ ③装饰(m²) = $\{2(B + B_1) + 2(H - h_2) + 2 \times \text{sqrt}[\text{sqr}(B_1) + \text{sqr}(h_2)]\}L$ 独立梁 ④支撑超高(m³) = $[B(H - h_3) + (h_1 + h_1 + h_2)B_1 + bh_3]L$
7	单线条装饰梁	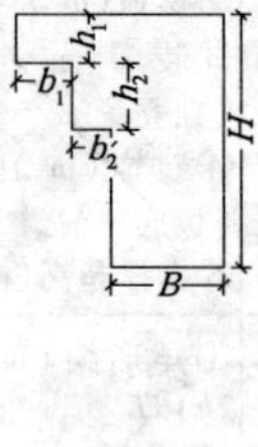	L——梁长 B——断面宽 H——断面高 b_1——线脚 1 宽 h_1——线脚 1 高 b_2——线脚 2 宽 h_2——线脚 2 高	①异形梁(m³) = $[BH + b_1 h_1 + b_2(h_1 + h_2)]L$ ②模饭(m²) = $(B + b_1 + b_2 + 2H)L$ ③装饰(m²) = $(B + b_1 + b_2 + H)2L$ 独立梁 ④装饰(m²) = $(B + b_1 + b_2 + 2H)L$ 板底梁 ⑤支撑超高(m³) = $[BH + b_1 h_1 + b_2(h_1 + h_2)]L$

续表

序号	模块	图形	图示符号含义	可计算项目工程量计算公式(点线面体)
8	双线条装饰梁	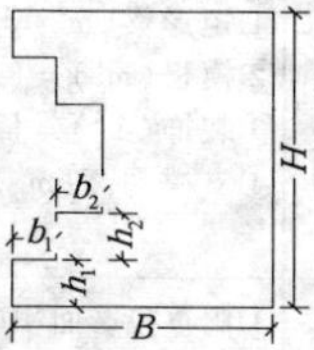	L——梁长 B——断面宽 H——断面高 b_1——线脚1宽 h_1——线脚1高 b_2——线脚2宽 h_2——线脚2高	①异形梁(m^3) = $[(B-b_1-b_2)H+2b_1h_1+2b_2(h_1+h_2)]L$ ②模板(m^2) = $(B+b_1+b_2+2H)L$ ③装饰(m^2) = $(B+b_1+b_2+H)2L$ 独立梁 ④装饰(m^2) = $[B+(b_1+b_2+H)2]L$ 板底梁 ⑤支撑超高(m^3) = $[(B-b_1-b_2)H+2b_1h_1+2b_2(h_1+h_2)]L$
9	板底弧形梁	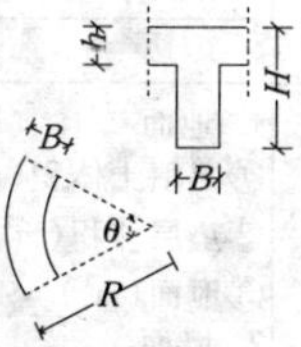	B——梁宽 H——断面高 h——板厚 θ——圆弧含角 R——半径	①弧形梁(m^3) = 0.00872θ[sqr(R) − sqr($R-B$)]($H-h$) ②弧形梁(m^3) = 0.00872θ[sqr(R) − sqr($R-B$)]H ③模板(m^2) = 2×3.14×($2R-B$)(θ/360)($H-h$) + 3.14×[sqr(R) − sqr($R-B$)(θ/360) ④装饰(m^2) = 2×3.14×($2R-B$)(θ/360)($H-h$) + 3.14×[sqr(R) − sqr($R-B$)(θ/360) ⑤支撑超高(m^3) = (θ/360)×3.14×[sqr(R) − sqr($R-B$)]($H-h$) ⑥支撑超高(m^3) = (θ/360)×3.14×[sqr(R) − sqr($R-B$)]H
10	独立弧形梁	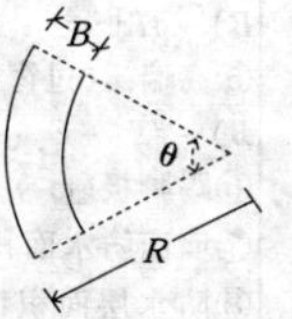	B——梁宽 H——梁高 θ——圆弧含角 R——半径	①体积(m^3) = 0.00872θ[sqr(R) − sqr($R-B$)]H ②模板(m^2) = 2×3.14×($2R-B$)(θ/360)H) + 0.00872θ[sqr(R) − sqr($R-B$)] ③装饰(m^2) = 2×3.14×(2×$R-B$)(θ/360)H) + 0.00872θ[sqr(R) − sqr($R-B$)]2 ④支撑超高(m^3) = 0.00872θ[sqr(R) − sqr($R-B$)]H
11	板底矩形梁	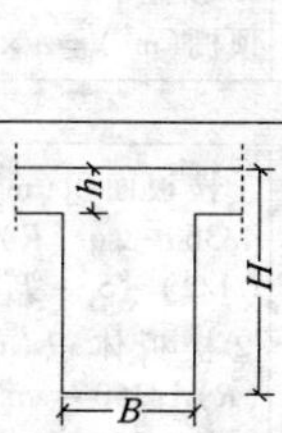	L——梁长 B——断面宽 H——断面高 h——板厚	①矩形梁(m^3) = $B(H-h)L$(扣板) ②矩形梁(m^3) = BHL(不扣板) ③模板(m^2) = $[B+2(H-h)]L$ ④装饰(m^2) = $[B+2(H-h)]L$ ⑤支撑超高(m^3) = $B(H-h)L$(扣板) ⑥支撑超高(m^3) = BHL(不扣板)

续表

序号	模块	图形	图示符号含义	可计算项目工程量计算公式(点线面体)
12	独立矩形梁		L——梁长 B——断面宽 H——断面高	①矩形梁(m^3) = BHL ②模板(m^2) = $(B+2H)L$ ③装饰(m^2) = $(B+H)2L$ 独立梁 ④支撑超高(m^3) = BHL
13	翻边雨篷		L——中线长 H——翻边高 h——板厚 A——翻边厚 B——板宽	①雨篷投影面积(m^2) = $(L+a)(a+b)$ ②雨篷实体积(m^3) = $b(L-a)h+a(L+a+2b)H$
六、房间模块				
1	标准房间模块		A——房间净长 B——房间净宽 H——房间净高 t_1——回填土厚 t_2——垫层厚 h_1——踢脚板高 h_2——墙裙高 h_3——防水层卷边高 C——应扣减墙裙内窗面积	1. 地面 ①回填土体积(m^3) = $A\times B\times t_1$ ②垫层体积(m^3) = $A\times B\times t_2$ ③地面(m^2) = $A\times B$ 2. 墙面 ①内墙面(窗台下有墙裙)(m^2) = $2(A+B)H-\#S-h_2[(2A+B)-\#T]$ ②内墙面(过窗台高墙裙)(m^2) = $2(A+B)H-\#S-h_2\{[2(A+B)-\#T]-C\}$ ③内墙面(无墙裙)(m^2) = $2(A+B)H-\#S$ ④低墙裙(窗台下)(m^2) = $h_2[(2A+B)-\#T]$ ⑤高墙裙(过窗台)(m^2) = $h_2[(2A+B)-\#T]-C$ ⑥踢脚板(m^2) = $h_1[2(A+B)-\#T]$ ⑦墙面防水面积(m^2) = $(A+B)2h_3$ ⑧防水层面积带卷边(m^2) = $AB+(A+B)2h_3$ 3. 顶棚 顶棚(m^2) = $A\times B$
七、楼地面、屋面模块				
1	弓形楼板 1		R——半径 A——角度 t——楼板厚 S_k——扣边角 T_d——楼梯洞	①楼板面积(m^2) = $3.14\times sqr(R)A/360-sqr(R)\times\sin(A/2)\times\cos(A/2)-S_k-T_d-D$ ②楼板体积(m^3) = $[3.14\times sqr(R)A/360-sqr(R)\times\sin(A/2)\times\cos(A/2)-S_k-T_d-D]t$

续表

序号	模块	图形	图示符号含义	可计算项目工程量计算公式(点线面体)
			D——扣洞口 X——粉刷系数	③模板(m^2) = 3.14 × sqr(R)A/360 − sqr(R) × sin(A/2) × cos(A/2) − S_k − T_d − D ④板底粉刷(m^2) = [3.14 × sqr(R)A/360 − sqr(R) × sin(A/2) × cos(A/2) − S_k − T_d − D]X ⑤楼梯面积(m^2) = T_d ⑥建筑面积(m^2) = 3.14 × sqr(R) A/360 − sqr(R) × sin(A/2) × cos(A/2) − S_k ⑦弧形边长(m) = 3.14RA/180
2	弓形楼板 2	L R	R——半径 L——弓长 t——楼板厚 S_k——扣边角 T_d——楼梯洞 D——扣洞口 X——粉刷系数	①楼板面积(m^2) = 3.14 × sqr(R) × arcsin(L/2R)/180 − L/2 × R × cos[arcsin(L/2R) − S_k − T_d − D ②楼板体积(m^3) = [3.14 × sqr(R) × arcsin(L/2R)/180 − L/2 × R × cos[arcsin(L/2R) − S_k − T_d − D]t ③模板(m^2) = 3.14 × sqr(R) × arcsin(L/2R)/180 − L/2 × R × cos[arcsin(L/2R) − S_k − T_d − D ④板底粉刷(m^2) = [3.14 × sqr(R) × arcsin(L/2R)/180 − L/2 × R × cos[arcsin(L/2R) − S_k − T_d − D]X ⑤楼梯面积(m^2) = T_d ⑥建筑面积(m^2) = 3.14 × sqr(R) × arcsin(L/2R)/180 − L/2 × R × cos[arcsin(L/2R) − S_k ⑦弧形边长(m) = 3.14R × arcsin(L/2R)/90
3	弓形楼板 3	H R	R——半径 H——弓高 t——楼板厚 S_k——扣边角 T_d——楼梯洞 D——扣洞口 X——粉刷系数	①楼板面积(m^2) = 3.14 × sqr(R) × arccos[(R − H)R]/180 − (R − H) × R × sin{arccos[(R − H)/R] − S_k − T_d − D ②楼板体积(m^3) = {3.14 × sqr(R) × arccos[(R − H)R]/180 − (R − H) × R × sin{arccos[(R − H)/R] − S_k − T_d − D}t ③模板(m^2) = 3.14 × sqr(R) × arccos[(R − H)R]/180 − (R − H) × R × sin{arccos[(R − H)/R] − S_k − T_d − D ④板底粉刷(m^2) = {3.14 × sqr(R) × arccos[(R − H)R]/180 − (R − H) × R ×

续表

序号	模块	图形	图示符号含义	可计算项目工程量计算公式(点线面体)
				sin{arccos[(R-H)/R]}X ⑤楼梯面积(m²)=T_d ⑥建筑面积(m²)=3.14×sqr(R)×arccos[(R-H)R]/180-(R-H)×R×sin{arccos[(R-H)/R]-S_k ⑦弧形边长(m)=3.14R×arccos[(R-H)/R]/90
4	弓形楼板4	H L	L——弓长 H——弓高 t——楼板厚 S_k——扣边角 T_d——楼梯洞 D——扣洞口 X——粉刷系数	①楼板面积(m²)=3.14×sqr{L/[2×sin(180-2arctan(L/(2H)))]}{360-4arctan[L/(2H)]}/360-{L/[2×sin(180-2arctan(L/(2H)))]-H}L/2-S_k-T_d-D ②楼板体积(m³)={3.14×sqr{L/[2×sin(180-2arctan(L/(2H)))]}{360-4arctan[L/(2H)]}/360-{L/[2×sin(180-2arctan(L/(2H)))]-H}L/2-S_k-T_d-D}t ③模板(m²)=3.14×sqr{L/[2×sin(180-2arctan(L/(2H)))]}{360-4arctan[L/(2H)]}/360-{L/[2×sin(180-2arctan(L/(2H)))]-H}L/2-S_k-T_d-D ④板底粉刷(m²)={3.14×sqr{L/[2×sin(180-2arctan(L/(2H)))]}{360-4arctan[L/(2H)]}/360-{L/[2×sin(180-2arctan(L/(2H)))]-H}L/2}X ⑤楼梯面积(m²)=T_d ⑥建筑面积(m²)=3.14×sqr{L/[2×sin(180-2arctan(L/(2H)))]}{360-4arctan[L/(2H)]}/360-{L/[2×sin(180-2arctan(L/(2H)))]-H}L/2-S_k ⑦弧形边长(m)=3.14L/{2×sin[180-2arctan(L/(2H))]}{360-4arctan[L/(2H)]}/180
5	矩形楼板	B A	A——楼板宽 B——楼板宽 t——楼板厚 S_k——扣边角 T_d——楼梯洞	①楼板面积(m²)=AB-S_k-T_d-D ②楼板体积(m³)=(AB-S_k-T_d-D)t ③模板(m²)=AB-S_k-T_d-D

续表

序号	模块	图形	图示符号含义	可计算项目工程量计算公式(点线面体)
			D——扣洞口 X——粉刷系数	④板底粉刷(m²) = $(AB - S_k - T_d - D)X$ ⑤楼梯面积(m²) = T_d ⑥建筑面积(m²) = $AB - S_k$
6	扇形楼板	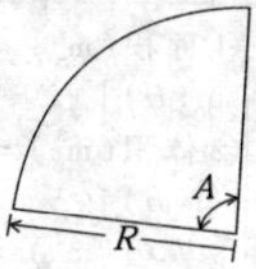	R——半径 A——角度 t——楼板厚 S_k——扣边角 T_d——楼梯洞 D——扣洞口 X——粉刷系数	①楼板面积(m²) = 3.14 × sqr(R)A/360 − $S_k - T_d - D$ ②楼板体积(m³) = [3.14 × sqr(R)A/360 − $S_k - T_d - D$]t ③模板(m²) = 3.14 × sqr(R)A/360 − $S_k - T_d - D$ ④板底粉刷(m²) = [3.14 × sqr(R)A/360 − $S_k - T_d - D$]X ⑤楼梯面积(m²) = T_d ⑥建筑面积(m²) = 3.14 × sqr(R)A/360 − S_k ⑦弧形边长(m) = 3.14 × 2RA/360
7	一般三角形楼板	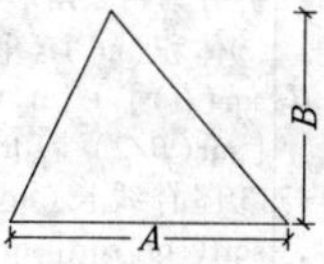	A——楼板宽 B——梯板宽(高) t——楼板厚 S_k——扣边角 T_d——楼梯洞 D——扣洞口 X——粉刷系数	①楼板面积(m²) = $AB/2 - S_k - T_d - D$ ②楼板体积(m³) = $(AB/2 - S_k - T_d - D)t$ ③模板(m²) = $AB/2 - S_k - T_d - D$ ④板底粉刷(m²) = $(AB/2 - S_k - T_d - D)X$ ⑤楼梯面积(m²) = T_d ⑥建筑面积(m²) = $AB/2 - S_k$
8	直角三角形楼板	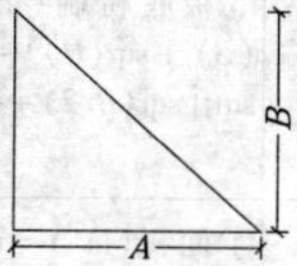	A——楼板宽 B——楼板宽 t——楼板厚 S_k——扣边角 T_d——楼梯洞 D——扣洞口 X——粉刷系数	①楼板面积(m²) = $AB/2 - S_k - T_d - D$ ②楼板体积(m³) = $(AB/2 - S_k - T_d - D)t$ ③模板(m²) = $AB/2 - S_k - T_d - D$ ④板底粉刷(m²) = $(AB/2 - S_k - T_d - D)X$ ⑤楼梯面积(m²) = T_d ⑥建筑面积(m²) = $AB/2 - S_k$
9	直角梯形楼板	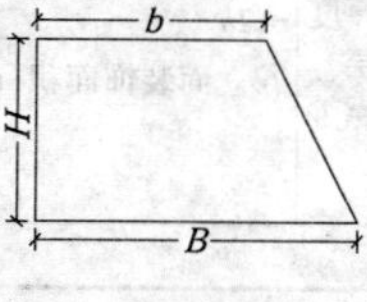	B——长边宽 H——梯形高 b——短边宽 t——楼板厚 S_k——扣边角 T_d——楼梯洞	①楼板面积(m²) = $(B + b)H/2 - S_k - T_d - D$ ②楼板体积(m³) = $[(B + b)H/2 - S_k - T_d - D]t$ ③模板(m²) = $(B + b)H/2 - S_k - T_d - D$

续表

序号	模块	图形	图示符号含义	可计算项目工程量计算公式(点线面体)
			D ——扣洞口 X ——粉刷系数	④板底粉刷(m^2) = $[(B+b)H/2-S_k-T_d-D]X$ ⑤楼梯面积(m^2) = T_d ⑥建筑面积(m^2) = $(B+b)H/2-S_k$
10	一般坡屋面	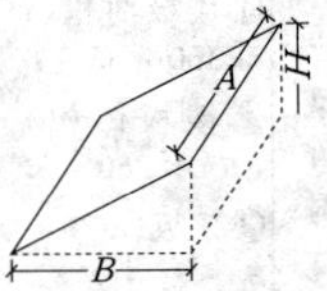	A ——板长 B ——板宽 H ——坡高 t ——板厚 X ——粉刷系数	①面积(m^2) = $A \times$ sqrt[sqr(B) + sqr(H)] ②体积(m^3) = $A \times$ sqrt[sqr(B) + sqr(H)]t ③模板(m^2) = $A \times$ sqrt[sqr(B) + sqr(H)] ④板底粉刷(m^2) = $A \times$ sqrt[sqr(B) + sqr(H)]X
11	四坡坡屋面	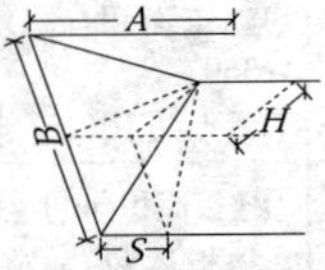 注:传统方法计算屋面面积与屋脊长度时采用屋面坡度系数(屋面延尺系数、偶延尺系数)的方法进行计算,不如采用本法直接、快速	A ——底边长 B ——底边长 H ——脊高 S ——已知 t ——板厚 X ——粉刷系数	①面积(m^2) = $B \times$ sqrt[sqr(S) + sqr(H)] + [A + ($A-2S$)] × sqrt[sqr($B/2$) + sqr(H)] 拆分为两三角形与两梯形面积之和 ②体积(m^3) = {$B \times$ sqrt[sqr(S) + sqr(H)] + [A + ($A-2S$)] × sqrt[sqr($B/2$) + sqr(H)]}t ③屋脊线长(m) = ($A-2S$) + 4 × sqrt(sqr{sqrt[sqr($B/2$) + sqr(H)] + sqr(S)} ④模板(m^2) = $B \times$ sqrt[sqr(S) + sqr(H)] + [A + ($A-2S$)] × sqrt[sqr($B/2$) + sqr(H)] ⑤板底粉刷(m^2) = {$B \times$ sqrt[sqr(S) + sqr(H)] + [A + ($A-2\times S$)] × sqrt[sqr($B/2$) + sqr(H)]}X
12	矩形屋面	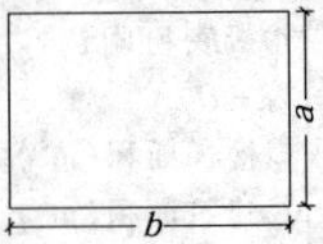	b ——净长 a ——净宽 h_1——卷边高度 h_2——装饰高度 d_1——隔热层平均厚度 d_2——找坡层平均厚度	①面积(m^2) = ba ②周长(m) = $(b+a)2$ ③隔热层体积(m^3) = bad_1 ④找坡层体积(m^3) = bad_2 ⑤平面+卷边面积(m^2) = $ba+(b+c)2h_1$ ⑥立面装饰面积(m^2) = $(b+a)2h_2$
八、楼梯、台阶模块				

续表

序号	模块	图形	图示符号含义	可计算项目工程量计算公式(点线面体)
1	弧形楼梯	α R r	R——小圆半径 r——大圆半径 θ——梯段坡度角 α——梯段含角	①面积(m²) = 3.14 × [sqr(R) - sqr(r)]2 ②扶手(m) = 3.14 × 2R[2α/360 × cos(θ)] + 3.14 × 2R(360 - 2α)/360]大圆弧 + 休息平台 ③扶手(m) = 3.14 × 2r[2α/360 × cos(θ)] + 3.14 × 2r[360 - 2α)/360]小圆弧 + 休息平台
2	直跑楼梯	B A	A——楼段长 B——楼段宽 b——扶手转角长 θ——梯段坡度角 n——楼梯层数	①面积(m²) = ABn ②扶手(m) = [A/cos(θ) + 2b + A] n - b + B(注:- b + B 为最上层楼梯扶手直段)
3	直形楼梯1(井宽<500)	A B a	A——梯长 B——梯宽 a——楼段长 b——扶手转角宽 θ——梯段坡度角 n——楼梯层数	①面积(m²) = ABn ②扶手(m) = [a/cos(θ) + b]2n + B/2 - b/2(注:+ B/2 - b/2 为最上层楼梯扶手直段)
4	直形楼梯2(井宽>500)	A B a	A——梯长 B——梯宽 b_1——梯井宽 a——楼段长 b——扶手转角宽 θ——梯段坡度角 n——楼梯层数	①面积(m²) = (AB - ab_1)n ②扶手(m) = [a/cos(θ) + b]2n + B/2 - b/2(注:+ B/2 - b/2 为最上层楼梯扶手直段)
5	直形楼梯3	a B A	A——梯长 B——梯宽 n——层数 a——梯段长 θ——梯段坡度角	①面积(m²) = ABn ②扶手(m) = 2a/cos(θ)n

续表

序号	模块	图形	图示符号含义	可计算项目工程量计算公式（点线面体）
6	台阶		A——台阶长 B——台阶宽 n——踏步数 H——踏步高 b——踏步宽	①面积（m²）$=AB$ ②体积（m³）$=\{[(B-nb)+B]nh/2+hbn/2\}A$（注：断面分割为梯形＋$n$个三角踏步计算）
九、栏板构件模块				
1	带线条栏板		L——栏板长 H——栏板高 t——栏板厚 b_1——线脚1宽 h_1——线脚1高 b_2——线脚2宽 h_2——线脚2高	①栏板面积（m²）$=LH$ ②栏板体积（m³）$=L[Ht+b_1h_1+b_2(h_1+h_2)]$ ③模板（m²）$=L(2H+b_1+b_2)$ ④内外装饰（m²）$=L[2H+2(b_1+b_2)+t]$ ⑤外装饰（m²）$=L[H+2(b_1+b_2)+t]$ ⑥内装饰（m²）$=LH$
2	无压顶挂梁栏板1		L——栏板长 H——栏板高 t——栏板厚	①栏板面积（m²）$=LH$ ②栏板体积（m³）$=LHt$ ③模板（m²）$=2LH$ ④内外装饰（m²）$=L(2H+t)$ ⑤外装饰（m²）$=L(H+t)$ ⑥内装饰（m²）$=LH$
3	无压顶挂梁栏板2		L——栏板长 H——栏板高 t——栏板厚 B——梁宽 h——梁净高 h_1——楼板厚	①栏板面积（m²）$=LH$ 含梁 ②栏板面积（m²）$=L(H-h-h_1)$ 扣梁 ③栏板体积（m³）$=L(H-h-h_1)t$ 扣梁 ④梁体积（m³）$=L(B-t)h$ 净高 ⑤栏板＋梁体积（m³）$=L[Ht+(B-t)h]$（栏板、梁合并） ⑥栏板模板（m²）$=L(2H-h-h_1+t)$ ⑦梁模板（m²）$=L(B-t+h)$ ⑧栏板＋梁模板（m²）$=L(2H+h_1+B)$（栏板、梁合并） ⑨内外装饰（m²）$=L(2H+B+t-h_1)$ ⑩外装饰（m²）$=L(H+2t)$ ⑪内装饰（m²）$=L(H-h_1+B-t)$

续表

序号	模块	图形	图示符号含义	可计算项目工程量计算公式(点线面体)
4	有压顶挂梁栏板1	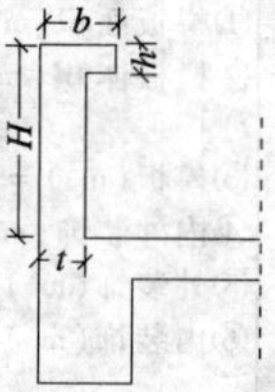 b；h；H；t	L——栏板长 H——栏板高 t——栏板厚 b——压顶宽 h——压顶厚	①栏板面积(m^2) = LH ②栏板体积(m^3) = $L[Ht+(b-t)h]$ ③模板(m^2) = $L(2H+bt)$ ④内外装饰(m^2) = $L(2H+2b-t)$ ⑤外装饰(m^2) = $L(H+b)$ ⑥内装饰(m^2) = $L(H+b-t)$
5	有压顶挂梁栏板2	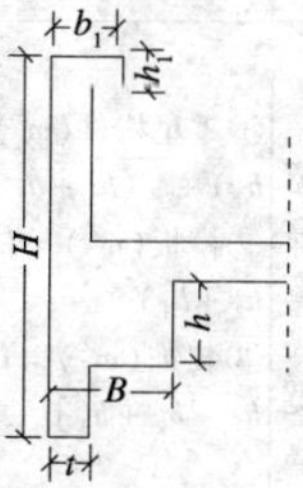 b_1；h_1；H；h；B；t	L——栏板长 H——栏板高 t——栏板厚 B——梁宽 h——梁净高 h_b——楼板厚 b_1——压顶宽 h_1——压顶厚	①栏板面积(m^2) = LH(含梁) ②栏板面积(m^2) = $L(H-h-h_1)$(扣梁) ③栏板体积(m^3) = $L[(H-h-h_b)t+(b_1-t)h]$(扣梁) ④梁体积(m^3) = $L(B-t)h$ ⑤栏板+梁体积(m^3) = $L[Ht+(B-t)h+(b_1-t)h_1]$(栏板、梁合并) ⑥栏板模板(m^2) = $L(2H-h-h_b+t)$ ⑦梁模板(m^2) = $L(B-t+h)$ ⑧栏板+梁模板(m^2) = $L(2H-h_b+B+b_1-t)$(栏板、梁合并) ⑨内外装饰(m^2) = $L(2H+B+2b_1-t-h_b)$ ⑩外装饰(m^2) = $L(H+t+b_1)$ ⑪内装饰(m^2) = $L(H-h_b+B+b_1-2t)$
6	无压顶栏板	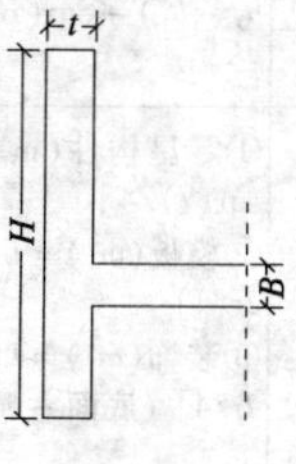 t；H；B	L——栏板长 H——栏板高 t——栏板厚 B——梁、板厚	①栏板面积(m^2) = LH ②栏板体积(m^3) = LHt ③模板(m^2) = $L(2H+t-B)$ ④内外装饰(m^2) = $L(2H+2t-B)$ ⑤外装饰(m^2) = $L(H+2t)$ ⑥内装饰(m^2) = $L(H-B)$

续表

序号	模块	图形	图示符号含义	可计算项目工程量计算公式（点线面体）
7	有压顶栏板	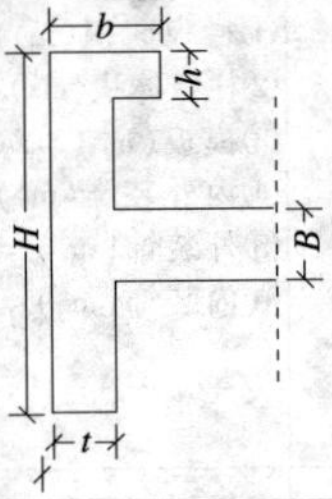	L——栏板长 H——栏板高 t——栏板厚 b——压顶宽 h——压顶厚 B——梁、板厚	①栏板面积（m^2）$=LH$ ②栏板体积（m^3）$=L[Ht+h(b-t)]$ ③模板（m^2）$=L(2H+b-B)$ ④内外装饰（m^2）$=L(2H+2b-B)$ ⑤外装饰（m^2）$=L(H+t+b)$ ⑥内装饰（m^2）$=L(H-B+b-t)$
十、装饰线条模块				
1	外挑装饰线条1	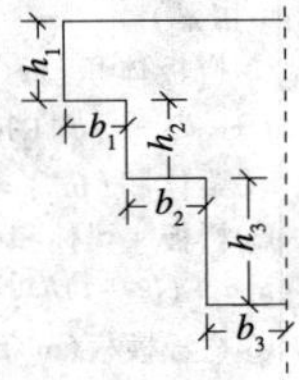	L——线条长 b_1——线脚1宽 h_1——线脚1高 b_2——线脚2宽 h_2——线脚2高 b_3——线脚3宽 h_3——线脚3高	①零星构件（m^3）$=L[b_1h_1+b_2(h_1+h_2)+b_3(h_1+h_2+h_3)]$ ②模板（m^2）$=L(b_1+b_2+b_3+h_1+h_2+h_3)$ ③装饰（m^2）$=L[2(b_1+b_2+b_3)+h_1+h_2+h_3]$
2	外挑装饰线条2	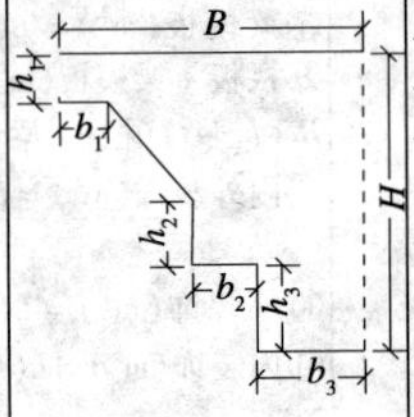	L——线条长 B——线条宽 H——线条高 b_1——线脚1宽 h_1——线脚1高 b_2——线脚2宽 h_2——线脚2高 b_3——线脚3宽 h_3——线脚3高	①零星构件（m^3）$=L[Bh_1+(B-b_1+b_2+b_3)(H-h_1-h_2-h_3)/2+(b_2+b_3)h_2+b_3\times h_3]$（断面分割为矩形与梯形计算） ②模板（$m^2$）$=L\{b_1+b_2+b_3+h_1+h_2+h_3+\text{sqrt}[\text{sqr}(B-b_1-b_2-b_3)+\text{sqr}(H-h_1-h_2-h_3)]\}$ ③装饰（m^2）$=L\{B+b_1+b_2+b_3+h_1+h_2+h_3+\text{sqrt}[\text{sqr}(B-b_1-b_2-b_3)+\text{sqr}(H-h_1-h_2-h_3)]\}$
3	外挑装饰线条3	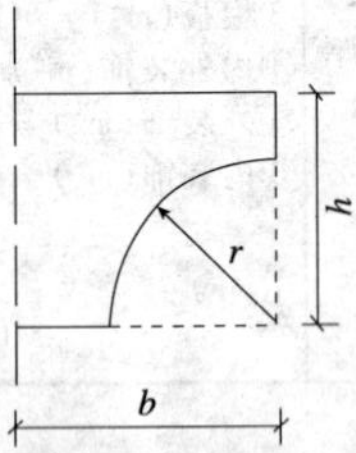	L——腰线长 b——腰线宽 h——腰线高 r——半径	①零星构件（m^3）$=L[bh-3.14\times \text{sqr}(r)/4]$ ②模板（m^2）$=L[b+h-2r+3.14\times 2r/4]$ ③装饰（m^2）$=L[2b+h-2r+3.14\times 2r/4]$（底面+弧面+立面+顶面）
十一、金属构件模块				

续表

序号	模块	图形	图示符号含义	可计算项目工程量计算公式(点线面体)
1	扁钢	t; b	b——扁钢宽(mm) t——扁钢厚(mm) L——扁钢长(m)	①扁钢质量(kg)=0.00785btL 钢密度:7.85t/m^3 ②表面积(m^2)=2(b+t)L/1000
2	方钢 P		a——方钢边宽(mm) L——方钢长(m)	①方钢质量(kg)=0.00785×sqr(a)L 钢密度:7.85t/m^3 ②表面积(m^2)=4aL/1000
3	钢板	B; A	A——板长(m) B——板宽(m) t——板厚(mm)	①钢板质量(kg)=7.85ABt 钢密度:7.85t/m^3 ②表面积(m^2)=2AB
4	钢管	D	D——钢管外径(mm) S——钢筋壁厚(mm) L——钢管长(m)	①钢板质量(kg)=0.00785×3.14(D−S)SL 钢密度:7.85t/m^3 ②表面积(m^2)=3.14DL/1000
5	钢筋	d	d——钢管直径(mm) L——钢筋长度(m)	①钢板质量(kg)=0.00785×3.14×sqr(d/2)L 钢密度:7.85t/m^3 ②表面积(m^2)=3.14dL/1000
6	八角钢	b	b——对边距离(mm) L——长度(m)	八角钢质量(kg)=sqr(b)0.0068L 钢密度:7.85t/m^3

注:1. 使用本表的第一步是采用“地毯式算量”的搜索顺序在图上顺次搜索相关模块。
2. 根据本表的公式计算每个模块包括的工程量。以达到“一模多算”,“一次搜索”,算出相关的多个工程量的目的,从而加快计算速度。
3. 当我们在大脑或计算机中预置了足够多的模块,以后再算量时利用起来就非常方便了。表中的模块虽已很多,但也有可能解决不了全部问题,希望读者根据自己的思路在实践中不断补充工程量模块计算公式。
4. 以下公式中,“/”表示除号,“sqr(X)”表示平方,“vqr(X)”表示立方,“sqrt(X)”表示开方。
5. #S——代表门窗洞口面积,#C——代表门窗洞口过梁侧面积,#N——代表门窗洞口靠边（靠混凝土构件）的侧边（如：洞口两侧均不靠混凝土构件#*N*代表的值为0，一侧靠混凝土构件#*N*代表的值为1，洞口两侧均靠混凝土构件#*N*代表的值为2），#*T*——代表门洞口所扣踢脚线（或墙裙）的长度，#*C*——代表门窗洞口单面侧边面积。

2. 工程量校核用表（表2－2－17）

表2－2－17　××工程工程量初步审计算表

项目名称：　　　　　　　　　　　　　　　　　　　　共＿＿＿页第＿＿＿页

序号	图号	分部、分项名称	单位	倍数	尺寸	数量	初步计算式

审核：　　　　　　　　　　计算：

第三节
钢筋工程量计算

钢筋工程量计算是工程量确定过程中最为繁琐的部分,因为它不仅需要识图及对规范、标准图集的深入理解,更需要对工程结构及力学知识、钢筋工程施工过程相当了解。钢筋工程量的计算在工程造价确定的分工协作中常常是一个独立的分支,也是多数工程造价工作的核心工作之一。

钢筋工程量的计算可以占整个工程量计算的 50% ~60%。广大造价工作者普遍公认一点,钢筋工程量的计算是整个工程量计算中最为繁琐和复杂的部分。

大部分从事钢筋工程量计算的人员是以从业经验比较丰富、有施工现场经历的人为主。一方面,由于分工方面的原因,以前的一部分预算员没有太多钢筋工程量计算经验;另一方面,现在参加工作的大学生,许多不愿从事这一项繁琐和枯燥的工作。这使得钢筋工程量计算专业人员出现断层现象。

目前钢筋工程量的计算基于两种设计方式:传统钢筋方式、平面整体表示钢筋方式。

传统的钢筋表示方式大家都比较熟悉了,就是将钢筋索引出来表示的方式。

平法(03G101及04G101等)的推广应用是我国结构施工图表示方法的一次重大改革,创造性设计和重复性设计的分离,更有利于设计师进行真正的创造设计;图纸量也大大减少,修改方便,争议也相对减少。不过,钢筋工程量的计算,仍需要工作人员去学习平法的识图,需要有更强的空间理解能力。施工现场经验中足的钢筋工程量计算人员一时难以适应。

从事钢筋工程量计算工作的造价人员应具体的基本技能包括:

(1)良好的识图能力。

要求能迅速建立起构件及建筑物的空间印象。能通过多张图纸迅速查找需要的数据,能发现图纸中的矛盾及错误,能在脑海中勾勒出每个细部的构造等。

(2)深入理解相关规范、图集。

钢筋工程量的计算不同于其他工程量计算有明确的计算规则,钢筋计算只有规范及图集,因而必须对规范有相当透彻的理解。而在实际各方核对钢筋数据的过程中,常发生争议的现象,这大多是因为对规范的理解不同所致。

(3)熟练使用计算机和钢筋计算软件。

钢筋计算软件的应用所带来的积极效果是非常显著的,应用软件可以达到提高效率、修改方便、报表精美等效果,用软件进行钢筋工程量计算是整个行业发展的必然趋势。

(4)具备简单的力学知识。

专业从事钢筋工程量计算除以上基本技能以外,还需要具备一定的结构力学知识,需要具备一定的钢筋施工现场经验。

专业从事钢筋工程量计算在工程造价确定的分工中相对独立将成为一种趋势。建立专业从事钢筋工程量计算的机构和队伍为造价咨询及招投标等机构提供后方支持,将为造价咨询、招投标等机构提高工作效率和质量提供专业化的保障。

二 方法

1. 问：钢筋工程量计算的流程是什么？

答：一些造价人员对钢筋工程量的计算常常感到束手无策，无从下手，这里我们有必要对钢筋工程量的计算程序有一个全面了解，了解了它的程序，剩下的具体计算则只是积累经验的过程。以下我们将以一个表格的形式介绍一下钢筋工程量的计算程序，计算的过程包括手算与软件算，两种形式对比介绍见表2-3-1。

表2-3-1 钢筋工程量计算程序

序号	传统钢筋标志方法		平法		计算方式差别说明
	手工	软件（excel、构件法、画图法算量软件）	手工	软件（excel、构件法、画图法算量软件）	
1	熟悉图纸	熟悉图纸	熟悉图纸	熟悉图纸	相同。识图是各种算量方式必不可少的基本功
2	搜集数据：确定损耗率	搜集数据：选择损耗率	搜集数据：确定损耗率	搜集数据：选择损耗率	定额计量需考虑损耗率，留待最后汇总使用
3	搜集数据：钢筋理论重量	搜集数据：确认钢筋理论重量	搜集数据：钢筋理论重量	搜集数据：确认钢筋理论重量	算量软件中自动带有，手工算量需准备相关数据或五金手册备查
4	确定数据：钢筋弯勾调整值	确认数据：钢筋弯勾调整值	确定数据：钢筋弯勾调整值	确认数据：钢筋弯勾调整值	手工计算需准备好这些基础数据，软件计算则无需准备，软件一般已做准备
5	确定计算顺序：一般分层	确定计算顺序：一般分层	确定计算顺序：一般分层	确定计算顺序：一般分层	相同。用软件画图算量的画图过程其实也是分层统计的过程
6	确定混凝土构件强度等级：查找相应的保护层厚、锚固、搭接方式及数值	确定混凝土构件强度等级：自动查找相应的锚固保护层厚、搭接及数值（搭接方式可选）	确定混凝土构件强度等级：查找相应的锚固、保护层厚、搭接及数值	确定混凝土构件强度等级：自动查找相应的锚固、保护层厚、搭接及数值（搭接方式可选）	①传统钢筋表示方法：手工计算，需要在规范、图纸中查找保护层厚度、锚固、搭接方式及数值；软件计算需根据图纸调整保护层厚度、锚固、搭接方式及数值。 ②平法钢筋表示方式：手工计算需根据平法系列图集

续表

序号	传统钢筋标识方法		平法		计算方式差别说明
	手工	软件（excel、构件法、画图法算量软件）	手工	软件（excel、构件法、画图法算量软件）	
					确定保护层厚度、锚固、搭接方式及数值；软件计算自动确定（已内置）
7	确定构件搜索顺序：按构件种类，或地毯式搜索顺序	确定构件搜索顺序：按构件种类，或地毯式搜索顺序	确定构件搜索顺序：按构件种类，或地毯式搜索顺序	确定构件搜索顺序：按构件种类，或地毯式搜索顺序	相同
8	对每种构件或每种钢筋，按图示尺寸填入尺寸数据、锚固值、搭接数值	对每种构件，按图示尺寸填入尺寸数据，锚固值、搭接数值等系统根据初始录入自动确定	对每种构件或每种钢筋，按图示尺寸填入尺寸数据（部分钢筋长度需根据规范确定）、根据查表结果填入锚固值、搭接数值，根据规范考虑加密	对每种构件，按图示尺寸填入尺寸数据，锚固值、搭接数值等系统根据初始录入自动确定	①传统钢筋表示方法：手工方式除填入构件基本长、宽、高数据外，还需人工计算弯曲、弯勾、锚固、搭接值；软件计算只需要录入基本的构件尺寸。 ②平法钢筋表示方法：手工填入基本尺寸，部分钢筋尺寸还需根据平法图集查找；软件计算只需录入基本尺寸，其他自动查找
9	根据基本钢筋计算公式，手工列式计算	根据软件内置公式，计算机完成计算	根据基本钢筋计算公式，手工列式计算	根据软件内置公式，计算机完成计算	手工与机器计算的差别
10	手工汇总所有钢筋，得出总用钢量	计算机自动汇总所有钢筋，得出总用钢量	手工汇总所有钢筋，得出总用钢量	计算机自动汇总所有钢筋，得出总用钢量	手工与机器计算的差别
11	定额计量规则还需要加上损耗量	定额计量规则自动加上损耗量	定额计量规则还需要加上损耗量	定额计量规则自动加上损耗量	手工与机器计算的差别

清楚上面这个对比流程，对于造价人员来说，钢筋计算就是一个非常简单的事了。

2. 问：马凳筋的根数如何计算？

答：(1)马凳概念。

也称撑筋，用于上下两层板的钢筋，固定上层板钢筋。当基础厚度较大(大于800mm)时，一般不宜用马凳，而是用支架更稳定和牢固。按清单计价规范，现浇构件中固定位置的支撑钢筋、双层钢筋用的"铁马"、伸出构件的锚固钢筋、预制构件的吊钩等，应并入钢筋工程量内。

(2)规格与尺寸。

钢筋马凳一般图纸上不注，由技术员在施工组织设计中详细标明其规格、长度和间距，通常马凳的规格比板受力筋小一个级别，如板筋直径12可用直径为10的钢筋做马凳，当然也可与板筋相同。纵向和横向的间距一般为1m。不过具体问题还得具体对待，如果是双层双向的板筋为8，钢筋刚度较低，则需要缩小马凳之间的距离。

马凳设置的原则是固定牢上层钢筋网，能承受各种施工荷载，确保上层钢筋的保护层在规范规定的范围内。板中放置马凳时应避开梁等板支座构件。基础底板大于800mm时应采用角铁做支架，支架立柱间距一般为1500mm，在立柱只需设置一个方向的通长角铁，这个方向应该是与上部钢筋最下一皮钢筋垂直，间距一般为2000mm。除此之外还要用斜撑焊接。支架的设计应该有计算式，经过审批才能施工，不能只凭经验。

(3)注意点。

马凳筋不是个简单的概念，图纸上是没有的，应深入施工现场，这样才能有感性认识。

按照施工组织设计来计算是没有问题的，但是马凳钢筋的直径不应该说比被支持的钢筋小一个型号，因为如果被支持的负弯矩钢筋是8mm的，要采用6.5mm的钢筋作为马凳筋就太细了，它不能保证负弯矩钢筋不被施工工人踩坏。所以还要看施工组织设计具体是怎样布置的。

设计有规定按设计规定,设计无规定时,马凳的材料应比底板钢筋降低一个规格,长度按底板厚2倍加0.2m计算,每平方米1个计算钢筋总量。

1. 钢筋工程量计算的难点

答:从上面的流程讲解及对比中,我们发现钢筋算量的难点主要在于:

(1)构件的节点。

这个节点包括单个构件的末端及构件相交处。涉及的数据有很多可能在图纸上查不到,需要根据规范等确定。钢筋计算公式总的表达形式为:净长+节点构造。

(2)汇总。

手工计算钢筋工程量时,绘制钢筋示意图、单根长度计算、根数计算、单根总量计算、构件总量计算、楼层总量计算、工程总量计算等许多工作是烦琐枯燥的计算及汇总过程。钢筋算量软件可以帮助造价人员从这些枯燥的手工劳动中摆脱出来,由软件进行自动汇总计算,且修改极其方便。

(3)平法抽筋的难点。

1)对图纸、图集的结合理解要求更高。对图纸上表示的集中标注和原位标注的钢筋信息,由于没有断面图等详图,需要更仔细地进行分析。对于图纸上表示的钢筋信息,需要分析各种具体的钢筋,并且在没有断面图的情况下,要迅速在脑海里建立起构件的空间布筋图。

2)各种锚固长度的计算,均需要多个数据进行判断比较。

采用钢筋计算软件,可快速、准确地计算钢筋工程量,摆脱繁琐、枯燥的手工劳动,适应在新时期造价工作的需要。计算准确,结果明晰,校对方便,整个抽筋的过程将变成识图的过程。省却列式计算、汇总及查找规范等工作。所以建议读者在掌握手工抽筋的基本流程与过程的基础上,尽量使用抽筋软件抽筋。

2. 钢筋工程量计算的依据

答:钢筋工程量计算依据的优先等级如图 2－3－1 所示。

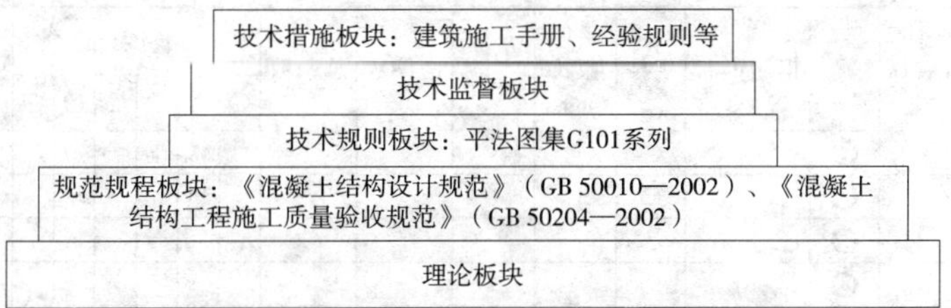

图 2－3－1　钢筋工程量计算依据层次图

从图 2－3－1 的计算依据层次中,我们可以了解钢筋工程量各类依据的层次关系。下面的层次是上面层次的依据和基础,上一个层次依据是在下一层依据基础上产生的。当上下两层计算依据发生矛盾时,以下一层次依据为准。

而我们在计算工程量时如果不熟悉相关的常用规范、图集,则计算时又要利用时间看懂、熟悉其内容,才能计算工程量,而这样会影响计算的连续性。或某些人仅凭大致印象去计算,这样的结果虽然速度有了,但准确性又差了。熟悉常用规范、图集特别对钢筋工程量(钢筋抽样)非常重要。因这些规范、图集中有很多关于钢筋锚固、搭接的说明和节点大样。只有我们非常熟悉这些规范、图集,计算工程量才能得心应手,准确无误。特别是一些很重要的数据应熟记于心。如纵向受拉钢筋的锚固长度要结合钢筋混凝土强度、钢筋级别、建筑物抗震等级三方面因素才能综合确定。

四 数据

1. 钢筋工程量手工计算用表（表2－3－2）

表2－3－2　×××工程钢筋计算表

工程名称：　　　　　　　　　　　　　　　　共　　页第　　页

项目名称	编号	钢筋形状	规格	单位截长（mm）	单件条数	构件数	总条数	总长度（m）						备注
								○	○	○	○	○	○	
	○		○											
	○		○											
	○		○											
	○		○											
	○		○											
	○		○											
	○		○											
	○		○											
说明：			合计长度（m）											本页总质量
			规格质量（kg/m）											
			合计质量（kg）											

审核人员：　　　　　　　　计算人员：　　　　　　　年　月　日

2. 钢筋工程计算基本公式（表2－3－3）

表2－3－3　钢筋工程量计算基本公式

序号	钢筋类型	计算公式
1. 直钢筋		
（1）	端部弯半圆钩	设计长度 $= L - 2b + 2 \times 6.25d$
（2）	端部斜钩	设计长度 $= L - 2b + 2 \times 4.9d$
（3）	端部直钩	设计长度 $= L - 2b + 2 \times 3.5d$

续表

序号	钢筋类型	计算公式
(4)	端部弯折	设计长度 $=L-2b+2x$
2. 弯起钢筋		
(1)	双弯起钢筋端部带半圆钩	设计长度 $=L-2b+2\times(H-2b)\times\tan(\alpha/2)+2\times6.25d$ $=L-2b+2\times(H-2b)\times\tan(\alpha/2)+12.5d$
(2)	双弯起钢筋端部带弯折及半圆钩	设计长度 $=L-2b+2\times(H-2b)\times\tan(\alpha/2)+2\times(x+6.25d)$
(3)	双弯起钢筋端部带弯折	设计长度 $=L-2b+2\times(H-2b)\times\tan(\alpha/2)+2x$
(4)	单弯起钢筋端部带半圆钩	设计长度 $=L-2b+(H-2b)\times\tan(\alpha/2)+2\times6.25d$
3. 箍筋		
(1)	单箍方形或矩形	设计长度 $=2\times(H+B)-8b+8d+2\times6.9d-3\times1.75d$ $=2\times(H+B)-8b+17d$ （无抗震要求） 设计长度 $=2\times(H+B)-8b+8d+2\times11.9d-3\times1.75d$ $=2\times(H+B)-8b+27d$ （有抗震要求）
(2)	双箍方形(多用于柱中)	外箍设计长度 $=2\times(H+B)-8b+8d+2\times6.9d-3\times1.75d$ $=2\times(H+B)-8b+17d$ （无抗震要求） 外箍设计长度 $=2\times(H+B)-8b+8d+2\times11.9d-3\times1.75d$ $=2\times(H+B)-8b+27d$ （有抗震要求） 内箍设计长度 $=[(B-2b)\times\text{sqrt}(2)/2]\times4+17d$ （无抗震要求） $=[(B-2b)\times\text{sqrt}(2)/2]\times4+27d$ （有抗震要求）
(3)	双箍矩形	每组(对)箍设计长度 $=(H-2b)\times4+(B-2b+B`)\times2+17d$ （无抗震要求） $=(H-2b)\times4+(B-2b+B`)\times2+27d$ （有抗震要求）
(4)	三角箍(多用于有梁板)	设计长度 $=(B-2b)+\text{sqrt}[4\times(H-2b)2+(B-2b)2]+17d$ （无抗震要求） $=(B-2b)+\text{sqrt}[4\times(H-2b)2+(B-2b)2]+27d$ （有抗震要求）
(5)	S形箍(拉筋)	设计长度 $=(B-2b)+17d$ （无抗震要求） $=(B-2b)+27d$ （有抗震要求）
(6)	箍筋数量	$n=(L-2b)/a+1$ a 为箍筋间距，S 形箍间距为 $2a$
(7)	螺旋箍	设计长度 $=N\times\text{sqrt}[P_2+(D-2b)2\times\pi2]+17d$ （无抗震要求） $=N\times\text{sqrt}[P_2+(D-2b)2\times\pi2]+27d$ （有抗震要求） N——螺线圈数，$N(L-2b)/P$，P——螺线间距，D——构件直径 箍筋的计算主要是其端部弯钩的计算取定

注：1. 无论再复杂的钢筋工程计算（包括传统表示方法、平法表示方法），最终都要化成最基本的钢筋段来计算工程量。本表的计算公式是最基本、最原

始、最终落点的钢筋计算依据。

2. 一般性规定：

①预算时计算钢筋的长度不必考虑钢筋弯曲延伸调整值。②钢筋重量以圆钢每 m 重为准（$0.00617 \times D_2$），螺纹钢增加 3%。③钢筋绑扎搭接长度规定：ϕ25 以内 8m 计算一个接头，25 以上 6m 计算一个接头，竖向钢筋按楼层的自然层设置，接头的搭接长度按设计规定，设计无规定时按 $30d$，圆钢还应加半圆钩长为 $42.5d(30d + 6.25d \times 2)$。④钢筋弯钩增加长度：半圆钩为 $6.25d$，直钩为 $3.5d$，斜钩为 $4.9d$，均指一个钩长。

3. 表 2－3－3 中使用的英文代码释义如下：L——构件长度、b——保护层厚度、d——钢筋直径、x——设计图示锚固长度、H——构件高度、B——构件宽度。

特别提示：实战中，仅有这些基本公式是不够的，因为图纸设计千变万化，钢筋成形后的形状也是奇形怪状。出于实战的需要，往往会在上述基本公式的基础上衍生出许多扩展公式。但这些扩展公式还是由最基本的公式组合而成。读者只要掌握了这些最基本的公式，对付这些千变万化的钢筋形式只要稍做变通即可。本书不再一一列出。

3. 钢筋用量速算简化公式

答：一些造价工作者，根据钢筋预算用量的理论计算公式和计算准确率的要求，本着“计算简便、快速准确”的原则，对钢筋预算用量的计算方法进行了一定的简化，并将常见规格形状的钢筋制作成速算表，供预算阶段或投标阶段计算钢筋工程量使用，以减少不必要的重复计算工作。这个简化的计算方法因没有一定的计算依据，多是造价人员总结出的一些近似、简化方法，故一般不宜用在结算阶段，因为如果所做的简化没有可靠的计算依据，很难被对方所接受。

(1)弯折筋。

常见的是端部 90°弯折。设计图纸标注有弯折长度时，按图示尺寸计算，如果图纸中没有尺寸标注时，可按以下几种情况计算：

1)板内端部 90°弯折钢筋：端部弯折长度按板厚减 30mm 计算。

2)梁内直钢筋端部90°弯折:伸入支座范围内的长度(包括伸入支座范围内的平直段和弯折段长度),按40d计算。

(2)弯勾筋。

常见的是端部180°弯勾。每个弯勾的增加长度可按下面的数值简化计算:

1)$\phi4\sim\phi10$:每个弯勾增加50mm。

2)$\phi12$及其以上:每个弯勾增加10mm。

(3)弯起筋。

常见的是梁板内弯起钢筋。一般按以下方法处理:

弯起钢筋端部锚固长度图示标注有尺寸时,按图示尺寸计算。如果图纸无尺寸标注时,可按表2-3-4计算。弯起钢筋每个弯起增加长度可按表2-3-4所列数值简化计算。

表2-3-4 弯起钢筋增加长度表

构件类别	弯起角度	构件或高度(mm)	每个弯起增加长度(mm)
板类	30°	不分板厚	20
	45°		50
梁类	45°	梁高 $H\leqslant500$	150
		$H>500$	250
	60°	梁高 $H\leqslant1000$	500
		$H>1000$	700

(4)通长筋。

1)柱内通长主筋:计算时,柱内通长主筋的长度=图示配置总高度+建筑物层数×30d。

2)圈梁主筋:可按圈梁长度乘以系数1.08简化计算。按规范构造要求配置的拐角附加加强筋、圈梁主筋内的搭接接头,均已包括在1.08的系数内,不另计算。即:

$$L=\text{圈梁长度}\times1.08$$

式中,圈梁长度、外墙外按中心线长计算,内墙处按净长线计算。

同时注意:

①圈梁代过梁时，如果过梁范围内的配筋与圈梁不同时，圈梁长度应扣除其代过梁部分的长度。过梁部分的钢筋按设计图示尺寸另外计算。

②圈梁与雨篷端梁、挑梁压入墙内部分相连时，圈梁长度应扣除雨篷端梁、挑梁压入墙内部分的长度。雨篷端梁、挑梁压入墙内部分的钢筋，按设计图示尺寸另外计算。

(5)箍筋。

1)当箍筋直径 $\phi \leqslant 6$mm 时，每个箍筋的长度可按断面周长的长度简化计算，即：

$$L=(B+H)\times 2$$

2)当箍盘直径 $\phi > 6$mm 时，每个箍筋的长度按断面周长的长度另加 50mm 简化计算，即：

$$L=(B+H)\times 2+50$$

4. 钢材理论重量简易速算方法（表 2-3-5）

表 2-3-5　速算方法表

序号	钢材种类	简单速算方法(尺寸单位为 mm)
1	角钢	每米质量(kg)=0.00785×(边宽+边宽-边厚)×边厚
2	圆钢	每米质量(kg)=0.00617×直径×直径
3	螺纹钢	每米质量(kg)=0.00617×直径×直径
4	八角钢	每米质量(kg)=0.0065×直径×直径(内切圆)
5	薄钢板	每平方米质量(kg)=7.85×厚度(mm)
6	焊接钢管	每米质量(kg)=0.02466×壁厚×(外径-壁厚)
7	方钢	每米质量(kg)=0.00785×边宽×边宽
8	扁钢	每米质量(kg)=0.00785×边宽×厚
9	六角钢	每米质量(kg)=0.0068×直径×直径(内切圆)
10	中厚钢板	每平方米质量(kg)=7.85×厚度
11	无缝钢管	每米质量(kg)=0.02466×壁厚×(外径-壁厚)

5. 常见钢材常用规格理论重量表（表 2-3-6）

表 2-3-6 常见钢材常用规格理论质量表

名称	规格	kg/m	名称	规格	kg/m	名称	规格	kg/m	名称	规格	kg/m^2	名称	规格	kg/m	名称	规格	kg/m
	I10	11.216		[5	5.440		∟25×4	1.459		∫=1	7.850		150×150×7×10	31.90		Dg15	1.260
	I12	13.987		[6.3	6.634		∟30×4	1.786		∫=1.5	11.780		200×200×8×12	50.50		Dg20	1.630
	I12.6	14.223		[8	8.045		∟40×4	2.422		∫=2	15.700		248×124×5×8	25.80		Dg25	2.420
	I14	16.890		[10	10.007		∟50×5	3.700		∫=2.5	19.630		250×125×6×9	29.70		Dg32	3.130
	I16	20.513		[12	12.059		∟50×6	4.465		∫=3	23.550		250×250×9×14	72.40		Dg40	3.840
	I18	24.143		[12.6	12.318		∟56×5	4.251		∫=4	31.400		250×255×14×14	82.20	钢管	Dg50	4.880
	I20a	27.929		[14a	14.535		∟60×6	5.420		∫=5	39.250		294×200×8×12	57.30		Dg70	6.640
	I20b	31.069		[14b	16.733		∟63×5	4.822		∫=6	47.100		294×302×12×12	85.00		Dg80	8.340
	I22a	33.070		[16a	17.240		∟63×6	5.721		∫=8	62.800		300×150×6.5×9	37.30		Dg100	10.850
	I22b	36.524		[16	19.752		∟70×6	6.406		∫=10	78.500		300×300×10×15	94.50		Dg125	15.040
工字钢	I24a	37.477	槽钢	[18a	20.174	角钢	∟70×7	7.398	钢板	∫=12	94.200		300×305×15×15	106.00		Dg150	17.810
	I24b	41.245		[18	23.000		∟70×8	8.373		∫=14	109.900	H型钢	340×250×9×14	79.70		Dg15	1.310
	I25a	38.105		[20a	22.637		∟75×6	6.905		∫=16	125.600		344×348×10×16	115.00		Dg20	1.700
	I25b	42.030		[21a	25.777		∟75×8	9.030		∫=18	141.300		350×175×7×11	50.00		Dg25	2.530
	I28a	43.492		[22a	24.999		∟80×6	7.376		∫=20	157.000		390×300×10×16	107.00		Dg32	3.270
	I28b	47.888		[22	28.453		∟80×8	9.658		∫=22	172.700		396×199×7×11	56.70		Dg40	4.010
	I30a	48.084		[24b	30.628		∟80×10	11.874		∫=25	196.300		400×200×8×13	66.00	镀锌管	Dg50	5.100
	I30b	52.794		[25a	27.410		∟90×6	8.350		∫=28	219.800		440×300×11×18	124.00		Dg70	6.930
	I30c	57.504		[25b	31.335		∟90×8	10.946		∫=30	235.500		450×200×9×14	76.50		Dg80	8.710
	I32a	52.717		[25c	35.260		∟90×10	13.476		∫=32	251.200		482×300×11×15	115.00		Dg100	11.340
	I32b	57.741		[28a	31.427		∟90×12	15.940		∫=36	282.600		488×300×11×18	129.00		Dg150	18.610
	I32c	62.765		[28b	35.823		∟100×6	9.366	名称	规格	菱形		500×200×10×16	89.60	螺蚊钢	φ12	0.888
	I36a	60.037		[28c	40.219		∟100×8	12.276			kg/m^2		582×300×12×17	137.00		φ14	1.210

续表

名称	规格	kg/m	名称	规格	kg/m	名称	规格	kg/m	名称	规格	kg/m^2	名称	规格	kg/m	名称	规格	kg/m
	I36b	65.689		[30a	34.463		∟100×10	15.120	花纹板	δ=2.5	21.600		588×300×12×20	151.00	螺纹钢	φ16	1.580
	I36c	71.341		[30b	39.173		∟100×12	17.898		δ=3	25.600		596×199×10×15	95.10		φ18	2.000
	I40a	67.598		[30c	43.886		∟110×8	13.532		δ=3.5	29.500		600×200×11×17	106.00		φ20	2.470
	I40b	73.878		[32a	38.088		∟110×10	16.690		δ=4	33.400		700×300×13×24	185.00		φ22	2.980
	I40c	80.158		[32b	43.107		∟110×12	19.782		∫=4.5	37.300		700×300×13×24	185.00		φ25	3.850
	I45b	87.485		[32c	48.131		∟125×8	15.504		∫=5	42.300	钢轨	38K	38.73		φ28	4.830
	I45c	94.550		[36a	47.814		∟125×10	19.133		∫=5.5	46.200		43K	44.65		φ32	6.310
	I56b	115.108		[36b	53.466		∟125×12	22.696		∫=6	50.100		50K	51.51		φ36	7.990
	I56c	123.900		[36c	59.118		∟140×10	21.488		δ=8	66.800		QU80	63.69		φ40	9.870
	I63b	131.298		[40a	58.928		∟140×12	25.522	名称	规格	扁豆形						
	I63c	141.189		[40b	65.204		∟140×14	29.490			kg/m^2						
				[40c	71.488		∟140×16	33.393	花纹板	δ=2.5	22.600						
线材	φ6.5	0.260	圆钢	φ25	3.850		∟160×12	29.391		δ=3	26.600						
	φ8	0.395		φ30	5.550		∟160×14	33.987		δ=3.5	30.500						
圆钢	φ10	0.617		φ32	6.310		∟160×16	38.518		δ=4	34.400						
	φ12	0.888		φ36	7.990		∟180×14	30.589		∫=4.5	38.300						
	φ14	1.210		φ40	9.870		∟180×16	43.542		∫=5	42.300						
	φ16	1.580		φ42	11.990		∟180×18	48.634		∫=5.5	46.200						
	φ18	2.000		φ45	12.480		∟200×16	48.680		∫=6	50.100						
	φ20	2.470		φ48	14.210		∟200×18	54.401		δ=8	65.800						
	φ22	2.980		φ50	15.420		∟200×20	60.056		δ=8	65.800						
	φ24	3.550		φ56	19.300		∟200×24	71.168									

第四节

工程量清单编制

工程量清单的编制其实并不难,关键要对编制思路与流程有一个清晰的认识。

(1)编制工程量清单的一般思路与流程。如图2-4-1所示。

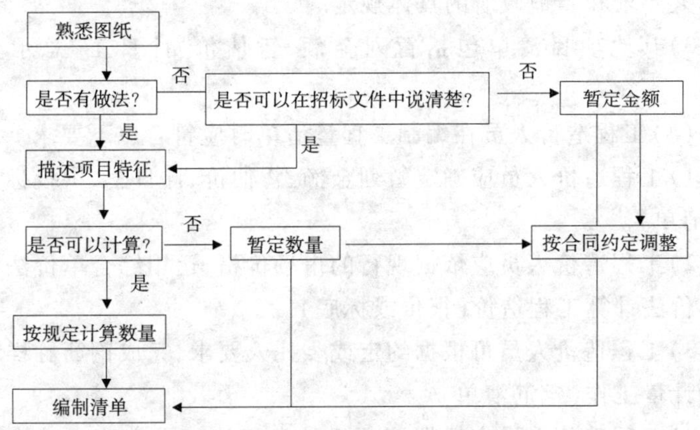

图2-4-1　清单编制流程

(2)编制工程量清单前,工程造价人员应收集的资料。

1)设计施工图文件,包括图纸及说明;有关招标项目造价基础资料,了解建设项目的现场自然条件和施工条件情况,确定工程量计算规则和常规施工方案。

2)适用的技术经济标准、规范和规程;工程量清单必须执行项目编码、项目名称、项目特征、计量单位和工程量计算规则“五统一”原则,做到项目齐全、内容完整、项目特征描述清楚、数量计算准确,暂计工程量应与实际数量基本一致。

3)参考价或招标控制价。

4)答疑文件。

5)询标澄清文件。

(3)工程量清单应由分部分项工程量清单、措施项目清单、其他项目清单、规费项目清单和税金项目清单组成。

1)分部分项工程量清单应确定项目名称及编码、描述项目特征及规定工作内容。分部分项实体工程名称、计量单位及相应数量应完整并明细清晰。

2)措施项目清单应准确反映工程特点和所在地环境状况,以及招标人要求和当地政府的具体规定。

3)其他项目清单包括暂列金额、暂估价、计日工、总承包服务费。

(4)工程造价人员在编制工程量清单时应符合以下要求。

1)工程造价人员应确定暂列金额、暂估价、计日工,供投标人填报(清单)。

2)工程造价人员应依据现行的市场价格,运用综合单价法和工料单价法计算工程造价(报价或标底)。

3)工程造价人员可根据约定或委托人要求,完成钢筋翻样等用钢量计量工作(钢筋清单)。

4)工程造价人员应根据该项目的常规施工方案确定技术措施清单的消耗量,并详细描述组织措施清单的工程特征和招标人要求。

1. 问：填写总说明时的易错点有哪些？

答：(1)完整清单的组成。

一份完整的工程量清单，由以下七部分内容组成：

①封面。

②总说明。

③汇总表。

④分部分项工程量清单。

⑤措施项目清单。

⑥其他项目清单。

⑦规费、税金项目清单。

工程量清单应由招标人编制，填表须知除计价规范所列内容外，招标人可根据具体情况进行补充。

(2)总说明需要说明些什么。

一般总说明应按下列内容填写：

1)工程概况。建设规模、工程特征、计划工期、施工现场实际情况、交通运输情况、自然地理条件、环境保护要求等。其中建设规模是指建筑面积；工程特征应说明基础及结构类型、建筑层数、高度、门窗类型及各部位装饰、装修做法；计划工期是指按工期定额计算的施工天数；施工现场实际情况是指施工场地的地表状况；自然地理条件，是指建筑场地所处地理位置的气候及交通运输条件；环境保护要求，是针对施工噪声及材料运输可能对周围环境造成的影响和污染，提出的防护要求。

2)工程招标和分包范围。其中招标范围是指单位工程的招标范围，如建筑工程招标范围为“全部建筑工程”，装饰装修工程招标范围为“全部装饰装修工程”等。工程分包是指特殊工程项目的分包,如招标人自行采购安装“铝合金门窗”等。

3)工程量清单编制依据。包括三项资料:《建设工程工程量清单计价规范》(GB 50500—2008)、施工设计图(包括配套的标准图集)文件、施工组织设计等。

4)工程质量、材料、施工的特殊要求。其中工程质量的要求,是指招标人要求拟建工程的质量应达到合格或优良标准;对材料的要求,是指招标人根据工程的重要性、使用功能及装饰装修标准提出,诸如对水泥的品牌、钢材的生产厂家、大理石(花岗石)的出产地、品牌等的要求;施工要求,一般是指建设项目中对单项工程的施工顺序等提出的要求。

5)招标人自行采购材料名称、规格型号、数量等。工程中如果有部分材料由招标人自行采购,应将所采购材料的名称、规格型号、数量予以说明。

6)预留金、自行采购材料的金额数量。

7)其他需要说明的问题。

(3)总说明填写中的易错点。

许多编制清单的人,都不重视总说明中的工程规模、特征方面的描述。由于措施项目清单中,规范规定许多费用是以“项”为单位的,如果总说明中无具体说明,投标人很难准确测算相关费用并报价。

实施《建设工程工程量清单计价规范》(GB 50500—2008)是为了与国际建设工程招投标市场接轨,将来施工图可能不再随招标文件发放给投标人,那么没有准确的描述,在无施工图纸的情况下,投标人如何确定施工方案,然后确定诸如脚手架搭设、垂直运输机械等措施项目费的报价?所以,应在总说明的建设规模项中,说明结构形式、建筑面积、总长、总宽、总高、层数及各层层高等技术参数,而不是简单地描述建筑面积。

实例 2-4-1

某清单总说明。

总　说　明

工程名称:2 号宿舍楼建筑工程　　　　　　第 1 页　共 8 页

(1)工程概况:建筑面积 5000m^2,8 层,毛石基础,砖混结构。施工工期 10 个月。施工现场邻近公路,交通运输方便,施工现场有少数积水,现场南 300m 处有一座医院,施工要防噪声。

(2)招标范围:全部建筑工程。

(3)清单编制依据:《建设工程工程量清单计价规范》(GB 50500—2008)、施工设计图文件、施工组织设计等。

(4)工程质量应达优良标准。1 号宿舍楼的建筑工程竣工后,再进行 2 号楼宿舍的施工。

(5)考虑施工中可能发生的设计变更或清单有误,预留金额 10 万元。

(6)投标人在投标时应按《建设工程工程量清单计价规范》(GB 50500—2008)规定的统一格式,提供"分部分项工程量清单综合单价分析表"、"措施项目费分析表"。

(7)随清单附有"主要材料价格表",投标人应按其规定内容填写。

2. 问:土石方工程清单编制有哪些易错点?

答:(1)计价规范中土石方清单摘录。见表 2-4-1 ~ 表 2-4-3。

表 2-4-1　土方工程(编码:010101)

项目编码	项目名称	项目特征	计量单位	工程量计算规则	工程内容
010101001	平整场地	1. 土壤类别 2. 弃土运距 3. 取土运距	m^2	按设计图示尺寸以建筑物首层面积计算	1. 土方挖填 2. 场地找平 3. 运输

续表

项目编码	项目名称	项目特征	计量单位	工程量计算规则	工程内容
010101002	挖土方	1. 土壤类别 2. 挖土平均厚度 3. 弃土运距	m^3	按设计图示尺寸以体积计算	1. 排地表水 2. 土方开挖 3. 挡土板支拆 4. 截桩头 5. 基底钎探 6. 运输
010101003	挖基础土方	1. 土壤类别 2. 基础类型 3. 垫层底宽、底面积 4. 挖土深度 5. 弃土运距		按设计图示尺寸以基础垫层底面积乘以挖土深度计算	
010101004	冻土开挖	1. 冻土厚度 2. 弃土运距		按设计图示尺寸开挖面积乘以厚度以体积计算	1. 打眼、装药、爆破 2. 开挖 3. 清理 4. 运输
010101005	挖淤泥、流沙	1. 挖掘深度 2. 弃淤泥、流沙距离		按设计图示位置、界限以体积计算	1. 挖淤泥、流沙 2. 弃淤泥、流沙
010101006	管沟土方	1. 土壤类别 2. 管外径 3. 挖沟平均深度 4. 弃土石运距 5. 回填要求	m	按设计图示以管道中心线长度计算	1. 排地表水 2. 土方开挖 3. 挡土板支拆 4. 运输 5. 回填

表 2－4－2　石方工程(编码:010102)

项目编码	项目名称	项目特征	计量单位	工程量计算规则	工程内容
010102001	预裂爆破	1. 岩石类别 2. 单孔深度 3. 单孔装药量 4. 炸药品种、规格 5. 雷管品种、规格	m	按设计图示以钻孔总长度计算	1. 打眼、装药、放炮 2. 处理渗水、积水 3. 安全防护、警卫
010102002	石方开挖	1. 岩石类别 2. 开凿深度 3. 弃渣运距 4. 光面爆破要求 5. 基底摊座要求 6. 爆破石块直径要求	m^3	按设计图示尺寸以体积计算	1. 打眼、装药、放炮 2. 处理渗水、积水 3. 解小 4. 岩石开凿 5. 摊座 6. 清理 7. 运输 8. 安全防护、警卫

续表

项目编码	项目名称	项目特征	计量单位	工程量计算规则	工程内容
010102003	管沟石方	1. 岩石类别 2. 管外径 3. 开凿深度 4. 弃渣运距 5. 基底摊座要求 6. 爆破石块直径要求	m	按设计图示以管道中心线长度计算	1. 石方开凿、爆破 2. 处理渗水、积水 3. 解小 4. 摊座 5. 清理、运输、回填 6. 安全防护、警卫

表 2-4-3　土石方回填(编码:010103)

项目编码	项目名称	项目特征	计量单位	工程量计算规则	工程内容
010103001	土(石)方回填	1. 土质要求 2. 密实度要求 3. 粒径要求 4. 夯填(碾压) 5. 松填 6. 运输距离	m^3	按设计图示尺寸以体积计算 1. 场地回填:回填面积乘以平均回填厚度 2. 中内回填:主墙间净面积乘以回填厚度 3. 基础回填:挖方体积减去设计室外地坪以下埋设的基础体积(包括基础垫层及其他构筑物)	1. 挖土方 2. 装卸、运输 3. 回填 4. 分层碾压、夯实

(2)投标人手中无施工图纸,如何计算实际开挖量?

实例 2-4-2

如表 2-4-4 所示为某工程的工程量清单的错误描述。

表 2-4-4　工程量清单

序号	项目编码	项目名称	项目特征描述	计量单位	工程数量
2	010101003001	挖基础土方	1. 土壤类别:三类土 2. 基础类型:条形基础 3. 垫层底宽:1.3~2.7m 4. 挖土深度:1.45m 5. 弃土运距:150m	m^3	344.33

分析：

《建设工程工程量清单计价规范》(GB 50500—2008)附录 A.1.4 说明第5条中规定:挖基础土方包括带形基础、独立基础、满堂基础(包括地下室基础)及设备基础、人工挖孔桩等的挖方。带形基础应按不同底宽和深度,独立基础和满堂基础应按不同底面积和深度分别编码列项。对照此说明,上面所选错例中错误之处就很明显了。

《建设工程工程量清单计价规范》(GB 50500—2008)要求带形基础应按不同底宽和深度,独立基础和满堂基础应按不同底面积和深度分别编码列项的目的,是为了方便投标人能够方便地计算出实际土方开挖量。如例2-4-2,投标人手中无施工图纸,如何计算实际开挖量?

实例2-4-3

某工程清单(局部),见表2-4-5。

表2-4-5　工程量清单

序号	项目编码	项目名称	项目标特征描述	计量单位	工程数量	金额(元)	
						综合单价	合价
		Ⅰ.土石方工程					
1	010101003001	挖带形基槽	二类土,槽宽0.60m,深 0.80m,弃土运距150.00m	m^3	300.00	30.00	9000.00
2	010101003002	挖带形基槽	二类土,槽宽1.00m,深 2.10m,弃土运距150.00m	m^3	500.00	70.00	35000.00

(3)基坑(槽)回填和室内地面回填能合在一起吗?

实例2-4-4

表2-4-6为某工程的工程量清单的错误描述。

表 2-4-6 工程量清单局部

序号	项目编码	项目名称	项目特征描述	计量单位	工程数量
3	010103001001	土(石)方回填	1. 土质要求:砂土或黏性土 2. 密实度要求:不小于96% 3. 夯填:人工或机械夯填 4. 运输距离:150m	m^3	255.91

分析:

此例错误地把基坑(槽)回填和室内地面回填合并在一起。众所周知,这两类不同性质的回填土,其实际价格不同,投标人在投标时如何确定其分别所占比例而报价呢?

3. 问:混凝土及钢筋混凝土工程清单编制有哪些易错点?

答:(1)柱梁板结构的特征描述问题。

1)计价规范规则摘录。

《建设工程工程量清单计价规范》(GB 50500—2008)在梁板结构的特征描述部分,要求在进行梁板特征描述时,需说明梁(板)底的标高,见表2-4-7和表2-4-8。

表 2-4-7 现浇混凝土梁(编码:010403)

项目编码	项目名称	项目特征	计量单位	工程量计算规则	工程内容
010403001	基础梁	1. 梁底标高 2. 梁截面 3. 混凝土强度等级 4. 混凝土拌和料要求	m^3	按设计图示尺寸以体积计算。不扣除构件内钢筋、预埋铁件所占体积,伸入墙内的梁头、梁垫并入梁体积内 梁长: 1. 梁与柱连接时,梁长算至柱侧面 2. 主梁与次梁连接时,次梁长算至主梁侧面	混凝土制作、运输、浇筑、振捣、养护
010403002	矩形梁				
010403003	异形梁				
010403004	圈梁				
010403005	过梁				
010403006	弧形、拱形梁				

表 2－4－8　现浇混凝土板(编码:010405)

项目编码	项目名称	项目特征	计量单位	工程量计算规则	工程内容
010405001	有梁板	1. 板底标高 2. 板厚度 3. 混凝土强度等级 4. 混凝土拌和料要求	m^3	按设计图示尺寸以体积计算。不扣除构件内钢筋、预埋铁件及单个面积 0.3m^2 以内的孔洞所占体积。有梁板(包括主、次梁与板)按梁、板体积之和计算,无梁板按板和柱帽体积之和计算,各类板伸入墙内的板头并入板体积内计算,薄壳板的肋、基梁并入薄壳体积内计算。	混凝土制作、运输、浇筑、振捣、养护
010405002	无梁板				
010405003	平板				
010405004	拱板				
010405005	薄壳板				
010405006	栏板				
010405007	天沟、挑檐板			按设计图示尺寸以体积计算	
010405008	雨篷、阳台板	1. 混凝土强度等级 2. 混凝土拌和料要求		按设计图示尺寸以墙外部分体积计算。包括伸出墙外的牛腿和雨篷反挑檐的体积	
010405009	其他板			按设计图示尺寸以体积计算	

2)特征描述的错误点。

这里所要描述的,不是指所有的梁板,而是指有代表性的梁板,即对垂直运输机械有影响的梁板(即标高最大者)。知道了这些标高,投标人才能确定所需使用的垂直运输,从而确定和垂直运输机械相关的措施项目费用。因此,无须对全部的梁板进行描述,但需对此起决定性作用的梁板进行描述。

实例 2－4－5

下面为某工程的工程量清单的错误描述,见表 2－4－9。

表 2－4－9　工程量清单(局部)

序号	项目编码	项目名称	项目特征描述	计量单位	工程数量
18	010403002001	矩形梁	1. 基础梁 2. 商品混凝土 碎石粒径 20 石 C30 3. 混凝土垫层 4. 商品普通混凝土 20 石 C10	m^3	217.180

续表

序号	项目编码	项目名称	项目特征描述	计量单位	工程数量
19	010403002002	矩形梁	1. 单梁、连续梁、异形梁 2. 商品混凝土 碎石粒径 20 石 C25	m^3	1366.580
20	010405001003	地下室地板	1. 地下室地板 2. 商品混凝土 碎石粒径 20 石 C30	m^3	828.020
21	010405001004	有梁板	1. 平板、有梁板、无梁板 2. 商品混凝土 碎石粒径 20 石 C25	m^3	1480.720

在进行特征描述时，尚需对支模高度等进行描述，以便于确定支模费用。

(2)关于钢筋工程的问题。

1)计价规范摘录，见表 2－4－10 和表 2－4－11。

表 2－4－10　钢筋工程(编码:010416)

项目编码	项目名称	项目特征	计量单位	工程量计算规则	工程内容
010416001	现浇混凝土钢筋	钢筋种类、规格	t	按设计图示钢筋(网)长度(面积)乘以单位理论质量计算	1. 钢筋(网、笼)制作、运输 2 钢筋(网、笼)安装
010416002	预制构件钢筋				
010416003	钢筋网片				
010416004	钢筋笼				
010416005	先张法预应力钢筋	1. 钢筋种类、规格 2. 锚具种类		按设计图示钢筋长度乘以单位理论质量计算	1. 钢筋制作、运输 2 钢筋张拉
010416006	后张法预应力钢筋	1. 钢筋种类、规格 2. 钢丝束种类、规格 3. 钢绞线种类、规格		按设计图示钢筋(丝束、绞线)长度乘以单位理论质量计算 1. 低合金钢筋两端均采用螺杆锚具时，钢筋长度按孔道长度减 0.35m 计算，螺杆另行计算 2. 低合金钢筋一端采用镦头插片、另一端采用螺杆锚具时，钢筋长度按孔道长度计算，螺杆另行计算 3. 低合金钢筋一端采用镦头插片、另一端采用帮条锚具时，钢筋增加 0.15m 计算；两端均采	1. 钢筋、钢丝束、钢绞线制作、运输 2. 钢筋、钢丝束、钢绞线安装 3. 预埋管孔道铺设 4. 锚具安装
010416007	预应力钢丝				

续表

项目编码	项目名称	项目特征	计量单位	工程量计算规则	工程内容
010416008	预应力钢绞线	4. 锚具种类 5. 砂浆强度等级		用帮条锚具时，钢筋长度按孔道长度增加 0.3m 计算 4. 低合金钢筋采用后张混凝土自锚时，钢筋长度按孔道长度增加 0.35m 计算 5. 低合金钢筋（钢绞线）采用 JM、XM、QM 型锚具，孔道长度在 20m 以内时，钢筋长度增加 1m 计算；孔道长度在 20m 以外时，钢筋（钢绞线）长度按孔道长度增加 1.8m 计算 6. 碳素钢丝采用锥形锚具，孔道长度在 20m 以内时，钢丝束长度按孔道长度增加 1m 计算；孔道长在 20m 以上时，钢丝束长度按孔道长度增加 1.8m 计算 7. 碳素钢丝束采用镦头锚具时，钢丝束长度按孔道长度增力 0.35m 计算	5. 砂浆制作、运输 6. 孔道压浆、养护

表 2－4－11　螺栓、铁件（编码：010417）

项目编码	项目名称	项目特征	计量单位	工程量计算规则	工程内容
010417001	螺栓	1. 钢材种类、规格 2. 螺栓长度 3. 铁件尺寸	t	按设计图示尺寸以质量计算	1. 螺栓（铁件）制作、运输 2. 螺栓（铁件）安装
010417002	预埋铁件				

2）错误点：钢筋描述不分规格。

实例 2－4－6

下面为某工程的工程量清单的错误描述，见表 2－4－12。

表 2－4－12　工程量清单（局部）

序号	项目编码	项目名称	项目标特征描述	计量单位	工程数量
33	010416001001	现浇混凝土钢筋	1. 各种规格	t	875.212
34	010417002001	预埋铁件	1. 预埋铁件	t	3.320

分析：

现在有许多编制清单的人，将钢筋总用量作为清单工程量，编制一个清单项目，这种做法是错误的。正确的做法是按不同等级、不同规格分别设立清单项目，见表2-4-13。

表2-4-13 工程量清单(局部)

序号	项目编码	项目名称	项目标特征描述	计量单位	工程数量
33	010416001001	现浇混凝土钢筋	1. 桩头插筋	t	3.582
34	010416001003	现浇混凝土钢筋	1. 现浇构件圆钢 ϕ10 内	t	146.117
35	010416001005	现浇混凝土钢筋	1. 现浇构件螺纹钢 ϕ25 内	t	592.817
36	010416001007	现浇混凝土钢筋	1. 现浇构件箍筋 ϕ10 内	t	120.080
37	010416001008	现浇混凝土钢筋	1. 现浇构件箍筋 ϕ10 外	t	9.326
38	010417002001	预埋铁件	1. 预埋铁价	t	3.320
39	010416001009	现浇混凝土钢筋	1. 现浇构件圆钢 ϕ4 内	t	3.290

3)关于电渣压力焊接头的问题。

设立清单项目的原则，应是形成工程实体的项目。故电渣压力焊接头，不应单独立项，可在计价时，将此部分造价并入相应的钢筋清单项目中。

4)是关于加固钢筋的问题。

规范规定应按钢筋混凝土部分相关子目立项。但有许多人将此作为现浇混凝土用钢筋立项，这是错误的。应参照钢筋网片立项。

4. 问：油漆、涂料、裱糊工程清单编制有哪些易错点？

答：(1)木门油漆清单的编制。

在清单计价规范中，木门油漆未单独设立清单项目等(注意有窗油漆)。

1）木门油漆列项实例。

实例2-4-7

某工程木门油漆列项，见表2-4-14。

表2-4-14 工程量清单（局部）

序号	项目编码	项目名称	项目特征描述	计量单位	工程数量
88	020401004001	胶合板木门	(1)胶合板门M-2 (2)1000×2000 (3)杉木框 (4)框上钉5mm厚胶合板，面层3mm厚榉木板 (5)聚氨酯漆5遍	樘	11

分析：

此清单计价规范的本意，是想将此部分造价放在门窗制安中。但这样做，直观上可能会让投标者认为是清单漏项。

2）木门油漆计价规范摘录，见表2-4-15。

表2-4-15 木门（编码：020401）

项目编码	项目名称	项目特征	计量单位	工程量计算规则	工程内容
20401001	镶板木门	1. 门类型 2. 框截面尺寸、单扇面积 3. 骨架材料种类 4. 面层材料品种、规格、品牌、颜色 5. 玻璃品种、厚度、五金特殊要求 6. 防护层材料种类 7. 油漆品种、刷漆遍数	樘	按设计图示数量计算	1. 门制作、运输、安装 2. 五金、玻璃安装 3. 刷防护材料、油漆
20401002	企口木板门	1. 门类型 2. 框截面尺寸、单扇面积 3. 骨架材料种类 4. 面层材料品种、规格、品牌、颜色 5. 玻璃品种、厚度、五金特殊要求 6. 防护层材料种类 7. 油漆品种、刷漆遍数	樘	按设计图示数量计算	1. 门制作、运输、安装 2. 五金、玻璃安装 3. 刷防护材料、油漆

视野·方法·经验·数据

续表

项目编码	项目名称	项目特征	计量单位	工程量计算规则	工程内容
20401003	实木装饰门	1. 门类型 2. 框截面尺寸、单扇面积 3. 骨架材料种类 4. 面层材料品种、规格、品牌、颜色 5. 玻璃品种、厚度、五金特殊要求 6. 防护层材料种类 7. 油漆品种、刷漆遍数	樘	按设计图示数量计算	1. 门制作、运输、安装 2. 五金安装 3. 刷防护材料、油漆
20401004	胶合板门	1. 门类型 2. 框截面尺寸、单扇面积 3. 骨架材料种类 4. 面层材料品种、规格、品牌、颜色 5. 玻璃品种、厚度、五金特殊要求 6. 防护层材料种类 7. 油漆品种、刷漆遍数	樘	按设计图示数量计算	1. 门制作、运输、安装 2. 五金、玻璃安装 3. 刷防护材料、油漆
20401005	夹板装饰门	1. 门类型 2. 框截面尺寸、单扇面积 3. 骨架材料种类 4. 防水材料种类 5. 门纱材料品种、规格 6. 面层材料品种、规格、品牌、颜色 7. 玻璃品种、厚度、五金特殊要求 8. 防护材料种类 9. 油漆品种、刷漆遍数	樘	按设计图示数量计算	1. 门制作、运输、安装 2. 五金、玻璃安装 3. 刷防护材料、油漆
20401006	木质防火门	1. 门类型 2. 框截面尺寸、单扇面积 3. 骨架材料种类 4. 防水材料种类 5. 门纱材料品种、规格 6. 面层材料品种、规格、品牌、颜色 7. 玻璃品种、厚度、五金特殊要求 8. 防护材料种类 9. 油漆品种、刷漆遍数	樘	按设计图示数量计算	1. 门制作、运输、安装 2. 五金、玻璃安装 3. 刷防护材料、油漆

续表

项目编码	项目名称	项目特征	计量单位	工程量计算规则	工程内容
20401007	木纱门	1. 门类型 2. 框截面尺寸、单扇面积 3. 骨架材料种类 4. 防水材料种类 5. 门纱材料品种、规格 6. 面层材料品种、规格、品牌、颜色 7. 玻璃品种、厚度、五金特殊要求 8. 防护材料种类 9. 油漆品种、刷漆遍数	樘	按设计图示数量计算	1. 门制作、运输、安装 2. 五金、玻璃安装 3. 刷防护材料、油漆
20401008	连窗门	1. 门窗类型 2. 框截面尺寸、单扇面积 3. 骨架材料种类 4. 面层材料品种、规格、品牌、颜色 5. 玻璃品种、厚度、五金特殊要求 6. 防护材料种类 7. 油漆品种、刷漆遍数	樘	按设计图示数量计算	1. 门窗制作、运输、安装 2. 五金、玻璃安装 3. 刷防护材料、油漆

(2)楼地面防水层清单编制的问题。

通常将楼地面防水层并入楼地面项目中。计价规范摘录见表2－4－16和表2－4－17：

表2－4－16　整体面层(编码:020101)

项目编码	项目名称	项目特征	计量单位	工程量计算规则	工程内容
20101001	水泥砂浆楼地面	1. 找平层厚度、砂浆配合比 2. 防水层厚度、材料种类 3. 面层厚度、砂浆配合比	m^2	按设计图示尺寸以面积计算。扣除凸出地面构筑物、设备基础、室内管道、地沟等所占面积,不扣除柱、垛、间壁墙、附墙烟囱及0.3m^2以内的孔洞所占面积,门洞、空圈、暖气包槽、壁龛的开口部分不增加面积	1. 基层清理 2. 防水层铺设 3. 砂浆制作、运输 4. 抹找平层 5. 抹面层

续表

项目编码	项目名称	项目特征	计量单位	工程量计算规则	工程内容
20101002	现浇水磨石楼地面	1. 找平层厚度、砂浆配合比 2. 防水层厚度、材料种类 3. 面层厚度、水泥石子浆配合比 4. 嵌条材料种类、规格 5. 石子种类、规格、颜色 6. 颜料种类、颜色 7. 图案要求 8. 磨光、酸洗、打蜡要求	m^2	按设计图示尺寸以面积计算。扣除凸出地面构筑物、设备基础、室内管道、地沟等所占面积,不扣除柱、垛、间壁墙、附墙烟囱及 $0.3m^2$ 以内的孔洞所占面积,门洞、空圈、暖气包槽、壁龛的开口部分不增加面积	1. 基层清理 2. 防水层铺设 3. 砂浆制作、运输 4. 抹找平层 5. 嵌缝条安装 6. 面层铺设 7. 磨光、酸洗、打蜡
20101003	细石混凝土楼地面	1. 找平层厚度、砂浆配合比 2. 防水层厚度、材料种类 3. 面层厚度、混凝土强度等级	m^2	按设计图示尺寸以面积计算。扣除凸出地面构筑物、设备基础、室内管道、地沟等所占面积,不扣除柱、垛、间壁墙、附墙烟囱及 $0.3m^2$ 以内的孔洞所占面积,门洞、空圈、暖气包槽、壁龛的开口部分不增加面积	1. 基层清理 2. 防水层铺设 3. 砂浆制作、运输 4. 抹找平层 5. 面层铺设
20101004	菱苦土楼地面	1. 找平层厚度、砂浆配合比 2. 防水层厚度、材料种类 3. 面层厚度 4. 打蜡要求	m^2	按设计图示尺寸以面积计算。扣除凸出地面构筑物、设备基础、室内管道、地沟等所占面积,不扣除柱、垛、间壁墙、附墙烟囱及 $0.3m^2$ 以内的孔洞所占面积,门洞、空圈、暖气包槽、壁龛的开口部分不增加面积	1. 清理基层 2. 砂浆制作、运输 3. 抹找平层 4. 防水层铺设 5. 面层铺设 6. 打蜡

表 2-4-17　块料面层(编码:020102)

项目编码	项目名称	项目特征	计量单位	工程量计算规则	工程内容
20102001	石材楼地面	1. 找平层厚度、砂浆配合比 2. 防水层厚度、材料种类 3. 结合层厚度、砂浆配合比	m^2	按设计图示尺寸以面积计算。门洞、空圈、暖气包槽、壁龛的开口部分并入相应的工程量内	1. 基层清理、抹找平层 2. 防水层铺设 3. 砂浆制作、运输

续表

项目编码	项目名称	项目特征	计量单位	工程量计算规则	工程内容
		4. 面层材料品种、规格、品牌、颜色 5. 嵌缝材料种类 6. 防护层材料种类 7. 酸洗、打蜡要求			4. 抹找平层 5. 面层铺设 6. 嵌缝 7. 刷防护材料 8. 酸洗、打蜡
20102002	块料楼地面	1. 找平层厚度、砂浆配合比 2. 防水层厚度、材料种类 3. 结合层厚度、砂浆配合比 4. 面层材料品种、规格、品牌、颜色 5. 嵌缝材料种类 6. 防护层材料种类 7. 酸洗、打蜡要求	m^2	按设计图示尺寸以面积计算。门洞、空圈、暖气包槽、壁龛的开口部分并入相应的工程量内	1. 基层清理、抹找平层 2. 防水层铺设 3. 砂浆制作、运输 4. 抹找平层 5. 面层铺设 6. 嵌缝 7. 刷防护材料 8. 酸洗、打蜡

(3)内墙乳胶漆清单编制的问题。

通常将内墙乳胶漆并入内墙抹灰项目。计价规范摘录见表2-4-18:

表2-4-18 墙面抹灰(编码:020201)

项目编码	项目名称	项目特征	计量单位	工程量计算规则	工程内容
20201001	墙面一般抹灰	1. 墙体类型 2. 底层厚度、砂浆配合比 3. 面层厚度、砂浆配合比 4. 装饰面材料种类 5. 分格缝宽度、材料种类	m^2	按设计图示尺寸以面积计算。扣除墙裙、门窗洞口及单个 $0.3m^2$ 以外的孔洞面积,不扣除踢脚线、挂镜线和墙与构件交接处的面积,门窗洞口和孔洞的侧壁及顶面不增加面积。附墙柱、梁、垛、烟囱侧壁并入相应的墙	1. 基层清理 2. 砂浆制作、运输 3. 底层抹灰 4. 抹面层 5. 抹装饰面 6. 勾分格缝

续表

项目编码	项目名称	项目特征	计量单位	工程量计算规则	工程内容
				面面积内 1. 外墙抹灰面积按外墙垂直投影面积计算 2. 外墙裙抹灰面积按其长度乘高度计算 3. 内墙抹灰面积按主墙间的净长乘高度计算 ①无墙裙的,高度按室内楼地面至天棚底面计算 ②有墙裙的,高度按墙裙顶至天棚底面计算 4. 内墙裙抹灰面按内墙净长乘高度计算	
20201002	墙面装饰抹灰	1. 墙体类型 2. 底层厚度、砂浆配合比 3. 面层厚度、砂浆配合比 4. 装饰面材料种类 5. 分格缝宽度、材料种类	m^2	按设计图示尺寸以面积计算。扣除墙裙、门窗洞口及单个 $0.3m^2$ 以外的孔洞面积,不扣除踢脚线、挂镜线和墙与构件交接处的面积,门窗洞口和孔洞的侧壁及顶面不增加面积。附墙柱、梁、垛、烟囱侧壁并入相应的墙面面积内 1. 外墙抹灰面积按外墙垂直投影面积计算 2. 外墙裙抹灰面积按其长度乘高度计算 3. 内墙抹灰面积按主墙间的净长乘高度计算 ①无墙裙的,高度按室内楼地面至天棚底面计算 ②有墙裙的,高度按墙裙顶至天棚底面计算 4. 内墙裙抹灰面按内墙净长乘高度计算	1. 基层清理 2. 砂浆制作、运输 3. 底层抹灰 4. 抹面层 5. 抹装饰面 6. 勾分格缝

5. 问:措施费清单编制有哪些易错点?

答:分部分项项目是指拟建工程的分部实体工程项目。计价规范中明确,措施项目是指"为完成工程项目施工,发生于该工程施工前和施工过程中技术、生活、安全等方面的非工程实体项目”。实际工程施工中的情况是复杂的，应具体情况具体对待。

实例 2-4-8

某高层建筑工程的深基坑支护项目，按理应作为措施项目对待，但是，该深基坑支护设计方案是招标人自行委托设计，并向投标人提供了深基坑支护项目工程量清单，投标人只能按照清单报价。所以在处理时，明确此种情况下，深基坑支护项目应按照分部分项项目性质进行投标报价。

实例 2-4-9

固定塔式起重机的钢筋混凝土基础，本身是一个实体工程项目，但是，由于垂直运输费属于措施项目，所以塔式起重机钢筋混凝土基础也只能作为措施项目进行报价。

对分部分项项目与措施项目的界定，原则一般如下：

(1)由招标人提供施工图纸和工程量清单的措施项目，投标人自主报价的，应按照分部分项项目进行投标报价，但其中的脚手架、模板等非实体项目，仍然应按照措施项目进行投标报价。

(2)由投标人自主确定施工方案、自主报价的工程非实体项目才能作为措施项目。

(3)措施项目中包含的分部分项项目（实体项目）仍为措施项目。

(4)高层建筑施工人工降效费用，因项目而异，可能是分部分项项目，也可能是措施项目，甚至是其他项目；并且应根据计价规范的规定，不需要为其单独列出工程量清单项目。

(5)招标人提供施工图纸、但未提供工程量清单，要求投标人自主报价的，不属于清单法计价行为。

(6)特殊情况下，措施项目也可以按照其他项目报价（如塔式起重机租赁）。

6. 其他项目清单编制有哪些注意点？

答：其他项目清单体现招标人提出的一些特殊要求。

(1)规范项目。

暂列金额(按实结算)：应注重其进一步明确承包范围的作用。材料购置费(按实结算)：发包人采购供应，价格用于结算时扣除。承包人采购发包人核价，价格用于结算调材料差价。承包人自主采购供应，自主报价。总承包服务费：针对分标、发包人供应材料等。零星工程费(按实结算)：点工。

《建设工程价款结算暂行办法》第十四条(六)，合同以外零星项目工程价款结算“发包人要求承包人完成合同以外零星项目，承包人应在接受发包人要求的7天内就用工数量和单价、机械台班数量和单价、使用材料和金额等向发包人提出施工签证，发包人签证后施工，如发包人未签证，承包人施工后发生争议的，责任由承包人自负。第二十六条，现场签证发包人要求承包人完成的非工程量清单项目用工、机械台班、零星工程等，承包人应在接受发包人要求的1天内就用工数量和单价、台班数量和单价、使用材料和金额等向发包人提出施工签证，发包人签证后施工。如发包人未签证，承包人施工后发包人也不签证的，责任由承包人自负。”

(2)合同通用条款的适应性修改。

施工合同通用条款的费用规定，招标时可以将其纳入投标报价范围。包括，为发包人提供的临时设施费；特殊安全防护措施；保险费用；保函费用。

其他项目清单列项多少，明确揭示了一般合同条件的变化程度，是对投标人责任和风险极为重要的提示。

1. 项目特征的描述

答:依照计价规范的规定,项目特征是工程量清单重要的组成部分,工程量清单必须对项目特征进行描述,否则不能称其为工程量清单。根据计价规范风险分担的规定,工程数量的风险应由招标人承担,而工程量清单除了数量风险外,主要就是指的项目特征描述的风险。许多造价人员对项目特征的描述感到比较困难,有的认为只要将有关特征做法简单地指向施工图号或标准图集号就可以了,这样做不走样、清单的篇幅可以大大压缩,工作效率也很高。但是我们知道,对特征描述内容不进行描述,简单地指向图纸、标准图集的做法,使得工程量清单不是一个相对独立而又完整的材料,若指向出现错漏时,则更加会引起投标与标底编制的困难,并会给发承包双方今后在履行合同过程中造成不便、同时会产生一些纠纷。所以说这样做只是方便了自己,但是却给各方当事人增添了麻烦,也是不符合计价规范的要求的。

(1)对于工程量清单中的项目特征内容不进行描述的,就等于是不要求投标人报价,也不需要承包人进行施工。如某项目土方工程未对土方场外运输事项进行描述,投标人就不会考虑该部分费用,今后实际需要发生土方外运时,发包人就得另行支付该笔费用。

(2)对于工程量清单中的项目特征内容描述有误的,其责任由招标人承担;投标人的核对行为只具有建议权,并没有决定权,所以也不能承担责任。

(3)投标人对于项目特征描述内容不进行报价的,其费用视同隐含在其他项目报价内,今后设计变更调整工程数量时,发包人可以依据计价规范,与施工方商定其项目隐含的价格。对于计价规范工程量清单项目中包含的工程内容,作为投标人在确定综合单价时,都应该结合工程量清单中项目特征的描述内容进行考虑和组价,只要特征描述到的都应该做,其施工过程中发生的费用都应包含在内,不能没有工程内容的描述就不进行报价。作为发包人,对于工程量清单中部分工程内容未做,但清单项目按时保质完成即可,也不应以部分工程内容未做而扣减综合单价。

(4)部分工程内容涉及施工方法、施工工艺的选择以及施工组织与管理的安排,而这些各投标人都不可能是完全一样的,也是投标人可以自由定夺和裁量的,是由投标人进行充分竞争之所在。例如:钢筋混凝土预制构件,可以自制也可以外购,可以场内制作也可以在场外制作,在施工现场制作时就没有场外运输费用,在场外企业加工厂制作时就会发生构件场外运输费用;作为工程量清单是描述场外运输好还是不描述好;若描述,今后施工中实际采用现场制作,根本就没有发生构件场外运输费用时,是作为承包人偷工减序行为、还是作为没有按照清单要求施工,扣减承包人的该项费用;若不描述,今后实际是在场外制作,发生了构件场外运输费用时,是否应该作为清单遗漏问题,向承包人另行支付该笔费用。

2. 设计图纸深度不够的处理

答:采用工程量清单计价方法的一个非常重要的前提条件,就是要求施工图纸的设计深度应满足工程量清单计价的要求,否则就难以采用工程量清单计价方法。而且由于设计深度不够产生的风险,实际上主要是由发包人在承担,这会给工程计价主要是进行定量分析时造成很大的不确定性,在选择中标候选人时容易产生错觉,会给今后的施工计量与质量验收造成麻烦,也会使工程结算产生扯皮与纠纷。而且由于设计深度造成的问题、责任与后果,一般也应由招标人承担。

作为一种补救方法，对设计图纸个别之处深度不够时，工程造价咨询企业可以帮助业主在工程量清单中适当细化、加以完善，以方便工程施工招投标工作、施工期间的设计变更与工程量计量。工程造价代理企业平常可以不断地收集和积累有关工程资料。

3. 计价规范缺项项目清单的处理

答：对于计价规范中的缺项项目，计价规范有关解释明确由清单编制人进行补充，补充项目应填写在工程量清单项目相应分部分项之后，并应加“补”字，同时应报省、自治区、直辖市工程造价管理机构备案。分部分项工程量清单缺项要在分部最后补，不能随意在中间补。

在实际操作时，对于缺项项目的有关内容应补充齐全，即除了要有项目编码、项目名称、计量单位以外，还应将项目特征、工程量计算规则、工程内容等内容同时补齐，这样才能真正满足需要。

对于工程量清单的缺项问题，尽管计价规范 4.7.3 条、4.7.4 条规定：“合同中没有适用或类似的综合单价，由承包人提出综合单价，经发包人确认后执行”，但承包人提出的漏项单价往往在投标时就应在投标书中有所体现，才易为业主接受或有利于与业主在价格上协商。如果承包人在审查工程量清单时没有及时发现漏项或发现漏项却没有向业主提出异议，事后力图通过索赔来获得相应的工程款，这通常是很困难的，特别要想获得一个有利的价格更是不可能的。

4. 工程量清单漏项的处理

答：(1)漏项问题产生的原因。

1)图纸不熟悉：编写清单的人员不可能对大量的图纸一一把握，造成图纸上有的单项工程在清单中遗漏。

2)对招标文件及法律、法规条款不熟悉：招标文件并不是一张

2）对招标文件及法律、法规条款不熟悉：招标文件并不是一张纸，包括招标图纸、清单、补遗等各种材料。许多业主要求的措施费或独立费就隐藏在其中。

实例2-4-10

某工程业主要求由投标人完成桩基的监测费用或由乙方在工程结束后完成消防验收工作或由乙方承担当地政府加收税收费用等。

分析：

这些费用往往不显示于图纸，也容易被清单遗漏。

3）对施工工艺、施工流程或施工规范不熟悉。

在清单组项中，要完成多个定额内容或一个施工流程包括多个施工步骤。编制清单中往往注意工程量大的工作内容，而遗漏了数量相对小的工作内容。例如打预制工程桩遗漏引桩，而地质条件又很不好。

实例2-4-11

设计图纸规范用PE给水管，按规范PE给水管不能暴晒，但并未说明屋面部分要采用的保护措施。

分析：

定额和规范不符时，应以规范为准，因为验收时以规范为准。

4）图纸模糊或不完善造成报价偏差：招标的施工图可能由于设计深度问题，部分内容未达到施工图的要求，编制清单人员往往直接遗漏了该项工作内容。

实例2-4-12

在平面示意图上有一个化粪池，而并无具体做法和大样图；例如在厕所隔断上画有扶手的示意图，却无文字说明，亦无材质、尺寸等介绍等。

(2)漏项问题的预防。

1)招投标过程中预防。

针对工程量清单编制时漏项的问题,招标文件经常会有以下几种要求投标人处理的办法:

①在清单后附表直接增加项目。

②在主要材料价格表中列明可能要采用的材料单价,作为评分时专家打分的依据之一。招标人提供的主要材料价格表应包括详细的材料编码、材料名称、规格型号和计量单位等。所填写的单价必须与工程量清单计价中采用的相应材料的单价一致。

投标过程中投标人必须认真阅读图纸和招标人的招标文件、补遗函、答疑、答疑补充等开标前的文件对照工程量清单数量进行全面复核,对发现的数量差额与缺项,投标人必须以书面形式通知招标人检查,除非招标人以补遗函或答疑补充的形式予以更正,所提供的分部分项工程量清单数量不允许自行调整,若投标人认为招标人提供工程量清单数量存在差额与缺项且招标人未以补遗函或答疑补充形式给予更正,投标人应在投标报价过程中另行补充编制分部分项清单偏离表予以调整。如投标书中未补充编制分部分项清单偏离表或偏离表中未完整列出分部分项偏离内容,则投标人不能再以提供的工程量清单存在差额与缺项为由提出增加费用。

2)施工过程中漏项问题解决措施。

承包商在按照图纸施工时应不时查阅当时的报价表,当发现清单的漏项及时向建设方及设计方确认。若确属于图纸不明确的地方,应尽快明确详细的做法、材质等。除了及早安排此项目施工的同时,保留建设方的确认依据,为申报款项做准备。

清单计价规范中说明:合同中综合单价因工程量变更需调整时,除合同另有约定外,应按照下列办法确定:

①工程量清单漏项或设计变更引起新的工程量清单项目,其相

应综合单价由承包人提出,经发包人确认后作为结算的依据。

②由于工程量清单的工程数量有误或设计变更引起工程量增减,属合同约定幅度以内的,应执行原有的综合单价;属合同约定幅度以外的,其增加部分的工程量或减少后剩余部分的工程量的综合单价由承包人提出,经发包人确认后,作为结算的依据。

3)竣工结算中对漏项问题导致的造价问题进行复核。

按照合同法有关规定,施工合同文件的各组成部分之间有严格的解释顺序,其中图纸解释工程量清单。报价时以图纸为准。图纸有图例,也有相应的画图规则和规范,应当以正常的方式理解图纸。对读图导致的失误不是变更合同价格的理由,不明白的地方就应该提出疑问,否则只能自己承担后果。

①漏项项目原图纸完善的结算。

对于建设单位及设计单位在施工过程中对原招标图纸的完善内容,原则上采用补差价的方式,即在此单项工程实际价格基础上扣除理应含在原投标价中的价格。一般在图纸不完善时,采用扣除整个工程同档次品牌的价格。

实例2-4-13

某工程厕所隔断应附加安装残疾人扶手,可是图纸未明确此为扶手及扶手的材质、尺寸等。只是在施工平面图上有一个扶手标志,同时清单没有此扶手内容。业主工程师指定了品牌及样式,指定由承包商完成。那么在结算时,业主根据招标文件要求,表明隔断上有扶手的平面图,应该按图纸验收,属于清单漏项,不增加费用;承包商认为这图纸不明确,属于设计变更,应该费用增加。建设单位在给承包商扶手的实际价格的同时,应怎么扣除清单组价的价格呢?因为清单上没有明确,那么是按照普通扶手价格扣,还是按照整个工程同档次的品牌价格扣,或是按照业主指定的品牌价格扣?按照工程量变更的调整规则,清单上有类似扶手的相应报价,所以扣除时参照了此单价。

②对漏项项目变更的结算。

原图纸的施工做法很清楚，但清单该项中遗漏。在实际施工过程中，建设单位或设计单位又对此项内容进行变更。

实例 2-4-14

某装修工程，图纸标有6扇木门，清单未提供此项目，招投标时承包商也未提出疑问。在实际施工中，结合以后消防验收考虑，更改为防火门。那么类似此类的变更结算应在实际发生的费用中扣除原招标图纸的工程量费用。

③漏项项目取消时的追减。

原图纸做法可能模糊也可能清晰，但在施工过程中，建设单位或设计单位表示，此项工程内容不必做或另请施工单位完成。那么在结算时，就应该按照上述原则追减相关部分费用。

5. 工程量清单没有填写单价和合价的项目的处理

答：招标文件一般均约定：工程量清单中每一个子目和单项均需计算填写单价和合价，没有填写单价和合价的项目将不予支付，并认为此项费用已包括在工程量清单的其他单价和总价中。

实例 2-4-15

某合同约定采用固定总价合同。承包人在投标前已复核过清单工程量的准确性，承包人确认完成工程承包范围内所有施工内容的所有费用。凡图纸中已明示的项目、招标文件或合同文件没有明示为招标承包范围之外的项目、有经验的承包人应当知道的为完成承包范围内工程所必须经历的施工过程和施工内容，即使工程量清单有缺漏，均认为已包含在合同价款中。对承包人在已标价的工程量清单中没有填写单价或合价的设计变更减少项目，工程师将按合理价格从合同价款中扣减。

投标人应认真复核工程量。招标人应尽量保证工程量的准确性,招标程序应给予投标人复核工程量足够的时间。

6. 综合单价分析的重要作用

答:《建设工程工程量清单计价规范》(GB 50500—2008)规定,分部分项工程量清单综合单价分析表和措施项目费用分析表,应由招标人根据需要提出要求后填写。即招标人要求时要填写。单价分析对工程变更计价处理有着重要作用与意义。

根据《建设工程工程量清单计价规范》(GB 50500—2008)的有关规定,工程量清单项目的划分,是以一个"综合实体"考虑的,一般包括多项工程内容,且当工程实际与工程量清单项目的"可组合主要内容"不同时,"可组合的主要内容"可作调整,因此对一个具体工程而言,工程量清单单价包含的内容是多方面的、特有的。在工程建设实施过程中,变更的可能仅仅是其中内容的一部分,由于清单单价不能清楚地反映每一具体工作内容的费用价值,因此对部分内容变更导致清单单价的重新确定缺少了参照的依据,给工程变更费用的管理带来了很大的难度。

为了避免或减少经济纠纷,合理确定工程造价,必须加强合同管理,将允许变更的内容与方式尽量在合同中明确,规范投标报价行为,对工程量清单的每一项单价进行详细的单价分析,为工程变更单价的合理确定提供合理的对比依据(包括消耗量、标准、价格、管理费率及利润等)。

进行工程量清单单价分析,可以避免或减少不平衡报价现象的发生,降低工程变更管理的难度,因此建设单位及招标机构在招标时就应认真按《建设工程工程量清单计价规范》(GB 50500—2008)的要求编制工程量清单,在清单中对项目内容进行详细的描述与说明,对投标单位的清单单价进行详细分析,确定合理的合同单价,为以后工程变更的管理和合同管理打下良好的基础。

对承包商而言则可为以后工程投标报价提供经验、为成本控制提供依据。

工程量清单审核表

实例2-4-16

某工程工程量清单审核表,见表2-4-19。

表2-4-19 工程量清单审核表

施工单位:××作业队 编号:××-×× ××年××月

序号	工程项目摘要	单位	清单数量	实际完成工程量			备注
				本月	本年累计	开工累计	
一	下部建筑						
1	明挖	圬工方					
2	承台	圬工方	8418				
3	钻孔桩 φ1.25m	米	7284				
4	墩台钢筋混凝土	圬工方	6960				
5	防腐费用	元					
二	上部建筑						
1	架设32m简支箱梁	孔	33				
2	桥面系	延长米	1092				
三	附属工程						
1	土方	立方米					
2	浆砌石	圬工方	593				
3	混凝土	圬工方	12				
4	台后及锥体渗水土	立方米	1424				
5	综合接地	吨	5.502				
四	筑岛、围堰及施工辅助设施	元					

审核人签名:×× 部门主管签名:×× 日 期:××××年××月××日

第五节
预算、标底、投标书的编制

1. 预算编制

编制建筑工程预算确定工程造价,一般采用单位估价法和工料单价法。

建筑工程预算编制程序是指编制建筑工程预算有规律的步骤和顺序,包括建筑工程预算的编制依据、编制内容和编制程序,如图2-5-1所示。

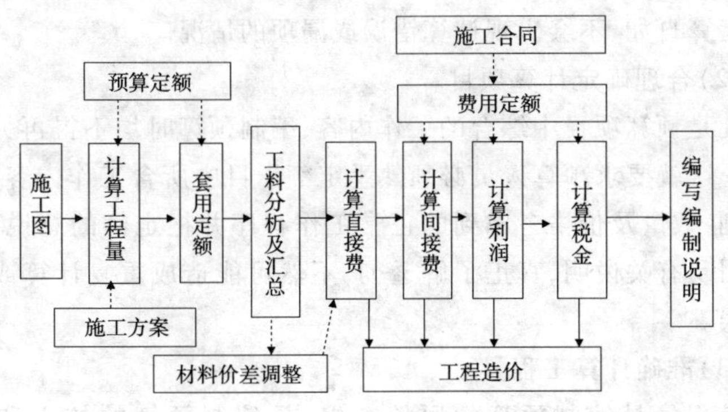

图2-5-1 预算编制程序

(1)加强学习,精通设计、施工规范。

很多预算人员,拿来图纸就开始做预算。把图纸熟悉完并开始算工程量时,还没有拿到招标文件。正常情况下,首先要详细阅读招标文件,特别是对招标文件中投标范围的描述,一定要看清。有些招标单位的招标文件,写得很简单,还有的很模糊,这些都要记下来,在答疑的时候提出来。清单报价,预算人员不用仔细算工程量,但结构形式、细部构造等问题还是要弄明白的。

针对目前建筑施工图设计方面的实际情况,要求专业预算人员必须掌握和熟悉设计、施工规范,如果规范不精通,必然造成漏项差错。

实例 2-5-1

设计、施工规范规定了现浇混凝土构造柱与圈梁相交节点处,其圈梁上、下的六分之一层高或450mm范围内,构造柱的箍筋间距为100mm;现浇混凝土圈梁的转角和丁角处增加构造筋以及300mm的拐角弯锚固长度。而大多数设计施工图也没给详图节点,最多交代一句如圈梁、构造柱构造措施见某图集,如对规范不熟悉,则会影响预算准确性,甚至有的预算人员忘记计算上述部位的钢筋量。

若对这些规范的细节较熟悉,计算到这些相关部位的工程量时就能运算自如,不会出现计算错误或漏项的情况。

(2)合理确定计算项目。

凡是预算项目中综合的工作内容,编制预算时均不得再另列目计算。这就要求预算人员必须熟悉定额子目中所含工作内容,材料的类别、数量及价格考虑到的正常工作程序并把定额的总说明、分目说明及有关说明,真正了解透彻,不然可能造成重复计算或漏算的错误。

(3)准确计算工程量。

工程量是编制预算的原始数据,是编制预算的核心和重要组成部分,也是一项复杂而又细致的工作。工程量计算的准确与否,直接影响工程直接费及工程造价的准确性。因此,工程量计算要真实准确，经得起审查的考验，也是每个预算人员必须十分重视的重要工作内容，计算工程量时应注意正确套价与计算项目直接费。

项目直接费的准确与否，对工程造价的确定有很大的影响，因为计算出的项目直接费是工程造价中各项费用计取的基础，所以计算项目直接费时，必须实事求是，不得马虎。要注意工程内容与定额不允许换算时，必须执行定额，不得任意修改或调整定额。

实例 2-5-2

按定额规定，一般现浇钢筋混凝土梁柱，定额按钢模板规定其消耗量，而实际施工中采用木模板，就不能在套用定额时给予调整。

当工程内容与定额内容不一致，但允许换算时，应按定额的换算方法和范围进行换算，然后计算定额直接费，并在定额编号下注明该项目换算，以便审查时核对。

实例 2-5-3

按定额规定，一般砖砌体中砂浆强度等级、混凝土工程中混凝土强度等级，定额与实际不同时允许换算，但只限于调整材料费，而人工费、机械费不能调整，在计算时该调整的调整，而不允许调整的人工、机械费不得调整。

必须按设计图纸与定额说明，实事求是，避免高套定额而脱离实际的不合理现象产生。

实例 2-5-4

按定额规定，一般现浇悬臂梁压入墙身部分与圈梁连接者，则压入部分按圈过梁计算，悬挑部分按悬臂梁计算。而不可全部套用单价是圈过梁单价两倍多的悬臂梁子目。

2. 标底(招标控制价)编制

标底(招标控制价)是指招标人根据招标项目的具体情况,编制的完成招标项目所需的全部费用,是根据国家规定的计价依据和计价办法计算出来的工程造价,是招标人对建设工程的期望价格。标底(招标控制价)由成本、利润、税金等组成。标底(招标控制价)的内容包括三个方面。

①标底(招标控制价)计价内容。

②标底(招标控制价)价格组成内容:工程量清单及其单价组成、直接工程费、措施费、有关文件规定的调价、间接费、利润、税金、主要材料、设备需用数量等。

③标底(招标控制价)价格相关费用:人工、材料、机械台班的市场价格、现场因素费用、不可预见费(特殊情况)、对于采用固定价格的工程所测算的在施工周期内价格波动的风险系数等。

(1)标底(招标控制价)的编制方法。

我国目前主要采用定额计价和工程量清单计价来编制标底。

①以定额(招标控制价)计价编制标底。通常是根据施工图纸及技术说明,按照预算定额规定的分部分项子目,逐项计算出工程量,再套用定额单价(或单位股价表)确定直接工程费,然后按规定的费率标准估计出措施费,得到相应的直接费,再按规定的费用定额确定间接费、利润和税金,加上材料调价系数和适当的不可预见费,汇总后即为标底的基础。定额法是参照现行部、省市的定额和取费标准(规定),确定完成单位产品的工效和材料消耗量,计算工程单价,以工程单价乘以工程量计算总价的编制方法。定额法的主要优点是计算简单、操作方便,因此目前水利工程的标底编制主要考虑采用定额法。

②以工程量清单计价编制标底(招标控制价)。

(2)编制标底(招标控制价)的主要依据。

招标人提供的招标文件,包括商务条款、技术条款、现场查勘资料、批准的初步设计概算或修正概算、国家及地区颁发的现行建筑、安装工程定额及取费标准(规定)、设备及材料市场价格、施工组织设计或施工规划或施工现场条件、图纸以及招标人对已发出的招标文件进行澄清修改或补充的书面资料、经招标办审查批准的招标书和招标答疑会议纪要等。

(3)标底(招标控制价)应包括下列内容:

①综合说明:建设单位和招标工程名称、建设地点、建设内容与规模、主要经济技术指标、编制依据及说明。

②工程概况。

③主要工程项目及标底总价,并附工程量、设备清单和计算资料。

④编制原则、依据及编制方法。

⑤基础单价。

⑥主要设备价格。

⑦标底(招标控制价)取费标准及税、费率。

⑧需要说明的其他问题。

(4)编制程序。见图 2-5-2 和表 2-5-1。

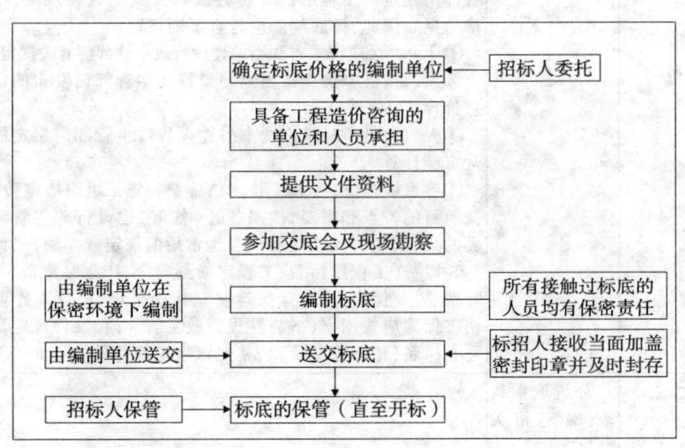

图 2-5-2 标底(招标控制价)编制程序

表 2-5-1　标底(招标控制价)编制

序号	阶段	说　明
一、准备阶段		
1	项目初步研究	从工程量清单的全部条目中累计出同类工程的工程量,从而得到本项目各类主要工程的合计工程量。如混凝土、钢筋、砌体。用"粗估"或"综合"的单价来框算这些主要工程量的造价,从而得到整个项目及其各类主要工作的框算价格。列出材料、设备数量及规格,进行询价
2	现场勘察	现场勘察了解工程布置、地形条件、施工条件、场内外交通运输条件等
3	编写标底(招标控制价)编制工作大纲	通常标底(招标控制价)编制大纲应包括以下内容:标底(招标控制价)编制原则和依据;计算基础价格的基本条件和参数;计算标底(招标控制价)工程单价所采用的定额、标准和有关取费数据;编制、校审人员安排及计划工作量;标底(招标控制价)编制进度及最终标底(招标控制价)的提交时间
4	调查、搜集基础资料	搜集工程所在地的劳资、材料、税务、交通等方面资料,向有关厂家搜集设备价格资料;搜集工程中所应用的新技术、新工艺、新材料的有关价格计算方面的资料
二、编制阶段		
1	整理基础单价	基础单价包括预算单价、材料预算价格及设备预算价格等。可参考当地政府定额及配套文件。 原建设部(现住房和城乡建设部)第 107 号令《建筑工程施工发包与承包计价管理办法》第 6 条明确规定,招标标底编制的依据为:国务院和省、自治区、直辖市人民政府建设行政主管部门制定的工程造价计价办法以及其他有关规定;市场价格信息。因此,标底编制应符合下列规定: ①计价办法应按本省和当地建设行政主管部门有关规定计算。 ②人、材、机单价应按当地建设行政主管部门发布的市场信息价计算。 ③人、材、机消耗量应按本省建设行政主管部门制定的消耗量定额计算。 ④项目措施费(含施工技术措施费和施工组织措施费)应根据项目的特点和需要,按照各省(各市)建设行政主管部门颁发的规定(暂时无规定时应参考常用的规定或办法)来计算。 ⑤规费(工程排污费、工程定额测定费、社会保障费、养老保险费、失业保险费、医疗保险费)、住房公积金、危险作业意外伤害保险应按国家(各省建设行政主管部门)文件规定计算。 ⑥标底(招标控制价)价格是该项工程的最高限价
2	分析取费费率、确定相关参数	

续表

序号	阶段	说明
3	计算标底(招标控制价)工程单价	根据施工组织设计确定的施工方法,计算标底(招标控制价)工程单价。工程单价的取费,通常间接费、利润及税金等,应参照现行工程建设项目预算的编制规定,结合招标项目的工程特点,合理选定费率。税金应按现行规定计取
4	计算标底(招标控制价)的建安工程费	
三、汇总阶段		
1	汇总标底(招标控制价)	按工程量清单格式逐项填入工程单价和合价,汇总分组工程标底(招标控制价)合价和标底(招标控制价)总价
2	分析标底(招标控制价)的合理性	明确招标范围,分析本次招标的工程项目和主要工程量,并与初步设计的工程项目和工程量进行比较,再将标底(招标控制价)与审批的设计概算作比较分析,分析标底(招标控制价)的合理性。 广义的标底(招标控制价)应包括标底总价和标底(招标控制价)的工程单价。标底(招标控制价)总价和标底(招标控制价)的工程单价所包括的内容、计算依据和表现形式,应严格按招标文件的规定和要求编制

3. 投标书的编制

投标人在了解工程基本情况和其他方面对工程和招标工作影响的情况后,就进入紧张的编制投标文件工作中。投标文件的内容一般包括投标书及投标书附录、投标担保、授权书、工程量清单、投标书附表、资格审查资料、方案及报价和投标须知规定的其他资料等。

编制投标报价的程序见表2-5-2。

表、资格审查资料、方案及报价和投标须知规定的其他资料等。

编制投标报价的程序见表2-5-2。

表2-5-2 投标报价编制程序

序号	项目	说明
一	充分理解招标文件及设计图纸	①施工招标作为业主选择项目施工队伍的手段，一般均要求投标人的标书要全面符合招标文件的要求。在阅读招标文件时，对招标文件中对清单项目的组成规定等详细了解，否则容易造成报价偏离业主及其他投标人的报价而成为出围标或者废标。 ②在报价前要充分审查施工招标图纸，列出图纸中的所有项目，并将图纸中工程数量重新计算与清单相比，以供不平衡报价参考。 ③投标人应将在阅读招标文件及图纸中发现的问题汇总，在标前会时向业主提出，要求其在会上或会后解答。通过这些问题的明确，可以使各位投标人的报价有一个共同的基础，位于"同一起跑线"上，避免因各投标人对招标文件的不同理解而造成标价分散、合理标价反而成为出围标的可能
二	做好现场的调查工作	①一般招标人会在一定的时间和地点统一组织投标人对现场及其周围环境进行一次考察。以便于投标人自行查明或核实有关编制投标文件和签订合同所必需的一切材料。现场考察了解现场的内容一般包括：工程地形、地貌、水文、地质、气象、料场、水源、电源、通信、交通条件等诸多方面。其作用关系到随后的编制和中标后的工程施工是否顺利等。 ②考察时应根据施工图纸和招标文件的要求，了解当地地方材料（不含甲供材）的价格、材料的来源、运输的路径、运距；土石的来源、弃土点的距离；施工水电是否可以在附近租借、管线的长度；临时便道、便桥的情况；施工机具的进场路径等。对材料价格要做到货比三家，对不同来源的材料价格进行分析，选择合理的单价。对进入施工地点的线路有多条选择的，要考虑选取一条方便、价格最低的线路。弃土点的选择也要在满足方便运输的前提下，选择运距最小的弃土点
三	基价（预算价）的编制	
1	工程量的复核	投标人在投标前一定要对招标文件中的工程数量进行复核，对其中经计算工程数量与清单中出入较大者或通过计算分析可能在施工过程中发生较大变更者，分析其数量的变化大小、变更的趋势等，对上述项目采取不平衡报价法进行报价。有些业主在招标文件中要求投标人报价不允许出现太大的不平衡报价，这时投标人应按照业主要求进行报价，不可盲目采取不平衡报价
2	施工组织设计的编制	施工组织设计的编制应考虑在满足施工要求的前提下，尽量使报价的水平接近市场的总体水平。在编制时，要多考虑几个可行的方案，然后对各个方案分别进行技术经济分析，选择其中计算最完善、经济最合理的方案，同时考虑其他投标人对该方案采纳的可能性可能采取的其他方案，通过比较获得最后的方案。在投标中，不能出现一些偏离市场一般做法的独特施工方案，这样的方案在市场竞争中是行不通的

续表

序号	项目	说　明
3	计价依据的选择（定额、费用）	①在编制基价时，一定要以企业定额或参考政府定额为依据进行。 ②在选定定额以后，就需要确定有关的费用，费用的选定也要根据企业或当地的有关文件规定进行选取，不宜随意增减费用项目
4	报价分析、最终报价	①具体方法有指标分析、工机料分析、历史基价分析等，指标分析可以根据工程各部位的有关指标对各部位的单位进行分析，与指标差别较大者要重新进行基价检查，分析是否在标价编制时发生错误，进而调整报价；工机料分析法是将预算的人工、机械、材料费独立抽出，根据其占报价的比例分析是否在合理范围；历史基价分析法是在以往曾参与的投标项目中，选取各种条件相等的项目，进行单价的对比，找出差别，分析原因，属于编制错误的要进行调整。 ②在将基价调整完毕，确认基价准确的前提下，最后的工作是报价的最后确定。报价的确定包括对业主标底价的分析、对其他投标人的报价分析和保本红线价的分析。业主标底价的分析主要是充分了解业主的习惯做法，因为同一业主对招标工作均有其习惯做法，特别是其评标、定标的方法一般大同小异，因此投标人通过分析业主的习惯做法可确定该工程业主采取可能的下浮率作为可能的标底价；对其他投标人的标价分析主要根据在以往的投标记录或通过搜集有关的资料，分析各投标人的标价变化范围，确定其最可能出现的报价；最后投标人要根据自己企业的实际管理水平、市场的实际价格确定工程的保本价，投标报出的价格不得低于红线保本价。投标人在通过上述分析后，将业主的可能标底价、其他投标人的可能报价和自己的报价结合业主的评标办法，确定本企业的最终报价

问：如何编制定额补充子目？

答：当分项工程的设计要求与定额条件完全不相符或由于设计采用新结构、新材料、新工艺，预算定额没有这类项目就需要补充定额。当有需要补充的项目，一般应根据工程实际先做一个编制规划，再根据轻重缓急逐步补充完毕。补充子目编制规划如下：

实例 2-5-5

××建筑公司××项目补充定额编制规划，见表 2-5-3。

表 2-5-3　编制规划表

序号	项目	内容
1	子目名称	自流平找平层
	调整或补充原因	计价表中缺项
	施工工艺说明(工作内容)	基成处理、胶膜剂、打底、涂成、搅拌
2	子目名称	石材磨边
	调整或补充原因	在花岗岩施工干挂项目施工中，在转角处石材需要倒45°角，但其施工时只倒角不磨边，并且无须抛光，在定额执行中如套用倒角磨边子目，则其单价的人工、机械含量较高，建议增加单独的倒角不抛光的子目附注
	施工工艺说明(工作内容)	磨边机粗磨加工
3	子目名称	成品工艺楼梯
	调整或补充原因	现在在装修的施工中常用到各种成品组装型工艺楼梯，如不锈钢组装型，钢化玻璃组装型楼梯，及成品木制组装楼梯，在投标套用子目时无子可执行，往往采用独立费来执行。建议增加成品工艺楼梯的子目
	施工工艺说明(工作内容)	测量放线→楼梯制作→现场安装→成品保护
4	子目名称	卫生间隔断
	调整或补充原因	在卫生间隔断施工时，需要安装专用卫生间隔断，其材质板有抗倍特板、防潮板等，其相关配套的五金件有全不锈钢型及尼龙型配件，有明装型及隐藏型配件，现在各种卫生间的装修档次较高，采用相关隔断场所较多，建议其增加相关子目
	施工工艺说明(工作内容)	测量放线→板块制作→五金件安装→板材组装→成品保护
5	子目名称	成品不锈钢立柱扶手
	调整或补充原因	现在不锈钢栏杆的立柱大都分是由工厂成品生产，在现场组装型，其风格多样，现有的栏杆子目的立柱为在现场制作加工，其机械及人工含量较高。建议调整相关子目的含量
	施工工艺说明(工作内容)	测量放线→立柱制作→成品扶手现场安装→成品保护
6	子目名称	全丝吊杆计价表中缺项
	调整或补充原因	原有定额中的子目为钢筋焊接丝杆连接，现在该工艺已经很少采用，常用成套组装型全丝杆
	施工工艺说明(工作内容)	打眼→下料→配装→龙骨安装
7	子目名称	PVC 地板
	调整或补充原因	计价表中缺项
	施工工艺说明(工作内容)	清理基层→弹线→刷底子胶→铺装

续表

8	子目名称	防火板卫生间隔断
	调整或补充原因	计价表中缺项
	施工工艺说明（工作内容）	定位→打眼→埋木楔→配件安装
9	子目名称	室内铝塑板干挂
	调整或补充原因	计价表中缺项（新工艺）
	施工工艺说明（工作内容）	清理基层龙骨→裁制→打胶→安装面板全部操作过程
10	子目名称	不锈钢龙骨制作
	调整或补充原因	计价表中缺项
	施工工艺说明（工作内容）	清理基层→裁制→打胶、安装面板全部操作过程
11	子目名称	外墙抹灰面刷金属氟碳漆
	调整或补充原因	计价表中缺项
	施工工艺说明（工作内容）	基层处理→挂防裂网→封闭底→中涂→面漆
12	子目名称	金属面烤漆
	调整或补充原因	计价表中缺项
	施工工艺说明（工作内容）	基层清理→烤漆
13	子目名称	防弹玻璃固定窗
	调整或补充原因	计价表中缺项
	施工工艺说明（工作内容）	在普通钢化玻璃固定窗基础上，调高人工含量、材料用量

无论哪个定额子项，都是完成某个分项工程人、材、机费用的合计（定量定价定额），或人、材、机消耗量（定量不定价定额）。因此要编制一个准确的补充定额，简单地说实际上就是对这个分项人费、材费、机费用（或消耗量）的确定，因此要求编制者要深入实际施工现场，做好相关基础数据的采集。

（1）补充定额子目常用方法。

1）定额代用法：利用性质相似、材料大致相同、施工方法比较接近的定额项目，估算出适当的系数进行使用。这种办法一定要在施工实践中进行观察和测定，以便调整系数，保证定额的精确性，为以后补充定额项目作基础。

2)定额组合法：尽量利用现行预算定额进行组合，因为一个新定额项目所包含的工艺与消耗往往是现有定额项目的变形与演变。新老定额之间有很多联系，要从中发现这些联系，在补充制定新定额项目时，直接利用现行定额内容部分或全部，可以达到事半功倍的效果。

3)计算补充法：按定额编制方法进行计算补充，是最精确的补充定额方法。按图纸构造做法计算相应材料，加入损耗量，人工和机械按劳动定额和机械台班定额计算。

(2)补充项目的范围，如图 2-5-3 所示。

- 一般允许补充的项目
  - 建设工程预算定额中缺项的项目
  - 需补充的项目中相应的专用施工机械台班单价及材料预算价格
  - 建设工程机械台班费用定额中缺项机械台班费
- 一般不允许补充的项目
  - 定额中取费项目中的内容
  - 有明确规定允许换算或规定为不完全价格的

图 2-5-3 补充项目范围

(3)编制补充子目的依据。

1)补充定额的编制，按照施工工序编制的原则，编制补充项目的工程量计算方法应与预算定额的规定一致。

2)凡允许补充定额中的人、材、机消耗量，应以该工程的施工图纸、正常的施工条件、合理的施工方法、现行的施工及验收规范、质量评定标准、安全技术操作规程、施工现场文明安全施工及环境保护的要求和有关规定为依据进行测定。

3)材料单价应以预算定额的材料选价为依据，缺项材料价格应按当地材料预算价格的有关规定进行补充。补充定额中以“元”形式出现的费用参照定额中相似或相近定额项目的标准，发承包双方协商确定。

4)人工工资按相应定额的工日单价补充。

5)缺项机械台班单价按本地规定编制。

(4)编制补充项目的程序。

定额项目、材料预算价格、机械台班单价由施工单位编制,建设单位审核。

实例 2-5-6

某工程补充定额编制实例。

总 说 明

一、本补充定额为满足××省建筑装饰工程计价需要,针对××省建设厅颁发的建筑、装饰装修及安装工程综合定额缺项项目编制。

二、本补充定额管理费、机械台班消耗水平按××省建筑、装饰装修及安装工程综合定额相关项目水平确定。

三、本补充定额已考虑了修缮工程零星分散等特点,适当增加了人工及材料的消耗量。人工消耗量已包括生产用工及场内材料运输用工、清理现场等其他用工。

四、拆除工程人工类别按三类工计算。

五、对拆除后材料的回收、利用,由甲乙双方合同约定。

修缮补充子目工程量计算规则

一、胶合板拆除,按拆除部分墙体面积以 $10m^2$ 计算,见表 2-5-4。

二、梁下加梁,按加固部分的混凝土体积以立方米计算。见表 2-5-5。

表 2-5-4 ZB.10.6.1 胶合板墙拆除

工作内容:拆除墙体、清理、废渣堆放。 计量单位:$10m^2$

定额编号		Z B10-56-1
子目名称		胶合板墙拆除
基价(元)	一类	14.42
	二类	13.99
	三类	13.81

续表

其 中	人工费(元) 材料费(元) 机械费(元)			8.88
	管理费(元)	一类 二类 三类		1.63 1.20 1.02
编码	名称	单位	单价(元)	消耗量
00000003	三类工	工日	24	0.37

表 2-5-5 ZA.4.1.2 现浇混凝土浇捣

梁下加梁

工作内容:①模板制作。

②模板安装、拆除、维护、整理、堆放及场内外运输。

③清理模板黏结物及模内杂物、刷隔离剂等。

④混凝土水平运输。

⑤浇捣、养护。

计量单位:m^3

定额编号				Z A4-144-1	Z A4-144-2	Z A4-144-3	Z A4-144-4
子目名称				梁下加梁			
				上截加宽	平加	下截两边加宽	下结单侧加宽
基价(元)		一类		842.49	711.57	665.53	677.87
		二类		806.12	682.26	638.69	650.37
		三类		791.11	670.16	627.62	639.02
其中	人工费(元)			538.08	433.68	396.96	406.80
	材料费(元)			148.94	148.94	148.94	148.94
	机械费(元)			18.80	18.80	18.80	18.80
	管理费(元)	一类		136.67	110.15	100.83	103.33
		二类		100.30	80.84	73.99	75.83
		三类		85.29	68.74	62.92	64.48
编码	名称	单位	单价(元)	消耗量			
00000003	三类工	工日	24.00	22.42	18.07	16.54	16.95
38010001	松杂木枋板材周转材、综合	m^3	1142.32	0.125	0.125	0.125	0.125
22001002	铁钉 20-45	kg	3.63	1.28	1.28	1.28	1.28
39001170	水	m^3	1.54	0.568	0.568	0.568	0.568
FY000045	其他材料费	元	1.00	0.63	0.63	0.63	0.63

续表

99906051	混凝土振捣器(插入式)	台班	10.81	0.125	0.125	0.125	0.125
99907085	木工圆锯机直径[500](mm)	台班	28.91	0.18	0.18	0.18	0.18
99904006	载货汽车装载质量[6](t)	台班	298.59	0.041	0.041	0.041	0.041
FY000020	含量:混凝土	m^3	–	1.05	1.05	1.05	1.05

注:本定额子目未包含钢筋制安,发生时按有关定额相应子目计算。

问:标底编制中的常见问题

答:归纳见表2-5-6。

表2-5-6　常见问题

序号	问题	说明或示例
一、计价问题		
1. 分部分项		
(1)	分部分项工程内容费用不全	①传统的预算定额"砖基础项目"中只有砖基础砌筑的内容,但是在工程量清单计价中,按国家计价规范规定,"砖基础项目"中包括砖基础砌筑、基础垫层、墙基防潮层三个工作内容,如果计价时只计算砖基础砌筑一项,而漏算了另两项,则该项工程综合单价就低了,结算时业主认为漏算的两项内容包括在所报的综合单价内,不得进行调整。 ②传统的预算定额挖基础土方项目中只有挖基础土方的内容,但是在工程量清单计价中,挖基础土方项目中却包括挖基础土方、截桩头两个工作内容,同样计价时不能漏算
(2)	施工中又必须发生的分部分项工程内容所需的费用计算不全	①平整场地项目。清单工程量计算规则是:平整场地面积等于建筑物的首层建筑面积。由于施工需要,实际平整场地的面积大于建筑物首层建筑面积;但是大于建筑物首层建筑面积部分,工程量清单中没有包括,实际施工时,这部分工程内容需要完成,费用需要支出,计价时不要漏算。

续表

序号	问题	说明或示例
		②挖基础土方时，清单工程量计算规则是：挖基础土方的工程量等于基础垫层的面积乘以挖土深度，不考虑工作面和放坡的土方量。实际施工时工作面和放坡的土方量都是可能发生的，这部分费用不能不考虑。 ③有女儿墙的屋面卷材防水项目，清单计算规则规定：工程量"按垂直投影面积计算"，实际施工时，按施工规范规定为了防止渗漏水，靠近女儿墙部分要上翻250高，计算施工工程量时，要按展开面积计算。 ④清单规定天棚吊顶工程量计算规则规定"按设计图示尺寸以水平投影面积计算，天棚面中的灯槽及跌级、锯齿形、吊挂式、藻井式天棚面积不展开计算。"上述各种情形的天棚实际施工面积要比水平投影面积大，多余面积天棚的制作费用是需要计算的
(3)	未考虑风险因素	风险应体现在各分部分项工程综合单价和措施项目综合单价中，可在综合单价计算时将风险费用单独列为一项
(4)	分部分项补充定额的制定无依据	①编制标底时，遇到缺项的，由编制人自行补充，并在招标文件中说明该项目的工作内容、计量单位和相应的计算规则。 ②对于无法预见、无法定义或施工图无详示，以致不能准确计算的项目，可将其作为"暂定项目"的暂定综合单价列入，并约定相应的结算方法。 ③对于编制人自行补充的项目，应报工程所在地工程造价管理部门备案
(5)	建安材料定价应执行有关规定	①编制人员在编制标底时对主要材料的市场价格心中有数、货比三家。 ②在无业主任何资料确认的情况下，按业主意图或者自行定价
(6)	取费标准不合理，套用定额标准有误	如属业主单独发包项目，应按单价取费
2. 措施项目		
	对清单规范、清单执行文件及清单计价格式的理解不透彻，子目套用、计算方法等方面存在问题	如：措施项目计入分部分项子目；其他项目费列入措施项目费中；措施费中的临设费漏计；安全文明施工措施费的计算基础包括了措施项目费；规费的计算基础中未包括其他项目费等；子目混淆、格式误差、费率漏算

续表

序号	问题	说明或示例
二、计量问题		
1	粗心大意,工程量计算错误	①工程量被扩大、缩小10倍或100倍,因定额单位大多不是自然单位,计算过程中工程量又是按自然单位计算,故在编标时间仓促,工程量计算后套定额时,极易疏忽忘记将有些工程量的自然单位转换成定额单位,从而造成最终结果的错误。 ②工程量计算是否按规定扣减;如计算梁长时要扣减柱的位置,计算柱高要扣减板的厚度,与之相反工程量计算时也有一些不必扣减,如计算墙体、现浇板时不扣除面积在0.3m^2以内的孔洞,楼梯面积计算时不扣除宽度小于500mm楼梯井等。 如在桩基础工程中各种桩的桩长取定,根据不同桩的类型,钻孔灌注桩桩长为设计桩长另加一个直径,沉管、夯扩灌注桩为设计桩长另加250mm,深层搅拌桩为设计桩长另加500mm,又如计算内外墙时墙体高度的取定,有平屋面、坡屋面之分;现浇板、预制板之分等
2	对图纸不理解,有疑问没有及时沟通	编制人员由于对施工技术、工艺、方法不了解而造成
三、其他问题		
1	低级计算错误	某酒店装饰工程的标底在进行清单组价时,误将综合单价乘上0.802的系数,导致造价由401.17万元变为321.7383万元,少了79.43万元;瓷砖、面砖子目的综合单价低于答疑时公布价的主材价等

四 数据

1. 土建工程概算补充项目表（表2－5－7）

表2－5－7　土建工程概算补充项目表

定额编号	项目	单位	概算单价(元)	其中(元)			人工(工日)	主要工程量				主要材料					机械	
				人工费	材料费	机械费		( )	( )	( )	( )	( )	( )	( )	( )	( )	( )	( )

建设单位：	施工单位：
单位公章：	单位公章：
审核人：	编制人：
审核日期：	编制日期：

2. 设备安装工程概算补充项目表（表2－5－8）

表2－5－8　设备安装工程概算补充项目表

定额编号	项目	单位	概算单价(元)	其中(元)			人工(工日)	主要工程量				主要材料				
				人工费	材料费	机械费		( )	( )	( )	( )	( )	( )	( )	( )	( )

建设单位：	施工单位：
单位公章：	单位公章：
审核人：	编制人：
审核日期：	编制日期：

3. 补充机械台班费用表（表2－5－9和表2－5－10）

表2－5－9　补充机械台班费用表(一)

<table>
<tr><td colspan="3">机械名称</td><td></td><td colspan="2">配套动力(hp)①</td><td></td></tr>
<tr><td colspan="3">型号规格</td><td></td><td rowspan="4">机械质量(t)</td><td>自质量</td><td></td></tr>
<tr><td colspan="3">产地(厂型)</td><td></td><td>配质量</td><td></td></tr>
<tr><td rowspan="5">机械原值(元)</td><td colspan="2">出厂价格</td><td></td><td>压质量</td><td></td></tr>
<tr><td rowspan="2">进口</td><td>报岸价</td><td></td><td>总质量</td><td></td></tr>
<tr><td>关税</td><td></td><td colspan="2">最大起重吨位(t)</td><td></td></tr>
<tr><td colspan="2">运杂费</td><td></td><td colspan="2">最大起重高度(m)</td><td></td></tr>
<tr><td colspan="2">总价</td><td></td><td colspan="2">轨(轮)距(m)</td><td></td></tr>
<tr><td colspan="3">电动机:功率(kw)</td><td></td><td colspan="2">轴距(m)</td><td></td></tr>
<tr><td colspan="7">主要技术性能(或特殊装置):附示意图或性能表</td></tr>
</table>

编报单位:　　　　　　　　　　　　编制时间:　年　月　日

注:①　1hp = 745.700W。

表2－5－10　补充机械台班费用表(二)

<table>
<tr><td>序号</td><td colspan="5">计算基本数据</td></tr>
<tr><td>1</td><td colspan="2">预算价格(元)</td><td></td><td>大修间隔</td><td></td></tr>
<tr><td>2</td><td colspan="2">使用年限</td><td></td><td>一次大修费</td><td></td></tr>
<tr><td>3</td><td colspan="2">年工作台班</td><td></td><td>残值率(%)</td><td></td></tr>
<tr><td colspan="3">费用项目</td><td colspan="2">各项费用计算</td><td>说明</td></tr>
<tr><td>1</td><td colspan="2">折旧费</td><td colspan="2"></td><td></td></tr>
<tr><td>2</td><td colspan="2">大修费</td><td colspan="2"></td><td></td></tr>
<tr><td>3</td><td colspan="2">维修费</td><td colspan="2"></td><td></td></tr>
<tr><td>4</td><td colspan="2">安拆辅助设施费</td><td colspan="2"></td><td></td></tr>
<tr><td>5</td><td colspan="2">场外运输费</td><td colspan="2"></td><td></td></tr>
<tr><td>6</td><td colspan="2">一类费用小计</td><td colspan="2"></td><td></td></tr>
<tr><td rowspan="2">7</td><td rowspan="2">机上工资</td><td>级工</td><td colspan="2"></td><td></td></tr>
<tr><td>级工</td><td colspan="2"></td><td></td></tr>
</table>

续表

序号	计算基本数据						
8	动力燃料费	名称	单位	数量	单价	金额	
		电	kW·h				
		柴油	kg				
		汽油	kg				
		煤	kg				

编报单位：　　　　　　　　　　编制时间：　年　月　日

4. 基本建设材料预算价格补充子目表（表2-5-11）

表2-5-11　基本建设材料预算价格补充子目表

序号	物资名称	规格及特征	计量单位	供应价格	预算价格

说明：1. 补充材料预算价格时，需附材料出厂价格原始凭证。

2. 补充工厂制品价格时，需附有关图纸及详细计算资料

编报单位：　　　　　　　　　　编制时间：　年　月　日

5. 一次性补充定额（表2－5－12）

表2－5－12　一次性补充定额

工程名称：

定额编号								
定额名称								
单位								
定额价格								
其中	人工费							
	材料费							
	机械费							
名称	单位	单价	含量	合价	含量	合价	含量	合价
编制单位(签字盖章) 年　月　日				审核单位(签字盖章) 年　月　日				

注:1. 审核单位可以是发包方或造价咨询单位,但须由注册造价工程师盖章。
2. 本补充定额仅适用于本工程。

第六节

施工成本测算

作为一名有经验的工程造价咨询人员应定期对已发生的工程成本进行分析,并与控制目标值进行比较,对工程所需成本进行重新预测调整,采取措施加以控制。

要做好施工成本的控制,必须了解一个供应链的概念。

供应链(Supply Chain)是围绕核心企业,通过对信息流、物流、资金流的控制,从采购原材料开始,制成中间产品以及最终产品,最后产品到消费者手中的将供应商、制造商、分销商、零售商、直到最终用户连成一个整体的功能网链结构。

在房地产行业,从开发商拿到土地,到找设计公司和总包,总包找分包,分包找工人,找装修公司,找材料供应商,找租赁企业,一直到最终形成产品。开发商再找房地产销售公司,销售公司甚至与银行合作,与媒体合作,再将房子卖给最终客户,这就是房地产的供应链。

房地产供应链可能并不是一个特定的链条,是围绕一个产品的供应体系。作为甲方来讲,首先要找到一个总包,总包就是乙方,总包也会找到自己的乙方,乙方还会有其他的乙方,这里就包括劳务分包,或者钢材、水泥等建筑材料的供应商,这就形成了一个很长的产品供应的链条。再到民工,可能这里就有十几层分包关系。

比如需要一个做窗户的供应商,要求就是按设计把窗户生产出来并安装。然而窗户供应商就要采购铝合金或者其他物品,还有采购玻璃、螺钉等材料,才能完成窗户的生产过程。安装时,他或许还要找市场上的专业窗户安装队伍。

还有配电箱也是如此，表面上看起来，只需找一家配电箱厂商把产品买回来，安装上去，其实对于配电箱厂商来说，他们就跟组装计算机一样，购买各种零配件进行组装。形象地说，我们其实找的是组装计算机的商人，他从各处购买 CPU、主板、显卡、硬盘等，然后将其拼装起来，就算完成了生产。

开发商就是一个大的组装计算机商人，从土地方购买土地以后，就开始了供应链的组合，最终形成产品，销售出去。

房地产供应链的链条非常长。那么，处于供应链不同环节的企业，在审视自己的供应链条时，可能看到的情况都不一样。不管如何，供应链的存在还是非常有价值的。就像一个整机厂，如果有一个自己的信息平台，而这个信息平台能跟各个供应商进行连接，大家都为一个共同的目标完成不同的任务，给客户提供最完美的产品，那么这个整机厂就非常有竞争优势。

相应的，目前的建筑公司其实都有自己的供应链，劳务由劳务分包公司或包工头担当这个链条供应，材料由各材料供应商担当这个链条供应，机械有相应的机械租赁市场担当这个链条供应，甚至现场管理都有相关的供应链条存在。建筑公司自己需要做的好像只剩下日常管理、接活、安排活、协调、考评等。这里只是简单地说说，实际上建筑公司的供应链还是很复杂的，涉及很多环节。

造价人员充分搞清建筑公司的供应链，作项目经理能不称职吗？搞清建筑公司的供应链，能不会做建筑成本的测算吗？

供应链的形成好处很多，如节约谈判成本、提升竞争力、提高工作效率等。

从严格意义上来讲，供应链并不单是一个具有一对一、业务对业务的链条，而是一个多重业务和关系的网络。它包括原材料、零部件和设备的采购，产品的制造与装配、包装与暂存，产品的运输与配送，分销与销售以及最终交付用户和售后服务等环节，从上游供应商到其他供应商，一直到下游客户到其他客户的整体管理过程。

从现行的做法上来看，供应链管理是充分运用各种现代信息技术对整个链上的需求与供给进行计划、协调、执行、控制、优化和决策的各种活动和过程。其内容是要完成从原材料供应商到最终用户关键业务过程的管理。其目标是以准确的成本将准确的产品，能够在准确的时间、按照准确的数量、准确的质量和准确的状态，以准确的价格，在准确的地点交送到准确的顾客手中。

二 方法

1. 问：施工组织设计对成本有何影响？

答：任何一个工程开工前，必须编制单位工程施工组织设计，必须编制单位工程施工图预算。投标前编制的施工组织设计，简称标前设计。签订合同后编制的施工组织设计，简称标后设计，见表2-6-1。

表2-6-1　标前、标后施工组织设计对比

	标前设计	标后设计
服务范围	投标与签约	施工准备至验收
编制时间	投标书编制前	签约后开工前
编制者	经营管理层	项目管理层
主要特征	规划性	作业性
追求目标	中标和经济效益	施工效率和效益

标前施工组织设计的主要内容：

①施工方案。

②施工进度计划。

③施工平面图。

④技术组织措施。

⑤其他有关投标和签约谈判需要的设计。

以上内容应对投标报价予以支持，因为施工方案及措施是合理进行投标报价的决定性因素之一。

施工组织设计的编制牵涉到工程技术、施工经验、定额指标、国家有关法规政策以及计划、财务、银行、税务等许多方面，其中任何一方面出现问题或处理不当都有可能影响到工程成本。施工组织设计中影响工程成本的因素见表2－6－2。

表2－6－2　施工组织对成本的影响

序号	影响因素	说　明
1	施工方法的选择	施工方法的选择必须通过工程条件、工程经济和技术经济等方面的比较，选择既经济又适用的施工方法
2	施工工期	由最优的施工方案计算的工程项目的工期以及各单位工程施工所持续的时间就是工程项目的合理工期。工期的长短不但能直接影响工程项目的成本消耗，而且能加速资金周转，降低建设期工程投资的贷款利息
3	施工组织平面布置	施工组织平面布置是根据施工特点和施工条件，来研究和解决施工场地上所有设施在平面位置上的合理布置问题。施工组织平面的布置决定着预算中的直接费用，合理的施工组织平面布置，可以避免施工设施反复搬迁、地下工程反复开挖、土方往返运输等浪费现象；可以降低运输费用、保证运输方便；可以减少临时性建筑物的修建费用，减少临时占地、降低临时占地的租地及青苗补偿等费用
4	运输组织计划	运输组织计划是施工组织形式中一个重要项目，它不仅直接影响施工进度，而且在很大程度上也影响工程造价，并在施工过程中占有很大工作量。为了确保施工进度计划的执行，力求最大限度降低工程成本，要求编制出合理的运输组织计划。运输组织计划一般应达到下列要求：运距最短、运输量最小；减少运转次数，力求直达工地；装卸迅速和运转方便；尽量利用原有交通条件，减少临时运输设施的投资；充分发挥运输工具的载运条件
5	材料价格	材料价格受材料的产地、运输方式、运距长短、运价高低等因素影响，因此，选用材料时应采用招标的办法，经过广泛的市场调查，根据材料不同产地的价格、运输方式、运价计算出不同供应方式的材料价格，再参考当地的市场价格货比三家，选用最实际、最经济的方案。如，某一项目中，碎石的可选供应方案为：从相距160多千米的一个碎石厂，通过汽车运输运来，碎石的价格由出厂价加运费、场外运输损耗、采购保管费合90元/m^3；而当地还有很方便的铁路运输，据了解从外省的一个石料厂通过火车运输运来，虽然运距长些，但到工地的价格为70元/m^3，施工组织设计中就选择了远距离铁路运输，其材料的价格最经济，有效地控制了工程造价

2. 问：目前建筑公司组织施工有哪些形式？

答：归纳见表2－6－3。

表2-6-3 施工组织形式

序号	控制点	控制方式
一、人工的组织		
1	目前建筑市场对人工费控制基本上采用建筑面积平方米包干承包制	1. 建筑面积平方米包干承包制其成本管理的重点在于如何确定平方米包干单价和劳务分包合同条款中平方米包干所包括的工作内容。 ①在确定平方米包干价时,将单项、单位工程套用定额后汇总工日总用量,然后将工日量乘以预测的市场平均劳务单价后再除以建筑面积作为劳务分包时同招标标底和签订劳务分包合同的基础价格。 ②目前多以相邻工程项目或类似工程已签订的劳务价格作为参考的依据和标准。但此种方法未考虑到本工程的具体特征(例如主体结构每平方米建筑面积中模板、钢筋、混凝土的含量)进行分析,这样得出的经验值或多或少偏离了测算得出的数值。 2. 针对结构施工劳务合同条款,必须注意以下几个问题: ①结构施工劳务合同承包范围必须明细:所承揽范围内的基础及马道配合挖土、集水坑人工挖土、修坡、塌方处理、基底清槽、钎探、道路清扫、基础垫层、基础底板、防水保护墙、回填土(含灰土回填)、防水找平层、防水保护层、后浇带施工、地下结构、地上结构(含女儿墙)、后浇洞及结构图中所标志的主体结构工程基础、设备基础、塔式起重机基础、檐口及其他构件等与主体有关的所有工作内容。 ②钢筋工程:钢筋机械连接、钢筋的除锈、钢筋的马凳制作、钢筋保护层的垫块。 ③模板工程:模板及周转材料的进出场装卸,模板的现场改制和周转材料的变形修理,旧方木的起钉、清除水泥砂浆、重新刨光,施工脚手架及出料平台的组装、安装、搭设及拆除,各种门洞的防护及外墙的防护,土建图中所标志的水、电、设备的预留洞及水电图中所标志的大于300mm×300mm的预留洞,预埋(铁)件的留置及保护,门、窗预留洞的支拆模、清理、防护。 ④混凝土工程:搅拌站配合用工以及搅拌站维修保养、清理余料用工,设置一名专职人员配合项目试验员进行各项试验,塔式起重机基座施工、各种设备(搅拌机、灰罐基础、电子秤基础)支撑及墩台的制作。 ⑤现场管理和文明施工:承包区域内、生活区内及现场内甲方指定的卫生责任区的卫生清扫、垃圾清运、材料码放,包括政府部门、甲方公司各部门及业主检查时临时性的卫生清扫、挂条幅,场区内每天派专人打扫一次卫生,本施工队后勤保障、食堂、宿舍的整理、日常卫生清理。劳务分包合同条款尽可能把施工过程中可能发生的零用工列举出来,把它放到合同承包单价承包范围内,减少施工过程中承包范围内开具零星用工,从而能够更好地控制人工费支出

续表

序号	控制点	控 制 方 式
2	外施队辅料承包	①对辅助材料的消耗水平预算子目分析不出来,对外施队消耗数量的控制无法用数据来控制。为了更好地控制辅助材料的消耗,对外施队可以采取辅料承包的方式,作为劳务分包招投标的一项招标内容,项目部预算管理人员根据工程开工之前编制出来总的施工预算,测算出辅助材料承包费用,作为辅助材料招标的标底数据。 ②哪些材料属于辅助材料,如何界定辅助材料实际上是一个关键问题,为了防止外施队在这方面钻空子,项目部在制定劳务分包招标文件辅助材料时,可采取列举出项目部采购的材料除外其余材料都是外施队自行采购的方法。例如在劳务招标的招标文件中对辅助材料规定是除甲方提供钢筋、型材、木材、水泥、竹编板、砂子、石子、外加剂、白灰、砖、外墙螺栓、内墙螺栓(承包方负责加工)、钢筋套筒、止水钢板、止水带、安全网以外,其余材料都由承包方负责提供,这样减少施工过程中扯皮现象的出现
二、材料的组织		
1	工程开工之前项目部把编制出来的施工预算作出材料分析,确定材料的定额需要量	工程主要材料的最大消耗量必须控制在预算分析出来的定额总需要量内
2	项目部按照工程的材料实际需用量,制订详细、准确的材料采购计划	经理根据中标预算书的材料分析用量作为审核材料采购计划数量的依据,最大限度地控制采购费用的支出,避免材料因采购量与实际使用量出入悬殊而造成不必要的浪费
3	项目部对工程主要材料的采购采用招标方式,公开采购	在满足质量要求的前提下,所要采购材料的标底采购价应控制在中标材料收入价格之内,采购价控制得越低,材料的采购成本便越小。对如果出现采购材料的价格高于中标材料收入价格的情况,项目部采取找甲方批价的方式从而在采购材料价格上不出现亏损
4	项目部材料的采购尽可能从厂家或厂家代理商直接采购	一般不从中间商采购材料
5	材料保管人员在材料进场时,要认真核实实际进场材料的质量和数量是否与所要采购的材料相一致	做好两个或两个人以上的人员签字验收质量和数量,对专业性很强的材料必须让专业技术人员进行现场验收,从而保证进场材料的质量,特别是大体积的灰、砂、石之类的材料,质量和数量均不太容易核准,所以要求材料保管人员必须具备一定的专业素质,熟练掌握相关的材料知识

续表

序号	控制点	控制方式
三、机械的组织		
1	按照市场上大中型机械租赁的模式	①项目部施工过程中需要的大中型机械塔式起重机、混凝土输送泵、外用电梯、空压机、风泵、施工现场混凝土搅拌设备从机械租赁公司租赁。 ②不论是从公司内部租赁还是外部租赁都需要结合市场,按照市场规律进行租赁,所有大中型机械的租赁单价内都包括了机械的租赁费、机械操作工人的工资、机械日常维修保养的费用。 ③编制施工方案时,必须在满足质量、工期的前提下,力求使机械设备配备最少和机械使用时间最短,同时通过施工现场的合理布局和各工序的合理交叉安排提高进场机械的综合使用率
2	小型电动工具及小型手动工具,采用机械费承包的形式承包给外施队	①在编写劳务分包招标文件时将劳务分包单价加上辅助材料承包单价和中小型机械费承包单价作为一个整体标,让参加招标的投标单位进行竞标。 ②如对小型电动工具及小型手动工具列出承包范围:打夯机、手动电锯、倒链、砂轮切割机、磨光机、铁锹、铁锤、手锤、铁镐、管钳、压力钳、台虎钳、断丝钳、扳手、改锥、克丝钳、靠尺、灰斗、抹子、瓦刀、大铲、油灰刀、托灰板、油漆刷、滚筒刷、毛刷、排笔、油漆桶、皮老虎、手动套丝器、水平尺、水平管、线坠、合尺、电焊机、刀架、板牙(包括圆板牙)、板牙架、钢锯把、手锯把、手推车、布剪刀、大剪刀、剪头、圆规、木锉、打气筒、大锤、电钻、直尺、工具包、炊具、云石机、风镐头、风管、胶皮堵、剥线钳、手工刨、契子、凿子、电焊钳及铜接头、手钳、弯管器、割枪、焊枪、滑轮、手电钻、皮尺、角尺、钢卷尺、铁锉、圆锉、扁锉、割刀、丝锥、丝锥架、斧子、撬棍、钢筋钩子、振捣器和振捣棒、开孔器(包括手用)、钢筋加工机械、大中型木工加工机械(电锯、平刨、压刨)等手动工具和电动工具均由外施队提供。钢筋和木工加工机械日常维修、保养及维修费用由外施队负责

3. 问:施工成本如何测算?

答:我们以××综合楼成本精确测算实例来进行讲解。

实例 2-6-1

××综合楼成本成本测算报告。

(1)工程概况。

××综合楼,建筑面积 4035m^2,某施工企业成本中标,中标总造价 3628527 元(不含规费、税金)。施工前,该施工单位计划测算一下该工程的实际工程成本,以预估项目盈亏情况及作为施工阶段成本控制的依据。以下的测算将按人工费、材料费、机械费、专业分包费、措施费、管理费、其他成本项的顺序进行。

(2)人工成本的精确测算。

测算前,成本测算人员首先以本单位的人工成本测算数据资料作为劳务分包价格的基础,同时与项目经理、劳务分包单位负责人进行了协商,最后初步确定,拟签订合同人工费标准,作为人工成本单价测算的依据。

工程量按投标报价底稿计价工程量清量中的工程量作为计算依据,砖砌体、混凝土等均不区分强度等级合并在一起考虑(即不分强度等级清包单价是一致的)。

人工费精确测算见表2-6-4。

表2-6-4 人工费测算表

序号	名称	单位	数量	单价	合价	备注
1	砖砌体	m	1013	58	58754	含内架费
2	混凝土	m	2018	12	24216	
3	线材	t	114	280	31920	
4	螺纹钢	t	228.8	270	61776	
5	粉刷	m	17104	4.5	76968	
6	地砖	m	2802	13	36426	
7	卫生间墙面砖	m	760	16	12160	
8	聚氨酯防水	m	2800	10	28000	
9	乳胶漆	m	11697	4	46788	含批腻子
10	楼梯扶手	m	50.6	15	759	
11	油漆	m	400	8	3200	所有需刷油漆的部位
12	焦砟垫层	m	185	10	1850	
13	挤塑泡沫板	m	79.5	3	238.5	
14	门锁	把	311	2	622	
15	排水管及配件	m	195	3	585	
16	预埋铁件	kg	150	1	150	
17	零星用工				5000	预备使用
18	外架子	m	2100	4	8400	
19	模板	m	9560	12	114720	
	合计				512532.5	

(3)实体性材料费的精确测算。

1)主要材料费的测算。

如果要精确计算材料,材料的消耗量不能简单地使用预算软件来计算,按当地造价主管部门发布的政府定额用分析出的材料消耗量,因为按此分析出的消耗量与实际耗用量往往是不同的。以下的测算中,我们按实算出的量及本施工企业的损耗率控制标准进行测算。以下测算中砂浆及混凝土等按实际配比分析消耗量。主材费的精确测算见表2-6-5。

表2-6-5 主材费精确测算表

序号	分项及材料名称	单位	按图实算工程量	本企业损耗率	实际材料用量	材料单价	合价	备注
一、砖砌体								
1	标准砖砌体	m^3	245					
	标准砖	千块	129.34	1.02	131.93	210.00	27705	
	水泥砂浆	m^3	55.26					
	水泥32.5	t	11.03	1.02	11.25	280.00	3150	
	砂	m^3	55.26	1.02	56.37	60.00	3382	
	水	t	16	1.02	16.32	2.50	41	
2	KF17型多孔砖	m^3	768					
	KP1型多孔砖	千块	102.4	1.02	104.45	270.00	28201	
	混合砂浆	m^3	89.72					
	水泥32.5	t	16.15	1.08	17.44	280.00	4884	
	砂	m^3	89.72	1.08	96.90	60.00	5814	
	水	t	26.91	1.08	29.06	2.50	73	
	石灰膏	t	15.25	1.08	16.47	120.00	1976	
二、混凝土工程								
1	C10混凝土	m^3	128.08					
	砾石	m^3	97.77	1.02	99.73	70.00	6981	
	砂	m^3	67.7	1.02	69.05	60.00	4143	
	水	t	26	1.02	26.52	2.50	66	
	水泥32.5	t	23.05	1.01	23.28	280.00	6519	
	粉煤灰	t	16.01	1.01	16.17	140.00	2264	
2	C15混凝土	m^3	280.97					
	砾石	m^3	213.58	1.02	217.85	70.00	15250	
	砂	m^3	146.1	1.02	149.02	60.00	8941	

续表

序号	分项及材料名称	单位	按图实算工程量	本企业损耗率	实际材料用量	材料单价	合价	备注
	水	t	56.19	1.02	57.31	2.50	143	
	水泥 32.5	t	61.8	1.01	62.42	280.00	17477	
	粉煤灰	t	28.09	1.01	28.37	140.00	3972	
3	C20 细石混凝土	m^3	63.45					
	砾石	m^3	83.83	1.02	85.51	70.00	5985	
	砂	m^3	33.25	1.02	33.92	60.00	2035	
	水	t	20	1.02	20.40	2.50	51	
	水泥 32.5	t	20	1.01	20.20	280.00	5656	
	粉煤灰	t	3.81	1.01	3.85	140.00	539	
4	C25 混凝土	m^3	581.68					
	石子	m^3	447.92	1.02	456.88	70.00	31981	
	砂	m^3	303.32	1.02	309.39	60.00	18563	
	水泥 32.5	t	205.43	1.01	207.48	280.00	58096	
	粉煤灰	t	29.35	1.01	29.64	140.00	4150	
	水	t	120	1.01	121.20	2.50	303	
5	C30 混凝土	m^3	963.21					
	石子	m^3	697.85	1.02	711.81	70.00	49826	
	砂	m^3	519.33	1.02	529.72	60.00	31783	
	水泥 32.5	t	339.94	1.01	343.34	280.00	96135	
	粉煤灰	t	48.15	1.01	48.63	140.00	6808	
	水	t	180	1.01	181.80	2.50	455	
三、钢筋工程								
1	线材	t	114.02	0.96	109.46	3300.00	361215	
2	螺纹钢	t	228.8	1.02	233.38	3350.00	781810	
3	扎丝 22 号	kg	1503	1	1503.00	3.80	0	已含在清包人工费中
四、粉刷								
1	水泥砂浆粉刷 18 厚	m^2	2322					1:2.5 墙面
	水泥砂浆	m^3	41.89	1.08	45.24			
	水泥 32.5	t	16.62	1.08	17.95	280.00	5026	
	砂	m^3	41.81	1.08	45.15	60.00	2709	
	水	t	12.54	1.08	13.54	2.50	34	
2	混合砂浆粉刷 18 厚	m^2	5757					墙面
	混合砂浆	m^3	103.62	1.08	111.91			

续表

序号	分项及材料名称	单位	按图实算工程量	本企业损耗率	实际材料用量	材料单价	合价	备注
	水泥 32.5	t	41.4	1.08	44.71	280.00	12519	
	砂	m^3	103.51	1.08	111.79	60.00	6707	
	水	t	31.05	1.08	33.53	2.50	84	
	石灰膏	t	9.11	1.08	9.84	120.00	1181	
							20491	
3	楼面 20 厚 1:3 水砂	m^2	9025					
	水泥砂浆	m^3	181.1	1.08	195.59			
	水泥 32.5	t	72.44	1.08	78.24	280.00	21906	
	砂	m^3	181.02	1.08	195.50	60.00	11730	
	水	t	54.3	1.08	58.64	2.50	147	
五、地砖								
1	400×400 地砖	m^2	187	1.02	190.74	21.00	4006	
2	预制水磨石	m^2	1126	1.02	1148.52	35.00	40198	
3	300×300 地砖	m^2	1489	1.02	1518.78	30.00	45563	
六、卫生间墙面砖								
1	内墙面砖	m^2	760	1.02	775.20	35.00	27132	
七、聚氨酯防水								
1	聚氨酯	kg	75001	1	7500.00	7.80	58500	
八、乳胶漆								
1	乳胶漆	kg	4500	1	4500.00	6.50	29250	
2	大白粉腻子	kg	1300	1	1300.00	3.60	4680	
九、楼梯扶手								
1	楼梯扶手	m	50.6	1	50.60	80.00	4048	
十、油漆								
1	木门油漆	m^2	400	1	400.00	3.00	1200	
十一、焦砟垫层								
1	1:6 水泥焦砟	m^3	184.69				0	
	水泥 32.5	t	39.57	1	39.57	280.00	11080	
	炉渣	m^3	185	1	185.00	30.00	5550	
十二、挤塑泡沫板								
1	挤塑泡沫板	m^3	79.5	1	79.50	650.00	51675	
十三、门锁								
1	门锁	把	311	1	311.00	15.00	4665	
十四、排水管及配件								

续表

序号	分项及材料名称	单位	按图实算工程量	本企业损耗率	实际材料用量	材料单价	合价	备注
1	UPVC 排水管及配件	m	195	1	195.00	13.00	2535	
2	水舌	个	15	1	15.00	5.00	75	
				十五、预埋件				
1	预埋铁件	kg	150	1.02	153.00	3.00	459	
	合计						1969523	

2）辅材材料消耗量的测算。

我们称一些零星的，价格较小的材料为辅材，根据该企业积累的资料，辅助材料一般为 1～5 元/m^2，具体消耗价值的标准主要看人工费清包合同中包括的辅材的多少。如果清包价中包括的辅材较多，则此处列的辅材费少一点，反之多一点。本工程建筑面积 4035m^2，我们根据经验取辅材费为 5 元/m^2，则本工程的辅材费为 4035m^2 ×5 元/m^2 =20175 元。

综上，该工程实体性材料费共计为（1969523 + 20175）元 = 1989698 元。

（4）措施性材料费的精确测算。

1）脚手架材料费的测算。

本工程模板拟采用租赁方式，以下测算按租赁价方式测算。脚手架材料费的精确测算见表 2－6－6。

表 2－6－6　脚手架材料费测算

序号	分项及材料名称	单位	按图实算工程量	使用期限（天）	日租金额	本企业损耗率	合价	备注
1	钢管	m	9100	120	0.012	1.01	13170	
2	扣件	个	3450	120	0.010	1.01	4161	
3	安全网（密目网）	m^2	2100		2.000	1.00	4200	
4	铁丝	kg	35		3.800		133	
5	脚手板（竹笆片）	张	345		18.000	1.00	6210	新购
7	防锈漆	kg	80		3.000		240	
8	钢管扣件等保养费	月	4		500		2000	
	合计						30113	

2)模板材料费的测算。

本工程模板拟采用租赁方式,以下测算按租赁价方式测算。模板材料费的精确测算见表2－6－7。

表2－6－7　模板材料费测算

序号	分项及材料名称	单位	按图实算工程量	使用期限(天)	日租金额	本企业损耗率	合价	备注
1	钢模	m^2	9560	80	0.19	1.01	146765	
2	钢管	m	15717	80	0.014	1.01	17691	
3	扣件	个	8114	80	0.007	1.01	4567	
4	卡具	个	1152	80	0.005	1.01	463	
5	木方	m	2.5	1	1250	1.01	3156	
6	铁丝	kg	250	1	3.80	1.00	950	
7	铁钉	kg	750	1	3.30	1.00	2475	
8	托撑	个	1353	80	0.010	1.01	1088	
9	垫块	个	35556		0.08		2844	
10	脱模剂	kg	250		11.00		2750	
11	塑料布	kg	15		9.80		147	
12	彩条布	m	200		4.00		800	
13	筛子	个	4		40.00		160	
14	钢管扣件等保养费	月	2.5		500.00		1250	
15	养护混凝土用水	t	300		2.50		750	
	合计						185856	

(5)机械费的精确测算。

机械的使用数据与时间取自该工程施工组织设计,租赁价格取自该公司成本数据库。

机械费的精确测算见表2－6－8。

表2－6－8　机械费测算

序号	设备名称	单位	数量	规格型号	月租金	使用期限	合价	备注
1	大型机械租赁费							
1.1	塔式起重机	台	1	80T. M	20000	4	80000	
1.2	塔式起重机基座	座	1		14000		14000	
1.3	进退场费	台次	1		12000		12000	
2	中小型机械租赁费							

续表

序号	设备名称	单位	数量	规格型号	月租金	使用期限	合价	备注
2.1	夯实机	台	2	电动	250	1	0	分包自备,价格已包括在清包人工费中
2.2	电动卷扬机	台	4	单筒.30T	500	6	12000	
2.3	搅拌机	台	1	强制式	850	2.5	2125	
2.4	砂浆机	台	2	200T	300	6	3600	
2.5	振捣器	台	4	插入式	85	2.5	0	分包自备,价格已包括在清包人工费中
2.6	振捣器	台	1	平板式	85	2.5	0	分包自备,价格已包括在清包人工费中
2.7	调直机	台	1		90	2.5	225	
2.8	切断机	台	1		415	2.5	1037.5	
2.9	弯曲机	台	1		310	2.5	775	
2.10	圆锯机	台	1		320	2.5	800	
2.11	弯箍机	台	1		320	2.5	800	
2.12	手提锯	台	3		50	2.5	375	
2.13	泵送混凝土	m	1570		15		23550	15 元/m
2.14	交流电焊机	台	2	50KVA	900	2.5	4500	
3	动力费							
3.1	柴油	L	600		3.5		2100	
3.2	润滑油	$100m^3$混凝土	15.7		80		1256	
3.3	电力费						0	在其他成本项中单列
4	其他费							
4.1	机械维修保养						5000	
	合计						164143.5	

(6)专业分包费的测算。

门窗等常见的专业分包项目,单位可以取自市场价(供应链中经常合作的分包商的报价)。

工程量按依据图纸实算工程量或工程量清单中的工程量。

专业分包费的精确测算见表2-6-9。

表 2-6-9　专业分包测算

序号	分项名称	单位	数量	市场单价	市场合价	备　注
1	塑钢窗	m	418	170	71060	
2	木门	m	145	85	12325	不含油漆锁
3	木隔断	m	103	100	10300	双面三合板
4	防火门	m	10.8	170	1836	
	合计				95521	

(7)措施费的精确测算。

接下来我们来测算措施费的主要部分——临时设施及安全文明费。此项费用的测算较具“个性”,往往没有统一的可参考标准,类似于我们买房时的“一房一价”,要依据具体的施工组织设计而定,以下的测算按本工程的施工组织设计测算。

临时设施费、安全文明费测算的精确测算见表 2-6-10。

表 2-6-10　临时设施费、安全文明费测算

序号	费用名称	单位	数量	单价(新建价与本次摊销价)	合价	备注
1	办公室	m	50	350	17500	新建
2	厨房	m	30	350	10500	新建
3	厨房设施	套	1		800	
4	厕所、浴室	m	30	350	10500	新建
5	围墙	m	80	120	9600	新建
6	宿舍(150 人、8 人/间)	m	200	300	60000	新建
7	警卫室	m	6	300	1800	新建
8	水泵房	m	4	300	1200	新建
9	配电间	m	4	300	1200	新建
10	施工标牌	元	1	1500	1500	
11	企业形象标记	元	1	1000	1000	
12	场地硬化	m	150	30	4500	
13	宿舍床铺(双人上下铺)	套	80	150	12000	新购
14	照明设施	套	20	20	400	
15	通信设施(电话)	套	1	200	200	
16	仓库	m	18	200	3600	
17	临时设计管线费	元			20000	
	小计				156300	

(8)管理费的精确测算。

本工程管理费主要包括现场管理费、经营管理费、仪器和仪表使用费等。

1)现场管理费。

现场管理费的精确测算见表2-6-11。

表2-6-11 现场管理费测算

序号	费用名称	单位	数量	单价	期限	小计	备注
1	管理人员工资	人	4	2000	6	48000	
2	后勤人员工资	人	1	1000	6	6000	
3	办公器具及耗材	元	1	1500		1500	
4	桌椅	套	8	180	1	1440	
5	电扇	台	3	80	240	200	
6	电话费	元	1	2000	2000	1500	
7	交通费用	元	1	3000	3000	3000	
8	其他费用	元	1	5000		5000	年摊销费用
	合计					66640	

2)经营管理费测算。

经营管理费的精确测算见表2-6-12。

表2-6-12 经营管理费测算

序号	费用名称	单位	数量	单价	期限	小计	备注
1	业务招待费	元	1	2000	6	12000	
2	财务费用	元	1	2000		2000	
3	交纳企业上级管理费	元	1			70000	约为造价的3%
4	其他不可预见费	元	1			20000	
	合计					104000	

3)仪器仪表使用费测算。

仪器仪表使用的精确测算见表2-6-13。

表 2-6-13 仪器仪表使用费测算

序号	名称	单位	数量	单价	合价(摊销价)	备注
1	配电箱柜	组	6		1200	
2	电表、变压器	套	8			
3	对讲机	部	3			
4	经纬仪	台	1		1000	
5	水准仪	台	1			
6	铝合金标尺	杆	1			
7	施工测量配套	组	3			
8	台称	台	1			
9	磅	台	1			
10	混凝土试块仪器	组	4		5000	
11	砂浆试块仪器	组	2			
12	温度计	根	6			
13	稠度仪	组	1			
14	坍落度筒	个	1			
15	测含水率仪器	套	1			
16	温控器	套	1			
17	养护箱	套	1			
18	空调机	台	1	1000	1000	
19	生产照明设施(普通)	组	15	25	375	灯具、插座、线
20	镝灯	个	3	450	1500	
21	太阳灯	个	5	80	500	
22	生产给排水设施	组	2	250	500	
23	消防设施	套	10		1600	
24	维修保养				2500	
25	电线电缆	m	300	100	800	
	合计				15475	

(9)其他成本项的精确测算。

在这一部分我们主要对水电费进行一下测算。

其他成本项的精确测算见表 2-6-14。

表 2-6-14 水电费测算

序号	设备名称	单位	数量	规格型号	功率/台班	每天使用时间	使用期限	合计	备注
一、生产用电									
1	夯实机	台	2	电动	16.6	12	30	1494	分包自备

续表

序号	设备名称	单位	数量	规格型号	功率/台班	每天使用时间	使用期限	合计	备注
2	电动卷扬机	台	4	单筒30t	390.6	10	36	70308	完全负荷状态累计时间
3	搅拌机	台	1	强制式	64.51			1277	按每小时出 $12m^3$ 混凝土计，共 $1900m^3$ 混凝土
4	砂浆机	台	2	200t	8.61			108	按每小时出 $5m^3$ 砂浆计，共 $500m^3$ 砂浆
5	振捣器	台	4	插入式	2.5	12	12	180	分包自备
6	振捣器	台	1	平板式	2.5	12	4	15	分包自备
7	调直机	台	1		11.9	12	36	643	累计使用时间
8	切断机	台	1		32.1	12	36	1733	累计使用时间
9	弯曲机	台	1		12.8	12	36	691	累计使用时间
10	圆锯机	台	1		24	12	36	1296	累计使用时间
11	弯箍机	台	1		12.9	12	36	697	累计使用时间
12	手提锯	台	3		7.8	12	36	1264	累计使用时间
13	交流电焊机	台	2	50kVA	156.45	12	9	4224	累计使用时间
14	镝灯	台	3	3kW	24	12	50	5400	
15	其他照明系统	套	10	200W	1.6	12	60	1440	
16	其他加工用电							500	估值
	用电量小计	度						91269	
	费用							54761	单价0.6元/(kW·h)
				二、生活用水、电					
1	照明	套	10	100W	8	12	80	9600	
2	空调机	台	1	1.5kW	12	8	60	720	
3	食堂	天			50		80	4000	每天50kW·h计
4	计算机及配套	套	1	80W	6.4	6	80	384	
5	取暖系统	套	5	1.2kW	12	12	60	5400	
6	其他用电							1000	暂估
7	制冷	套	5	80W	6.4	12	60	2880	夏天驱热
	用电量小计							23984	
	费用							14390	单价0.6/(kW·h)
8	生活水费	t	1200		2.5			3000	
	水电费合计							17390	
	生产生活水电费总计							72152	

(10)成本汇总。

成本汇总见表2-6-15。

表2-6-15 工程成本汇总

序号	费用名称	金额
1	人工费	512532.5
2	实体性材料费	
2.1	主要材料费	1969523
2.2	辅助材料费	20175
3	措施费材料费	
3.1	脚手架材料费	30113
3.2	模板材料费	185856
4	机械费	164143.5
5	专业分包	95521
6	措施费	
6.1	临时设施费、安全文明费	156300
7	管理费	
7.1	现场管理费	66640
7.2	经营管理费	104000
7.3	仪器仪表使用费	15475
8	其他成本项	
8.1	生产用电费	54761
8.2	生活用水电费	72152
	合计	3447192

从成本角度编制与审核施工组织设计

答:施工组织设计是所进行的投资控制,针对建安过程,这有利于宏观的固定资产管理。其着眼点不是关于项目的投资方向、投资结构、资金筹措方式和渠道,而是控制一个具体项目的实施过程。

为了控制项目的计划投资，要从投资环境开始，从工程的分项分部工程开始，一个环节一个环节地控制，从“小”处着手，放眼整个项目；从多方面着手，实施全面控制。

要完成一个工程项目，就要施工。随着施工的深入，资金就要相继投入。从资金投放数量来讲，其他阶段都无法与施工阶段相比，它是资金投入的最多阶段。所以，必须把握住施工阶段这个最突出的特点。而施工组织设计是为满足设计意图的实现而采取的技术措施，技术措施又以经济作保障。建筑工程的经济即建安投资。施工阶段是暴露问题最多的阶段。根据设计，使工程项目实体实施是施工阶段要解决的根本问题。所以，在施工之前各阶段的主要工作，如规划、设计、招标以及有关的准备工作做得如何，全部要在施工阶段主动或被动地接受检验，各项工作中存在的问题会大量地暴露出来。在施工阶段，如果不能妥善处理这些问题，那么工程项目总体质量就难以保证，工程进度就会拖延，投资就会失控。正因为暴露问题最多，所以施工组织设计至关重要，每一个分项、分部都不能有任何遗漏。

(1)熟悉工程概况。

由于建筑工程有它自身的特点，每一项建设工程都有指定的专门用途，所以也就有不同的结构、造型和装饰，不同的体积、面积、工艺和材质。即使是用途相同的建设工程，技术水平、建筑等级和建筑标准也有差别。而且受气候、地质、地震、水文等自然条件的影响而不同，所以一定要熟悉工程概况，做到胸有成竹。

(2)充分做好施工准备。

设计图纸接到后，应组织有关人员熟悉图纸，做好图纸会审并记录，留入存档。组织劳动力、机具，布置施工现场。组织材料进场，做好材料化试验及配合比工作。做好抄平放线工作，提前为挖土开槽做好准备。这些准备工作充分、具体，不但有利于提高工程的工期、质量，而且有利于降低工程造价。

(3)审查施工组织设计时应注意的成本控制点。

在审查施工组织设计时应注意见表2－6－16内容。

表2－6－16　审查施组注意点

序号	项目	注意点
1	土方工程	桩孔开挖时，在充分掌握地质报告的情况下，还应观察、分析、判断实际的工程情况与地质报告是否完全相符。黏土或风化岩土可不做护壁，对于杂土或松散土需随挖随打护壁，每节护壁的长度以及壁厚、钢筋的布置等均应经济，避免不必要的浪费
2	混凝土浇筑的施工方法	钢筋笼的制作，因地下土质不一，每个桩孔深度也不一样。制作时应按着每个桩孔实际测量，然后下料制作。钢筋笼的安放，因其长度、质量不一致，可分别采用人工或机械安放。在安放时应防止旋转、弯曲，并要求对准孔位垂直缓下，避免撞击孔壁，造成返工或重复倒土等现象
3	混凝土后浇带支撑系统	应审查后按实计算
4	垂直运输机械	应审查后，按审查的施工组织设计的基础工期和垂直运输机械台数，按施工机械台班费用定额计算，并入定额基价直接费内收取各项费用
5	塔式起重机固定式基础混凝土和钢筋用量	应按审查后施工组织设计按实调整
6	水池、挡墙等构筑物其脚手架	按审查后的施工组织设计套用定额中单项脚手架项目计算脚手架费用
7	采用特种机械吊装构件	审查同意后才能计取特种机械使用费

施工组织设计是建安工程的重要组成部分，它包含的组织措施、技术措施、经济措施直接涉及工程成本，且直接影响工程的进度质量。所以，施工组织设计的编制与审核对工程成本控制具有十分重要的影响。

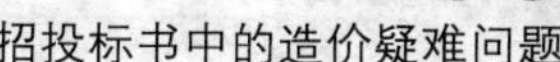

成本测算方法归纳（表2-6-17）

表2-6-17 成本测算方法

序号	费用名称	费用类别	测算办法
1	人工费	从量	按劳务清包单价进入成本,包含劳务管理费(或工日费、专业分包费)
2	水、电、焊等少数工种	从值	按现场最少配备数量,结合实际工资奖金,按产值摊入相关成本
3	外分包项目	从量	按市场价综合进入成本
4	主要材料	从量	按实际价格进入成本
5	其他市场材料	从值	按同类工程的消耗量、按产值摊入成本
6	脚手架	从量	按确定的施工方案,定量计算人工费,材料宜按租赁费
7	竹胶模板	从量	按拟投入的数量及采购价,结合同类工程的周转次数全部摊销于该工程
8	设施材料	从值	按最小使用量及租赁费按工作量摊入成本
9	机械费	从量	按年折旧摊销或市场租赁费计算
10	大临设费	从量	按现场实际用量及市场价计算
11	其他直接费	从值	按现场实际情况结合同类工程资料测算(包含车辆及实验设备)
12	现场管理费	从值	按现场实际已配管理人员的工资奖金标准及同类工程差旅费、交通费、办公费等测算
13	上缴公司管理费用	从值	按合同单价、按公司规定费率计算
14	水电费	从值	预测总价按产值摊入
15	规费、税金	从值	按合同单价、按国家规定费率计算

第三章

施工阶段全过程造价控制报告中的疑难问题

第一节

合同控制造价

从前面所讲的“供应链”知识，我们可知整个项目是由一个个合同组成，合同是控制项目顺利完成的“项目法律”。工程造价人员因其知识结构，在合同控制造价阶段大有可为。工程造价人员可参与确定建设工程施工合同体系；并草拟施工合同文本。工程造价人员在确定建设工程施工合同或提供合同文本的咨询服务时，应做好以下几个方面的工作：

(1)工程造价人员应负责拟定建设工程施工合同中与工程计量、计价、付款、变更费用、索赔费用、结算处理和保修费用内容相关的合同条款。

(2)工程造价人员参与发包人与承包人合同谈判的，应负责对有关合同条款内容进行解释、说明。

(3)工程造价人员应建议在合同条款中，对涉及工程造价的下列事项进行约定：

1)工程预付款的数额、支付时限及抵扣方式。

2)工程进度款的支付数额、方式及时限。

3)工程中发生变更时,工程价款的调整或索赔方式以及时限。

4)发生工程价款纠纷的解决方法和程序。

5)约定承担风险的范围及幅度以及超出约定范围和幅度的调整办法。

6)工程竣工价款的结算确定、支付方式及时限。

7)安全措施和意外伤害保险费用。

8)工期提前或延后的奖惩办法。

9)与履行合同、支付价款相关的担保事项。

10)工程保修费用的确定、支付有关事项。

工程造价人员在全过程造价控制中,可根据工作需要形成以下报告中的一种或几种,或类似造价文件:

1)全过程造价控制报告。

2)工程变更与现场签证审核报告。

3)工程费用索赔审核报告。

4)成本分析与调整报告。

5)工程竣工结算审核报告。

1. 问:工程量发生变化时,如何调整分部分项工程费?

答:(1)工程量的偏差。

是指承包人按招标工程招标时(非招标工程按合同签定时)的图纸(含经发包人批准由承包人提供的图纸和履行本合同的相关大样图等)实施、完成合同工程的实际工程量与工程量清单开列的工程量之间的偏差。

对于任一分部分项工程的清单项目,如果因工程量的偏差和工程变更等原因导致最终完成的工程量与工程量清单中开列的工程量相差 10% 以上(具体比率按合同约定),且该变化使扣除预留金和零星工作项目费后的合同价款变化超过了 0.01%(具体比率按合同约定),则超过 10% 部分的综合单价应予调整。

(2)发包人、承包人可参考以下方法调整分部分项工程清单项目结算价。

1)当 $Q_1 > 1.1Q_0$ 时,由造价工程师按规定核实竣工结算文件时向承包人提出 P_1,经发包人承包人确认后一般按下述公式计算:

$$C = 1.1Q_0 \times P_0 + (Q_1 - 1.1Q_0) \times P_1$$

2)当 $Q_1 < 0.9Q_0$ 时,由承包人按规定在递交竣工结算文件时向发包人提出 P_1,由造价工程师核实并经发包人确认一般后按下述公式计算:

$$C = 0.9Q_0 \times P_0 - (0.9Q_0 - Q_1) \times P_1$$

式中:C——调整后的分部分项工程清单项目结算价;

Q_1——最终完成的工程量;

Q_0——工程量清单中开列的工程量;

P_1——调整后的清单项目综合单价;

P_0——承包人在工程量清单中填报的综合单价。

2. 问:工程量发生变化时,如何调整措施项目费?

答:措施项目是非工程实体项目,是开口清单,如图 3-1-1 所示。

(1)措施费如何支付?

《建设工程价款结算暂行办法》第十二条,“工程预付款结算应符合下列规定:(一)……计价执行《……计价规范》的工程,实体性消耗和非实体性消耗部分应在合同中分别约定预付款比例。……”

- 措施费的计价类型
  - 与实体项目工程量相关型:模板(按相关实体工程量计算总额)等
  - 总额包干型:临时设施费(按费率计算总额)等
  - 与工期相关型
- 措施项目的应用类型
  - 为全工地服务
  - 为具体施工过程服务:模板与支撑(独立列项)、挡土板(计入土方单价)

图3-1-1 措施费计价与应用类型

《建筑工程安全防护、文明施工措施费用及使用管理规定》第七条,"建设单位与施工单位应当在施工合同中明确安全防护、文明施工措施项目总费用,以及费用预付、支付计划、使用要求、调整方式等条款。

建设单位与施工单位在施工合同中对安全防护、文明施工措施费用预付、支付计划未作约定或约定不明的,合同工期在一年以内的,建设单位预付安全防护、文明施工措施项目费用不得低于该费用总额的50%;合同工期在一年(含一年)以上的,预付安全防护、文明施工措施费用不得低于该费用总额的30%,其余费用应当按照施工进度支付。"

(2)措施费如何调整?

1)措施费一般不作调整,如果工程量的偏差使分部分项工程项目费的变化超过了10%(具体比较按合同约定比率),则分部分项工程项目费超过10%部分的措施项目费应予调整。

2)发包人、承包人一般可参考以下方法调整措施项目费:

①当 $S_1 > 1.1S_0$ 时,由承包人按规定在递交竣工结算文件时按下述公式向发包人提出,由造价工程师核实并经发包人确认后执行:

$$M_1 = M_0 \times (S_1/S_0 - 0.1)$$

②当 $S_1 < 0.9S_0$ 时,由造价工程师按规定核实竣工结算文件时按下述公式向承包人提出,经发包人承包人确认后执行:

$$M_1 = M_0 \times (0.1 + S_1/S_0)$$

式中:S_1——最终完成的分部分项工程项目费;

S_0——承包人报价文件的分部分项工程项目费;

M_1——调整后的结算措施项目费;

M_0——承包人在工程量清单中填报的措施项目费。

3. 问:暂列金额如何使用?

答:暂列金额是为变更工程或其他与本工程有关的项目准备的备用金,只有发包人有权动用。一般甲供材料、设备只在合同中列出损耗率作为约定,而不列入工程量清单。

(1)暂列金额的用途。

工程量清单中开列的暂列金额是用于实施合同工程的任一增加部分,或用于提供货物、材料设备或服务,或用于意外事件的一笔款项。

(2)暂列金额的支付。

经发包人批准后,监理工程师应就承包人发出指令。造价工程师就此项指令提出所需价款,经发包人确认后支付。

(3)提供暂列金额支付票据。

造价工程师有要求时,承包人应提供使用暂列金额支付项目的所有报价单、发票、账单或收据。

4. 问:计日工如何使用?

答:计日工费用的报价普遍采取以下四种办法:

(1)在合同中规定变更费用的最低允许支付额,避免计日工的零星支付。

(2)在清单中规定人工费和机械台班的单价,当零星变更发生时,用现场监理确认数量乘以双方确认的单价即可。

(3)招标人列出项目名称,要求投标人既报零星工作数量也报综合单价、总价,并作为投标总价的一部分包干使用。

(4)计日工的数量为暂估数量,最后按实际调整,投标人填报单价和总价,并进入投标总价。

承包人投标文件中填报的计日工项目单价用于少量额外工作计价。经发包人批准后,监理工程师应就使用计日工项目费的工作发出书面指令。造价工程师按实际数量和承包人投标文件中填报的计日工项目单价的乘积计算并提出此类工作所需价款,经发包人确认后向承包人支付。

所有按计日工项目方式支付的工作,承包人应按计日工项目表格做好记录。当此工作持续进行时,承包人应每天将记录完毕的计日工项目表一式两份送交给监理工程师。监理工程师在收到承包人提交记录的2天内予以确认,并将其中一份返还给承包人,作为工程计价和工程款支付的依据。逾期未确认或未提出修改意见的,视为监理工程师已认可记录。

零星工作项目费与工程进度款同期支付。每个支付期末,承包人应按规定向发包人提交本期间所有计日工项目记录汇总表,以说明本期间自己认为有权获得的计日工项目工作费。

5. 问:提前工期奖与误期赔偿费如何计算?

答:(1)提前竣工奖。

发包人、承包人可在合同中约定提前竣工奖,明确每日历天应奖额度。约定提前竣工奖的,如果承包人的实际竣工日期早于计划竣工日期,承包人有权向发包人提出并得到按合同中约定的每日历天应奖额度和实际提前竣工天数的乘积计算的提前竣工奖。除合同另有约定外,提前竣工奖的最高限额一般为扣除预留金和零星工

同另有约定外，提前竣工奖的最高限额一般为扣除预留金和零星工作项目费后合同价款的5%。提前竣工奖列入竣工结算文件中，与竣工结算款一并支付。

(2)误期赔偿费。

发包人承包人应在合同中约定误期赔偿费，明确每日历天应赔付额度。如果承包人的实际竣工日期迟于计划竣工日期，发包人有权向承包人索取按合同中约定的每日历天应赔付额度和实际延误竣工天数的乘积计算的误期赔偿费。除合同另有约定外，误期赔偿费的最高限额一般为扣除预留金和零星工作项目费后合同价款的5%。发包人可从应支付或到期应支付给承包人的款项中扣除误期赔偿费。

如果在工程竣工之前，发包人已对合同工程内的某单项工程签发了竣工验收证书，且竣工验收证书中表明的竣工日期并未延误，而是合同工程的其他部分产生了工期延误，则误期赔偿费应按已签发竣工验收证书的工程价值占合同价款的比例幅度予以减少。

6. 问：承包人如何提交支付申请？

答：发包人、承包人应在合同中明确进度款的支付期时限。合同没有约定的，支付期间按月为单位。承包人应在每个支付期间结束后的合同规定时限内向造价工程师发出由承包人代表签署的已完工程款额报告和支付申请一式四份，详细说明此支付期间自己认为有权获得的款额，包括分包人、指定分包人已完工程的价款，并抄送发包人和监理工程师各一份。该支付申请的内容包括：

(1)已完工程的价款。

(2)已实际支付的工程价款。

(3)本期间完成工程价款。

(4)本期间完成的零星工作项目价款。

(5)本期间应支付的预留金价款。

(6)本期间应扣除的误期赔偿费。

(7)应支付的工程变更价款。

(8)物价和后继法律法规的调整。

(9)应扣回的预付款。

(10)本期间应支付的安全防护、文明施工措施费。

(11)本期间应扣留的质量保证金。

(12)根据合同规定,本期间应支付或扣留(扣回)的其他款项。

(13)本期间应支付的工程价款。

7. 问:造价师如何签发支付证书?

答:造价工程师在收到支付申请资料后,应按规定进行计量,并根据计量结果和合同约定对资料内容予以核实,在收到支付申请资料后的 28 天内(或合同约定期限)报发包人确认后向发包人发出期中支付证书,同时抄送承包人。

如果该支付期间应支付金额少于合同约定的期中支付证书的最低限额时,造价工程师不必按本款开具任何支付证书,但应通知发包人和承包人。上述款额转期结算,直到累计应支付的款额达到合同约定的期中支付证书的最低限额为止。

8. 问:物价发生变化时,可否调整合同价款?

答:合同履行期间,当工程造价管理机构发布的人工、材料、设备价格或机械台班价格涨落超过合同工程基准期(招标工程为递交投标文件截止日期前 28 天;非招标工程为订立合同前 28 天)价格 10% 时(具体按合同规定),发包人承包人不利一方应在事件发生的 14 天内通知另一方,并参考下述公式调整工程价款。否则,除征得有利一方同意外,合同价款不作调整。

$$C'_n = C_n \cdot P_n = C_n(A + B \cdot L_n/L_0 + C \cdot E_n/E_0 + \cdots + q \cdot M_n/M_0)$$

式中：C'_n——调整后第 n 支付期间应支付的合同价款；

C_n——调整前第 n 支付期间应支付的合同价款；

P_n——第 n 支付期间合同价款调整乘数。

a、b、c、…、q、L_n、E_n、…、M_n 应在合同中约定。没在合同约定的，视为不做调整。a 是固定系数，表示合同付款中的不予调整部分的权重系数；b、c、…、q 分别表示各相关要素占合同价款总额的权重系数，可表示人工、材料、设备、机械等资源。发包人和承包人应在合同中逐一明确各资源的权重系数，要求：$a+b+c+\cdots+q=1$。

L_n、E_n、…、M_n 表示第 n 支付期间各相关要素的工程造价管理机构发布的参考价格；L_0、E_0、…、M_0 表示基准期各相关要素的工程造价管理机构发布的参考价格。

9. 问：如何对合同进行审查？

答：施工合同包括协议书、通用条款、专用条款三个主要部分组成。由于每个工程项目的特殊性，所以在协议书和专用条款中的内容不尽相同。审查中要对协议书中的重点条款重点把关，见表3－1－1。

表3－1－1 合同审核重点

序号	审查重点	说 明
1	工程项目合同价	要搞清其价格是中标价，还是中标后的让利价。因为很多施工单位为了得到工程项目，在投标书中明确表示，如果中标，可让利几个点数作为优惠条件，一般让利在5%以内，所以搞清这一点十分重要
2	工程量增减计价	业主往往在招投标中只有主体部分，室外工程、一般简单的装饰工程都未列入招标的内容，在施工过程中设计变更经常发生。因此，项目的工程量增减很大，结算价将会大大超过合同价，如果增加部分按实结算，增加工作量就必须要考虑与主体工程计价的优惠条件一样对待让利；对减少部分的工程量要扣除原中标让利的点数，这样才能保证工程项目的所有工程量无论是列入招标范围还是施工过程中增减的工程量，其计价的方法都是一致的，结论都是公平合理的

续表

序号	审查重点	说　明
3	工程款及进度款支付	需要预付款的支付，按当月工程量的70%支付，当付至合同价70%时，停止支付进度款，待工程竣工验收合格审计后，一次性支付到审核工程总造价的95%（包括预付款、进度款）
4	隐蔽工程验收及签证	在隐蔽工程开工前以及完工后都要有3人以上的签证（甲方2人，监理方1人）并附有说明原因的图纸，防止“人情关”和不负责任的态度
5	材料价格签证	在合同中明确约定，凡是没有监督单位参加市场调查而认定的材料价格，只能作为暂定价或者最高限价，仅供结算时参考，不作材料结算价格的依据
6	保修条款	严格按照《建设工程质量管理条例》第六章建设工程质量保修条款执行
7	工程质量争议或其他纠纷处理问题	合同中的约定如果出现质量纠纷或其他争议，首先协商解决，协商不成只能向合同执行地区的仲裁机构申请仲裁或者向人民法院诉讼
8	审价费	为了防止施工单位高估冒算和虚报工程量，如，可在合同中约定，工程造价审减率超过5%部分的审价费由施工单位付款

10. 问：甲方现场代表都做些什么工作？

答：(1)甲方代表是业主对建设工程项目进行管理的派出人员，并代表业主对该项目的管理全面负责，对施工、监理单位的行为进行协调、监督。

(2)甲方代表权利义务一般有：

1)甲方代表必须定期向业主汇报施工现场阶段性工作、现场发生的工程施工问题。

2)甲方代表有义务向材料科提供甲供材料数量、规格、品种；参与质量与价格的调研工作，并有权参与招投标项目的认定工作；甲方代表对分管工程的工程计量负责。由于工程量的确认是工程决算的重要依据之一,甲方代表应组织相关人员按业主的相关规定、程序对工程量进行签证,并对签证的所有单证负责。

3)甲方代表必须按时参加分管工程的工程例会、工程协调会、图纸会审、工程验收会,并做好每次会议的会议纪要以备存档。

4)甲方代表应参加分管工程的设计、勘探管理工作,负责处理现场的一般设计变更,并报施工科认定。较大设计变更必须向分管技术的领导汇报,处理结果必须报分管领导。

5)甲方代表负责分管工程现场的文明、安全管理工作,要力争负责的工程创文明、安全工地。

6)甲方代表负责分管现场与设计、施工、材料供应、监理等单位的工作联系。发现问题应及时解决,若不能解决,应向分管领导书面汇报,并提出自己的建议。

7)甲方代表负责分管工程的竣工交付后的使用服务工作。工程竣工后在质保期间发生的相关事情,甲方代表必须负责及时解决。

8)甲方代表负责组织相关人员起草分管工程的有关文件、工程报告、会议纪要以及各项目招投标的招标文件。

9)甲方代表负责分管工程的投资、材料计划的管理工作;由于工程资金的支付按工程进度进行,故甲方代表应定期向上级报告本工程的工程进度,根据现场实际情况向有关领导提出合理化支付建议,以配合领导做好投资控制工作。

10)甲方代表负责分管工程的进度控制的检查督促工作。

11)甲方代表负责分管施工现场的其他业主安排的工作。

12)甲方代表负责监理与业主的工作联系,及时把自己职权外的甲方应该做的事情向分管领导书面反映,并拟定处理方案。

13)甲方代表必须督促监理做好隐蔽工程、竣工工程的验收工作,并经常参加现场工程检查,发现问题及时解决,重大问题书面汇报分管领导。

14)甲方代表必须督促施工单位、监理做好工程资料的收集整理,并及时把资料送交业主资料室;若施工单位或监理不按规定送交,甲方代表则应及时向分管领导反映。

15)甲方代表依据建设工程监理规范检查督促监理工作。务必尽量让监理积极主动地独立工作。

三 经验

1. 合同中一些西化词语释义

答:在一些合同文本中(特别是 FIDIC 合同),常常使用一些西化的词汇,一些读者读起来可能不太习惯,现将部分词汇归纳于表 3-1-2,供大家工作中参考。

表 3-1-2 合同西化用词释义

序号	西化用词	国内习惯用语	备　注
1	合约	合同	
2	雇主	业主、建设单位、甲方	
3	承包商	建筑公司、施工单位、乙方	
4	中标函	中标通知书	
5	投标函	投标书	
6	缺陷通知期、缺陷责任期	质量保修期	国内合同在工程竣工移交雇主的那一刻起,就意味着除质量保修之外的所有合同内容"履约完毕"。实际除了合同明确规定的结算相关事项外,至少在工程备案及竣工图相关事项方面承包商还有大量的工作要做
7	最终付款证书	结算审价报告	
8	期中付款证书	工程进度款审核单	
9	保留金	保修金	
10	报表	付款申请预算书及工程相关报告	
11	误期损害赔偿费	延期罚款	

视野·方法·经验·数据

2. 固定单价合同预结算审核技巧

答:固定单价合同是指根据单位工程量的固定价格与实际完成工程量计算合同的实际总价的工程承包合同。固定单价合同采用综合单价计价方式,综合单价中包含了完成分部分项工程所需的人工费、材料费、机械费以及相关的各项费用、利润、税金、风险等,见表3-1-3。

表3-1-3 预结算审核点

序号	审核点	说明
1	审核工程招标文件中明确列项的每个分部分项工程按照甲方要求及技术规范所应包含的工程内容与工程要求	经常有施工单位将已经包含在综合单价中的部分工程内容作为洽商单独列项,向甲方索赔。某工程双方在合同中已约定了制安钢护网的综合单价,其中已经包含了钢柱混凝土基础的内容,但乙方在编制的结算书中,除了按实际的护网工程量和约定的综合单价计算护网的造价外,又单独列出了挖柱基、混凝土基础、预埋铁件等子项内容
2	审核施工阶段的增补项目和增减工程量	根据工程管理人员的签署意见对增补内容进行分析,区分该项工作是否有必要重新列项,是否已包含在合同中;如果有必要重新列项,要注意从以下三个方面审核其单价的真实性: ①在工程量表中有同种工作内容的单价,应以工程量表中的价格计算变更费用。实施变更工作未引起工程施工组织或施工方法发生实质性变动,不应调整该项目的单价。 ②工程量表中没有列出同类工作的单价,但有可参考的项目,则其单价应参照类似项目的单价进行调整。 ③在工程量表中没有同类或可参考的工作内容的单价,应按照与合同单价水平相一致的原则去审核该项目的单价。也就是说人工、材料、机械的消耗量及各项费用等应参照中标时的标准调整。尤其是企业管理费、利润,应执行中标时的承诺,不得任意调整。如安装项目,承包商中标时企业管理费、利润是分别按15%和1%计取的,但一些洽商增加项目在计算综合单价时,企业管理费、利润却是分别按47.6%和7%计取的

续表

序号	审核点	说明
3	工程数量有误或设计变更引起的工程量增减	审核其工程量增减幅度,对属合同约定幅度以内的,应执行中标时的综合单价;属合同约定幅度以外的,也应按照中标时的承诺和合同的约定进行调整

3. 固定总价合同预结算操作注意事项

答:固定总价合同,俗称“闭口合同”、“包死合同”。所谓“固定”,是指这种价款一经约定,除业主增减工程量和设计变更外,一律不调整。所谓“总价”,是指完成合同约定范围内工程量以及为完成该工程量而实施的全部工作的总价款。

在实践中我们发现,许多业主对结算的管理漏洞太多,所以有必要研究一种有效的模式。实践中,一些业内人士在研究“固定合同总价+工程变更签证”的计价模式,普遍感觉这个模式最接近市场化,也是最公平合理、最有效率的模式,是理想中的结算模式。该模式不存在算量争议,也没有定额套价争议,杜绝业主内部腐败。

但要做好这些,还需注意以下几点:

1)清单项目内容描述要详细,且应组织现场交底。让现场人员掌握,以便于现场设计变更和签证的把握。

2)合同条款须严密、详尽、清楚,可执行性好。并对现场人员做好合同交底。

3)现场人员分工明确,责任清楚。对设计变更和工程签证规定制度和流程,并分级授权,明确各个岗位的责任。

固定总价合同在目前的建筑市场上颇受青睐,特别是外资企业业主更是普遍采用这类合同。这是因为这类合同与固定单价合同、按实结算合同、成本加酬金合同相比具有明显的优势,更能保护业主的利益。

(1)固定总价合同操作应注意的风险点,见表3-1-4。

表3-1-4　固定总价合同操作应注意的风险点

序号	风险点	说　明	实　　例
1	价差	价格风险主要有: ①报价计算错误的风险。 ②漏报项目的风险。 ③不正常的物价上涨和过度的通货膨胀的风险。在固定总价合同中,为了能够实现业主和承包商双赢,一般要约定详细的调价条款。在投标报价时承包商必须对市场风险作出充分的估计,并避免漏报、错报标价	某工程投标截止日为2003年6月,在此之后,全国大部分城市主要建材大幅度涨价,工程所在地的钢材上涨幅度达30%～50%,用钢量为7000多吨,因钢材大幅度涨价造成乙方的损失高达400多万元。承包商建筑公司认为此种涨价是投标人投标时所无法预见的,发包商应当按实补偿。而业主认为合同为"固定总价",材料涨价是承包商应当承担的商业风险,不同意以此为由调整价款。30%～50%的钢材涨幅已完全超出了承包商在投标时能够预见的商业风险范围,属于民法理论上的"情势变更"。 分析:"情势变更"是指作为合同存在前提的情势,因不可归责于当事人的事由,发生了不可预料的变更,从而导致原来的合同关系显失公平,双方利益严重失衡。因钢材大幅度涨价造成承包商增加工程成本400多万元,已远远超出承包商应当承受的商业风险范围。承包商建筑公司提出追加价款有法律依据
2	量差	即工程量计算错误导致的量差主要有: ①工程量计算的错误。 ②由于合同中工程范围不确定、不明确或工程项目未列全所造成的风险和损失。 ③由于投标报价时,设计深度不够所造成的误差	建筑公司在施工中发现工程量漏算、错算比较多,涉及工程造价近300万元(总造价近7000万)。建筑公司认为业主某公司在招标时只给了投标人7天的编标时间,在这7天时间内投标人除了要研究招标文件和招标图纸,还要踏勘施工现场、询标、参加答疑会、编制全套投标文件,客观上无法精确计算工程量,因此要求业主某公司予以补偿。而某业主坚持认为本工程为"固定总价",所有工程量计算疏漏均应由承包商自己承担后果,不同意补偿价款。 分析:根据《招标投标法》第二十四条规定,"招标人应当确定投标人编制投标文件所需的合理时间",而本工程造价近7000万元,招标人某公司只给了投标人短短7天的编标时间,使得投标人建筑公司不可能做到没有任何疏漏。由于这部分疏漏工程量涉及工程造价近300万元,根据《中华人民共和国民法通则》"公平、诚实信用原则",建筑公司请求某公司对其损失进行适当补偿有法律依据。建议建筑公司在谈判无果的情况下,可以根据《中华人民共和国民法通则》和《中华人民共和国民事诉讼法》的规定,提起变更合同价款的变更之诉

续表

序号	风险点	说　明	实　　例
3	工程承包范围	工程范围必须清楚、明确，对此承包商必须认真复核： ①工程设计较细，图纸完整、详细、清楚。 ②工程量小、工期短，估计在工程过程中环境因素（特别是物价）变化小，工程条件稳定并合理；工程结构、技术简单，风险小，报价估算方便。 ③工程投标期相对宽裕，承包商可以作详细的现场调查、复核工作量、分析招标文件、拟定计划；合同条件完备，双方的权利和义务十分清楚	招标人某公司招标时既提供了由某电子工程设计院设计的施工图（蓝图），又同时提供了其委托韩方设计的白图。招标文件规定投标文件的编制依据是"设计图纸"，但未具体明确是哪一种"设计图纸"，在投标截止日前，亦未有文件予以澄清。建筑公司在报价时依据的是施工蓝图，而非韩方设计的白图。在实际施工过程中，业主某公司要求建筑公司以韩方设计的白图为依据进行施工，导致工程量差异，涉及工程价款100多万元。建筑公司认为凡是超出电子工程设计院设计的施工蓝图范围的工程量，均不属于施工承包范围，不在包干造价范围内，业主应按增加工程量追加合同价款。某公司则认为该白图为投标时提供，不同意作为增加工程量增加工程价款。 分析：根据我国相关行业规定和行业常识，白图仅是设计框架，更多体现的是设计理念和设计效果，白图未经深化设计是不能直接作为施工依据的。依据白图通常只能编制工程概算，而只有施工图（蓝图）才是确定工程造价的依据。根据招标文件对投标报价的要求，系争工程属于"总价固定"合同，投标人一旦被确定为中标人，其中标价一般不作调整。因此在业主未明确韩方设计的白图是报价依据的情况下，投标人只能依据电子工程设计院设计的施工图（蓝图）进行报价。在实际施工过程中凡超出施工蓝图范围的工程量，均属于合同增加部分，某公司以韩方白图中已含相应工程量为由不同意作为增加工程量调整工程价款的观点没有法律依据

（2）固定总价合同预算编制程序，见表3-1-5。

表3-1-5　固定总价合同预算编制程序

序号	程序	说　明
1	熟悉图纸	①应熟悉图纸的数量，逐一清点核对，以免图纸漏缺而少算工程量。 ②要熟悉图纸的内容，先面后点，先粗后细，先易后难，弄清施工项目的内部结构、内外装饰要求、地理位置、施工环境，以及项目本身与周围建筑物的关系。 ③熟悉与图纸相关的说明，如总说明、用料说明、补充设计修改说明等，明确各项施工组织设计技术要求，通过先建筑后结构、先主体后构造的循序深入，使施工项目在头脑中形成一个清晰完整的实物形象

续表

序号	程序	说明
2	合理计算有关费用	①对施工现场仔细踏勘，全面掌握施工现场情况，如障碍物拆除、场地平整、周围环境以及施工条件等，并就现场可采用的施工方法与施工人员取得一致意见。通过踏勘施工现场，获取到编制预算的必要材料，才能和技术部门商讨技术方案，计算必须的技术措施费及开办费。 ②参加图纸会审，发现不合理或明显有错的地方提出来，要求设计人员修改，避免施工过程中重复劳动而延误时间，增加费用，对有疑问的地方及时询问核实，弄通弄懂，不能主观臆断，以免报价不实
3	计算工程总量	①按照工程施工顺序结合定额各个分部工程项目的顺序来立项，定额中没有的项目，参照行业类似水平结合定额编制原则，列出补充定额，并结合分部工程项目的顺序，给出名称，分项工程量计算好后，参加编制的人员同时复查，如时间充裕，亦可复编两份对比，找出差额的原因。 ②不同的施工组织设计会得到不同的预算价格，因此，对施工组织设计要全面了解，如脚手架形式和安装形式、大型土石方开挖运输，土方回填方案、大型垂直运输机构的选择、对深基础开挖等所采用的支撑方案及对临近建筑物的保护措施，只有全面了解施工组织设计要点才能正确套用定额，恰当把握工程量以外的项目和费用
4	预测工期不确定因素的变动趋势	
5	汇总	

4. 合同操作中应注意的法律问题

答：归纳见表3－1－6。

表3－1－6　合作操作中应注意的法律问题

序号	审查重点	审查注意事项
一、审查		
1	建筑工程施工许可证内容审查	①施工许可证上的工程名称、地点、规模等内容是否与依法签订的建设工程施工承包合同相一致。 ②发包人有无为了规避申领施工许可证，故意将应申领施工许可证的工程项目分解为若干限额为工程投资额在30万元以下或者建筑面积在300m^{2}以下的工程项目（具体额度应按当地规定）。 ③是否存在自领取施工许可证之日起超过3个月不开工又不申请延期或者超过6个月不开工的情形。 ④发包人有无在中止施工满1年的工程恢复施工前，报发证机关核验施工许可证

续表

序号	审查重点	审查注意事项
2	发包人发包资格审查	①有无法人资格或者是否系依法成立的其他组织。 ②有无与建设工程相适应的资金或者资金来源。 ③有无与建设工程管理相适应的专业技术人员和管理人员,若不具备的,是否委托有相应资质的承发包代理机构代理发包。 ④初步设计方案是否已获批准。 ⑤建设工程是否已列入年度建设计划。 ⑥是否具备满足施工需要的施工图纸以及有关技术资料。 ⑦发包人有无存在不良记录
3	承包人从业资质与资格审查	按照《中华人民共和国建筑法》第十三条规定,从事建筑活动的建筑施工企业、勘察单位、设计单位和工程监理单位,按照其拥有的注册资本、专业技术人员、技术装备和已完成的建筑工程业绩等资质条件,划分为不同的资质等级,经资质审查合格,取得相应等级的资质证书后,方可在其资质等级许可的范围内从事建筑活动。律师应当注意审查承包人资质证书所许可的业务范围与其承包或分包的工程业务是否一致
4	分包工程的承包人从业资质与资格审查	审查分包工程的承包人资质证书所许可的业务范围与其承包的分包工程业务是否一致;分包工程的承包人是否为个人
二、建设工程施工合同的审查		
1	合同的签订	①应当采用书面形式签订建设工程承发包合同。 ②对于实行招标发包的建设工程,其承发包合同的主要条款内容应当与招标文件、投标书和中标通知书的主要内容相一致,承发包双方签订了建设工程合同后,不应该再签定与合同内容实质性违背的补充协议
2	合同的主要内容	可以依据国家颁布的有关合同示范文本拟定建设工程承发包合同专用条款,并特别注意以下条款: ①工程名称、地点、范围和内容。 ②工期,包括整体工程的开、竣工工期以及中间交付工程的开、竣工工期。 ③工程质量保修期及保修条件。 ④工程造价。 ⑤工程验收及工程价款的支付、结算方式。 ⑥设计文件及概预算、技术资料的提供日期及提供方式。 ⑦材料的供应及材料进场期限。 ⑧工程变更。 ⑨毁约、索赔和争议。 ⑩当事人约定的其他事项

续表

序号	审查重点	审查注意事项
3	发包人的主要义务	发包人履行下列主要责任义务: ①做好施工前的准备工作。 ②按照约定的分工及时向承包人提供各种材料和设备。 ③解决施工中的有关问题,组织工程竣工验收。 ④接受竣工工程并按约定支付工程价款
4	承包人的主要义务	承包人履行下列主要义务: ①做好施工前的准备工作,按期开工,确保工程质量。 ②接受发包人的必要监督。 ③承包人应当按照约定的期限完成工程建设。 ④建设的工程负瑕疵担保责任
5	合同解除	承发包合同一经签订,双方均应严格履行。非法定事由或合同有关的约定,未经双方协商一致,承发包双方的任何一方不得变更或解除合同。一般来说,发包人可请求解除合同的情形有: ①承包人的原因致使建设工程质量不符合约定,在发包人提出的合理期限内,承包人拒绝修复的。 ②工程主体结构验收或者工程竣工验收不合格,且承包人拒绝修复或者无法修复的。 ③承包人在合同约定的工期内未完工,在发包人催告的合理期限内仍未完工的。 ④承包人以自己的行为表示不再继续施工的。 ⑤建设工程竣工前,承包人违法分包、转包建设项目的。 承包人解除合同的情形有: ①发包人违约,未按期支付工程款的。 ②发包人提供的建设材料不合格,又不予更换的。 ③不履行约定的其他协助义务,致使承包人无法施工的。 发包人有上述情形且致使承包人无法施工,在催告的合理期限内发包人仍未履行的,承包人可解除合同。合同解除后,已完工程经验收合格的,发包人应当按照合同结算条款约定支付相应的工程款;已完工程验收不合格的,发包人可请求减少支付工程款,减少的工程款应当以不合格工程的工程款为限

续表

序号	审查重点	审查注意事项
6	合同无效	具有下列情形之一的,应当认定建设工程施工合同违反法律强制性规定: ①承包人未取得资质证书或超越资质登记的。 ②用具有法定资质建设施工单位名义的。 ③招标投标法规定必须招标而未招标或中标无效的。 在合同无效的情况下,发包人及承包人按照过错程度承担承包人返工、修理、停工、窝工损失以及因工程质量缺陷造成发包人的损失;建设工程竣工验收合格的,承包人可请求对其在建设工程的实际投入参照合同约定的工程结算条款折价补偿,建设工程竣工验收不合格,且无法修复,发包人可请求返还已经支付给承包人工程款
7	违约责任的约定	可依据拟签订的合同合理提示发包人不按约支付预付款、进度款、竣工结算价款的法律后果。承包人注意工程质量达不到合同约定的质量标准、不能按合同约定的竣工日期或工程师同意延期的工期竣工的法律后果
8	不可抗力的情形	不可抗力是指承包、发包双方在签约时不可预见、不可避免并不能克服的客观情况。发生不可抗力的情况后,承包方应迅速采取保护措施以尽力减少损失,并在最短期限内通知发包方损失情况。如因承包方未及时采取有关的保护措施或未履行尽快地通知义务,致使损失扩大的,承包方对扩大的损失承担责任。在发生不可抗力不能履行合同时,应当及时书面通知另一方,并在不可抗力结束后及时提供证明
三、施工分包与劳务分包		
1	分包与自行完成	承包人可以按照承发包合同的约定,或者经发包人书面同意将承包工程中的部分工程分包给有资质的其他单位;有特殊资质要求的分部分项工程,如承包人本身不具备此特殊资质,承包人必须将此分部分项工程分包给具有相应资质的其他单位。但实行建设工程施工总承包的,建设工程的主体结构必须由施工总承包方自行完成。自行完成指承包方以自己的管理人员和拥有所有权或使用权的机械、设备独立完成工程。主体结构指能够满足工程所要求的功能和性能,在合理使用期限内安全、耐久地承受内外各种作用的,由不同建筑材料制成的各种承重构件相互连成一定形状的组合体。注意分包的范围,避免转包和非法分包等情形的出现

续表

序号	审查重点	审查注意事项
2	专业工程分包	施工分包分为专业工程分包和劳务作业分包。专业工程分包，是指施工总承包企业将其所承包工程中的专业工程发包给具有相应资质的其他建筑企业完成的活动。专业工程分包除合同有约定外，必须经发包人认可。专业分包工程承包人必须自行完成所承包的工程。 承包方承包建设工程的勘察、设计、施工项目的，可以将部分项目分包给具有相应资质的其他单位。分包项目以最小标的为限。在建设工程勘察、设计项目中，单项工程为最小标的；建设工程施工项目中，单位工程为最小标的
3	发包人指定分包	委托人在分包工程中，任何单位和个人不得对依法实施的分包活动进行干预
4	劳务作业分包	劳务作业分包，是指施工总承包企业或者专业承包企业将其承包工程中的劳务作业发包给劳务分包企业完成的活动。对于劳务作业分包，承发包人应通过劳务合同约定。劳务作业承包人必须自行完成所承包的任务
5	分包工程发包人的责任	分包工程发包人应完成下列责任： ①在订立分包合同后，将合同报送工程所在建设行政主管备案。 ②分包合同发生重大变更，应在变更后 7 个工作日内将变更内容送原备案机关备案。 ③应当设立项目管理机构，组织管理所承包工程的施工活动。 ④按照分包合同的约定履行义务。
6	分包工程承包人的责任	分包工程承包人应按合同约定，就工程质量、工期对分包工程发包人负责
7	禁止转包的情形	工程转包，是指承包方违反《中华人民共和国建筑法》的规定，不行使管理职能，将所承包的工程转给他人承包的行为。有以下行为之一的，为转包： ①承包方将其承包的全部工程转给他人承包的。 ②承包方将其承包的全部工程肢解后以分包名义转给他人承包的。 ③承包方将主体结构工程转给他人承包的。 ④承包方将工程分包给不具备相应资质条件的单位的。 ⑤承包单位将其承包的工程再行分包的。 注意下列情形： ①承包人是否将其承包的全部工程发包给他人。 ②承包人是否将其承包的全部工程肢解后以分包名义分别发包给他人。 ③分包工程发包人是否将工程分包后，未在施工现场设立项目管理机构和派驻相应人员，或未对该工程的施工活动进行组织管理的

续表

序号	审查重点	审查注意事项
8	违法分包的情形	①分包工程发包人将专业施工工程或者劳务作业分包给不具备相应资质条件的分包工程承包人的。 ②施工总承包合同中未有约定，又未经建设单位认可，分包工程发包人将承包工程中的部分专业工程分包给他人的
四、工期延误		
1	工程开、竣工日期的确定	合同对开、竣工日期有约定的，从其约定。合同没有约定的，开工日期可以发包人出具的开工通知书日期为准，竣工日期可以承包人送交竣工验收报告的日期为准；若发包人要修改的，则以承包人修改后提请发包人验收的日期为竣工日期
2	导致工期顺延的情形	应依据合同的约定提示承包人注意下列情形，并及时做好书面记录： ①发包人未按约提供图纸及开工条件。 ②发包人未按约支付工程预付款、进度款，致使施工不能正常进行。 ③发包人指定的代表（以下称指定代表）未按约定提供所需指令、批准等，致使施工不能正常进行。 ④设计变更和工程量增加。 ⑤1 周内非承包人原因停水、停电、停气造成停工累计超过 8 小时。 ⑥不可抗力。 ⑦隐蔽工程在隐蔽前，承包人通知发包人检查，发包人没有及时检查。 ⑧发包人未按约定的时间和要求提供原材料、设备、场地等
3	工程顺延的催告义务	发包人违反《中华人民共和国合同法》第二百七十八条、二百八十三条和二百八十四条规定，承包人应当书面催告发包人在合理期限内履行义务。发包人在合理期限内没有履行义务，承包人有权要求发包人赔偿因此造成的停工、窝工等损失，并相应顺延工期。在发生工程顺延时，应当及时书面告知发包人或指定代表
4	停工期间的确定	经承包人催告，发包人在合理期限内没有履行义务，停工时间从催告之日起算至停工原因消除之日止。暂停和恢复施工都应当以书面的形式提出
五、工程款的确认与支付		
1	工程预付款的支付	承包人应注意得到预付工程款的时间；对发包人不按约定预付款，承包人可以书面方式催告，发包人仍不支付的，承包人可暂停开工并要求发包人承担违约责任

续表

序号	审查重点	审查注意事项
2	工程进度款的支付	在合同约定的时间内向发包人提交已完工作量的报告，并督促发包人按合同约定确定并支付工程进度款。发包人应注意计量工程量的时间，以及不及时计量可能产生的后果
3	竣工结算的确认与支付	建设工程施工合同约定，发包人收到竣工结算文件后，在约定的期限内不予答复，视为认可竣工结算条件，承包人可主张按照竣工结算文件作为结算依据。承包人应当依约尽早提交竣工结算文件。应当在收到竣工结算文件后的合理时间内予以答复，若有异议可一并提出，合同另有约定期限的除外
4	延迟支付工程款的责任	发包人延期支付工程款的，可以依约要求发包人承担延期付款利息，并依约停止工程施工和解除合同。利息从约定付款之次日起，按照中国人民银行发布同期固定资产贷款利率计算。合同没有约定付款时间或者按照合同约定难以确定工程拖欠工程款的，利息自工程交付之次日起算
六、工程材料设备的供应		
1	发包人指定材料设备	按照合同约定，建筑材料、构配件和设备由工程承包单位采购的，发包人不得指定承包人购入用于工程的建筑材料、构配件和设备或者指定生产厂、供应商
2	发包人供应材料设备	发包人，按照合同约定的时间供应由其供应的材料设备，并应对其供应材料设备的质量负责
3	承包人采购的材料设备	承包人，由其采购的材料设备，发包人不得指定生产厂或供应商
七、工程担保与保险		
1	承包人履约保函	承包人应按照合同约定提供履约保函，履约保函形式约定不明的，承包人宜提供母公司保证或银行保函，而不宜提供保证金。发包人依约在承包人提供履约保函前拒付工程款
2	工程保险	发包人自行投保建筑工程或者安装工程一切险，通过招标或谈判取得保险人较为全面的保障。承包人应为从事危险作业的职工办理意外伤害保险
八、工程质量与验收		
1	隐蔽工程验收	承包人，在发包人接到通知后未及时对隐蔽工程进行验收时，不仅可以顺延工期，而且有权要求发包人赔偿停工、窝工等损失

续表

序号	审查重点	审查注意事项
2	工程竣工验收	承包人,在合同中约定发包人在收到竣工验收报告后28天内组织验收,并在验收后14天内给予认可或提出修改意见;逾期不组织验收或不提出修改意见的,可视为对竣工验收报告的认可
3	未经验收擅自使用的后果	发包人,在工程未经验收合格擅自使用的,不得就工程质量和由此造成的人员、财产损失要求承包人赔偿
4	竣工验收备案	承包人,工程竣工验收备案是由发包人报送的,因此在合同中约定的竣工日期不要选择以竣工验收备案日期为准
九、工程签证与索赔		
1	工程变更	承包人在发现发包人变更设计、增减工作量的图纸或变更技术要求等,应当及时书面要求发包人书面确认该变更,并按照约定程序提交工程变更价款调整报告报发包人
	工程索赔	工程索赔是工程合同承包、发包双方中的任何一方因未能获得按合同约定支付各种费用、顺延工期、赔偿损失的书面确认,在约定期限内向对方提出赔偿请求的一种权利,是单方的权利主张。索赔的法律特征有: ①与工程签证是双方法律行为的特征不同,工程索赔是双方未能协商一致的结果,是单方主张权利的要求,是单方法律行为。 ②工程签证涉及的利益已经确定的特点不同,工程索赔涉及的利益尚待确定,是一种期待权益。 ③工程签证一般不依赖于其他证据不同,工程索赔是要求未获确认的权利的单方主张,必须依赖于证据。 建设工程施工合同示范文本规定的索赔程序为:发包人未能按合同约定支付各种费用、顺延工期、赔偿损失,承包人可按以下规定向发包人索赔: ①有正当索赔理由,且有索赔事件发生时的有关证据。 ②索赔事件发生后,××向发包人发出要求索赔的通知。 ③发包人在接到索赔通知后××给予批准,或要求承包人进一步补充索赔理由和证据,发包人在××未予答复,应视为该项索赔已经批准。 承包人在施工过程中注意资料管理,并在出现合同约定的索赔事项时及时按照合同约定的索赔程序提起索赔

续表

序号	审查重点	审查注意事项
	工程签证	工程签证是工程承包、发包双方在施工过程中按合同约定对支付各种费用、顺延工期、赔偿损失所达成的双方意思表示一致的补充协议,互相书面确认的签证即成为工程结算或最终结算增减工程造价的凭据。签证的法律特征有: ①工程签证是双方协商一致的结果,是双方法律行为。 ②工程签证涉及的利益已经确定,可直接作为工程结算的凭据。 ③工程签证是施工过程中的例行工作,一般不依赖于证据。 承包人应注意非承包人原因的进度拖延的,工程变更、约定由发包人承担的风险、发包人违约导致承包人增加的成本、费用的,应该按照合同约定的程序尽量要求发包人签证
4	合同管理措施	①提高和强化及时签证、依约索赔的意识和自觉性,把签证和索赔作为降低成本和提高效益的最有效手段。 ②建立严格的文档记录和资料保管制度,加强专业的和有针对性的签证和索赔管理。 ③明确发包人代表和承包人项目经理的量化管理责任,杜绝该签未签、该赔不赔的情况。 ④注意提出签证和索赔的期限和程序,凡是应该在施工过程中提出的均应及时提出。 ⑤深入研究获得签证和索赔的方法和实际效果,友好协商和谋求调解是有效方法。 及时进行签证、索赔咨询,聘请专业咨询、服务机构进行有效签证、索赔
5	争议解决	如发包人与承包人出现争议,无法协商解决的,可依据合同约定的仲裁或诉讼方式解决纠纷
6	优先受偿权	承包人行使优先受偿权的期限以及行使优先受偿权的前提条件有: ①发包人未按照约定支付工程款。 ②承包人书面催告发包人在合理期限内支付。 ③发包人逾期仍不支付

1. 履约银行保函、支付银行保函、预付款银行保函(表3-1-7~表3-1-9)

表3-1-7 履约银行保函

致:________(发包人全称)

鉴于______(承包人全称)(下称"承包人")与______(发包人全称)(下称"发包人")签定______(工程名称)施工合同(编号____,____年____月____日签署),并保证承包人按合同约定履行实施、完成并保修合同工程的义务和责任;发包人在合同中要求承包人应通过经认可的银行提交合同指定的承包人履行本合同全部义务和责任的担保金额等事实,我行愿意为承包人出具保函,以担保金额人民币(大写)______元(¥______元)向发包人提供不可撤销的担保。

如果承包人在履行合同过程中发生违约或违背合同约定的义务和责任时,我行保证在担保金额额度内偿还或偿清发包人因该项违约或违背所造成的经济损失,并在接到发包人要求的第____天内予以支付,发包人应提供承包人有上述违约或违背合同事实的证据或相关的证明材料。

在向我行提出要求前,我行将不坚持要求发包人首先向承包人提出上述款项的索赔。

我行承诺:不论是否经我行知晓或同意,我行的义务和责任不因发包人与承包人对合同条款所作的任何修改或补充而解除。

本保函在担保金额支付完毕,或工程竣工验收合格,发包人向承包人颁发竣工验收证书后第15天起失效。

法定代表人或其授权
的代理人:(签字签章)

担保银行盖章:
地址:
日期:　　年　　月　　日

表 3-1-8　支付银行保函

致:________________(承包人全称)

鉴于________________(发包人全称)(下称"发包人")与(承包人全称)(下称"承包人")签定________________(工程名称)施工合同(编号____,____年____月____日签署),并保证发包人按合同约定履行向承包人支付工程价款及其他应支付款项等全部合同价款的义务和责任;承包人在合同中要求发包人应通过经认可的银行提交合同指定的发包人履行本合同全部义务和责任的担保金额等事实,我行愿意为发包人出具保函,以担保金额人民币(大写)__________元(¥__________元)向承包人提供不可撤销的担保。

如果发包人在履行合同过程中不按合同约定支付全部合同价款或违背合同约定的义务和责任时,我行保证在担保金额额度内偿还或偿清承包人因该项违约或违背所造成的经济损失,并在接到发包人要求的第×天内予以支付,无须承包人出具任何证明或陈述理由。

在向我行提出要求前,我行将不坚持要求承包人首先向发包人提出上述款项的索赔。

我行承诺:不论是否经我行知晓或同意,我行的义务和责任不因发包人与承包人对合同条款所作的任何修改或补充而解除。

本保函在担保金额支付完毕,或除质量保证金外,发包人向承包人支付全部合同价款完毕后第 15 天起失效。

法定代表人或其授权
的代理人:(签字签章)

担保银行盖章:
地址:
日期:　　年　　月　　日

表 3-1-9　预付款银行保函

致:________________(发包人全称)

鉴于_____(承包人全称)(下称"承包人")与______(发包人全称)(下称"发包人")签定______(工程名称)施工合同(编号____,___年____月____日签署),并保证承包人有权获得按合同约定为保证工程按时开工的由发包人支付的开工预付款;发包人在合同中要求承包人应通过经认可的银行提交合同指定的与开工预付款等额的担保金额等事实,我行愿意为承包人出具保函,以担保金额人民币(大写)______________元(¥______________元)向发包人提供不可撤销的担保。

如果承包人在履行合同过程中发生违约或违背合同约定时,我行保证在担保金额额度内偿还或偿清发包人因该项违约或违背所造成的经济损失,并在接到发包人要求的第____天内予以支付,发包人应提供承包人有上述违约或违背合同事实的证据或相关的证明材料。

在向我行提出要求前,我行将不坚持要求发包人首先向承包人提出上述款项的索赔。

我行承诺:不论是否经我行知晓或同意,我行的义务和责任不因发包人与承包人对合同条款所作的任何修改或补充而解除。

本保函在与开工预付款等额的担保金额支付完毕,或发包人抵扣完开工预付款后第15天起失效。

法定代表人或其授权
的代理人:(签字签章)

担保银行盖章:
地址:
日期:　　年　　月　　日

2. 工程款支付申请（核准）表（表3－1－10）

表3－1－10　工程款支付申请(核准)表

工程名称：　　　　标段：　　　　编号：

致：　　　　(发包人全称)

我方于______至______期间已完成了______工作，根据施工合同的约定，现申请支付本期的工程价款为(大写)________元，(小写)________元，请予核准。

序号	名　　称	金额(元)	备　注
1	累计已完成的工程价款		
2	累计已实际支付的工程价款		
3	本周期已完成的工程价款		
4	本周期完成的计日工金额		
5	本周期应增加和扣减的变更金额		
6	本周期应增加和扣减的索赔金额		
7	本周期应抵扣的预付款		
8	本周期应扣减的质保金		
9	本周期应增加或扣减的其他金额		
10	本周期实际应支付的工程价款		

承包人(章)
承包人代表：__________
日　　期：__________

复核意见：
□与实际施工情况不相符，修改意见见附件。
□与实际施工情况相符，具体金额由造价工程师复核。
监理工程师
日　　期

复核意见：
□你方提出的支付申请经复核，本周期已完成工程价款为(大写)______元，(小写)______元，本期间应支付金额为(大写)______元，(小写)______元。
造价工程师
日　　期

审核意见：
□不同意。
□同意，支付时间为本表签发后的15天内。

发包人(章)
发包人代表：__________
日　　期：__________

注：1. 在选择栏中的“□”内作标志“√”。
2. 本表一式四份，由承包人填报，发包人、监理人、造价咨询人、承包人各存一份。
3. 本表式是《建筑工程工程量清单计价规范》(GB 50500—2008)规定表式。

3. 施工组织设计（方案）报审表（表3－1－11）

表3－1－11　施工组织设计(方案)报审表

工程名称：　　　　　　　　　　　　　　　　　　　　编号：

致：________________（监理单位全称）

我方已根据施工合同的有关规定完成了________工程施工组织设计(方案)的编制,请予以审查和批准。

附:施工组织设计(方案)

承包人(章)
承包人代表：________
日　　期：________

确认或修改意见：

□组织机构健全,人员落实　　□施工技术措施可行
□安全责任落实,安全措施可行　　□安全工器具满足施工要求
□施工进度计划满足工期要求　　□特殊工种人员持证上岗
□施工工器具安全可靠　　□施工计量、检测器具有效

监理单位(章)
监理工程师：________
日　　期：________

审批意见：

发包人(章)
发包人代表：________
日　　期：________

注:1. 在需要选择的栏中的“□”内做标志“√”。

2. 本表一式三份,由承包人、监理单位、发包人按合同规定程序填制,并各存一份。

第二节

工程变更的计价与管理

工程建设中不可避免地会发生工程变更,包括设计变更、进度计划变更、施工条件变更和现场签证变更。工程变更往往涉及费用和工期的变化,工程变更管理不善,势必影响工程进度控制目标和投资控制目标,甚至引起争议或索赔,因此对工程变更的管理尤为重要。经过实践,总结出有效且可行的管理办法。

(1)工程变更管理原则。

工程变更管理应依据工程施工合同,纳入到合同管理的工作中;工程变更必须遵守设计任务书和初步设计审批的原则,符合有关技术标准设计规范,符合节约能源、提高工程质量、方便施工、利于使用、节约工程投资、加快工程进度的原则;变更设计必须在合同条款的约束下进行,任何变更不能使合同失效;工程变更应及时、正确处理,避免引起工程纠纷。

(2)工程变更的范围和内容。

增加或减少合同中任何一项工作内容;增加或减少合同中关键项目的工程量超过一定的百分率;取消合同中任何一项工作(被取消的工作发包人或其他承包人不能实施);改变合同中任何一项工作的标准或性质;改变工程建筑物的形式、基线、标高、位置和尺寸;改变合同中任何一项工程的完工日期或改变已批准的施工顺序;为完成工程追加所需要的任何额外工作。

(3)工程变更确认和审批程序。

1)由于工程变更会带来工程造价和工期的变化,无论任何一方提出工程变更,均需由监理工程师确认并由业主按审批权限,实行“分权管理,逐级审批”制度,并由监理工程师签发工程变更指令。工程变更没有按相应程序由业主审批,没有总监理工程师签发工程变更通知令,承包商不得实施任何工程变更,否则业主可不予计量和支付。

2)工程变更发生时,监理工程师要及时处理并确认工程变更的必要性和可行性。

3)经审核确定的施工图原则上不允许变更,如发现原设计中有差、漏、错需进行修改、补充或对原设计方案进行优化时,可作必要变更。

4)建设单位必须建立完善的工程签证制度,各级项目管理人员应严格按合同和相关管理规定的权限和要求进行签证,严禁项目管理人员越级签证。

5)工程变更属下列情况之一者,建设单位需报上级主管部门审批:

不违反计划任务书要求情况下的建筑面积、层数发生的变更;不违反计划任务书要求情况下的使用功能的变更;建筑设备用房平面位置、结构柱网、地基处理形式、基础类型的变更;室外场地的特殊处理;有地下室的基础基坑支护施工方案及方案修改;幕墙工程的结构形式和规模的变更;消防工程的系统形式、控制系统的变更;各工程招标中指定的主要材料品牌的变更;电气工程系统形式的变更;空调工程系统形式的变更;智能化弱电系统的综合布线系统、安保监控系统、楼宇自动化系统、中央集成系统、有线电视系统工程的系统形式的变更;其他对工程造价有较大影响的用户变更。

1. 问:工程变更的工作流程是什么?

答:(1)承包商(或业主、监理公司、第三方、设计)提出工程变更申请报告或要求。

(2)提出方(可委托承包商)填报变更原因、变更工程量和造价等。

(3)监理公司(若监理公司提出变更,建设单位项目主管)审核工程变更必要性和可行性、工程变更造价合理性、工程变更对工期的影响,并签署审核意见;设计单位完成详细工程变更图纸,审核变更设计图纸是否符合设计规范,是否符合原设计要求,并签署审核意见(设计单位提出变更不需要)。

(4)建设单位按相关规定的审批权限进行申报或批复。

(5)建设单位项目主管按上级批复意见向监理公司出具工程变更审批意见,明确变更是否执行。

(6)监理公司下发工程变更通知令,在变更通知中明确变更工程项目的详细内容、变更工程量、变更项目的施工技术要求、质量标准、相关图纸,明确变更工程的预算造价和工期影响。

(7)承包商按工程变更通知令执行工程变更。

详见图3-2-1。

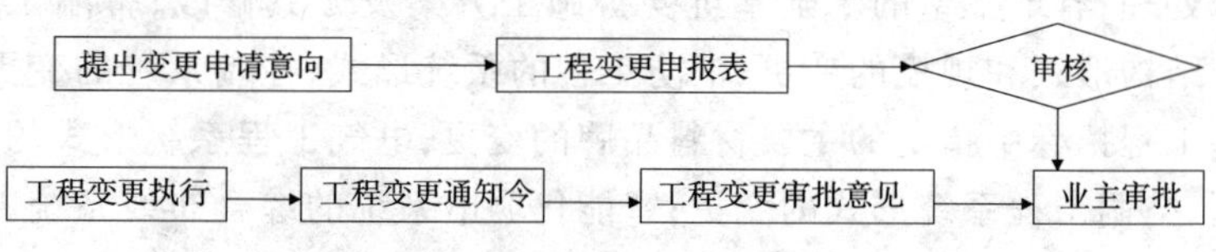

图3-2-1　工程变更参考程序

2. 问：工程变更如何计价?

答:工程变更的估算价按工程合同中有关工程变更计价方法执行,工程变更的估算价仅作为工程变更审核依据,工程变更实际造价在工程竣工后按结算流程审核后确定。所有工程变更引起的工程造价变化均按工程施工合同中约定的条款支付,见表3-2-1。

表 3-2-1　变更计价

序号	变更计价原则	说明	遇不平衡报价时的处理
1	工程量清单中已有适用于变更工程的单价，按已有的单价执行		①项目合同单价较高，建设单位故意要求减少此工程项目或工程量，则双方应按合理的市场单价扣减此项目单价及总价，或承包商亦有权按合同的有关规定进行索赔。 ②项目合同单价较低，建设单位故意要求增加此工程量，则双方应协商对增加部分按合理的市场单价计算合同总价，除非工程合同中有明确的规定，承包商有权认为此部分为新增加的工程内容拒绝施工或索赔。 ③项目合同单价较低承包商故意以市场、材料、工艺等借口要求减少此工程项目或工程量，则建设单位有权按另行分包的单价或总价扣减此项目单价及总价。 ④当上述原则在工程造价管理的过程中出现矛盾或不一致的现象时，合同双方及监理工程师均应避免产生滥用权力的现象，应以工程建设的大局为重，友好协商，避免采取过激或违背合同精神的行为。即变更工程的结算一方面要有合同依据，另一方面又要公平合理，即客观地反映施工成本以及竞争、供求等因素对价格的影响，将总造价原则上控制在合理的范围之内
2	工程量清单中只有类似于变更工程的单价，按类似的单价经换算后确定		
3	如果工程量清单中没有适用于变更工程的单价，则由建设单位和承包人一起协商单价，	合同中没有适用或类似于变更工程的单价或总价，由承包人依据变更工程资料、计量规则和计价办法、工程造价管理机构发布的参考价格和承包	若项目合同单价较高且设计或清单错漏又不得不增加此工程量，则双方应按"双控"的标准重新计算增加部分的单价及总价

视野·方法·经验·数据

续表

序号	变更计价原则	说明	遇不平衡报价时的处理
	意见不一致时，由造价工程师进行最终确定或按合同规定按争议的规定解决	人报价浮动率提出变更工程单价或总价。其中，招标工程：承包人报价浮动率 =（中标价格/最高报价值）×100%；非招标工程：承包人报价浮动率 =（报价值/施工图预算）×100%	
4	当工程变更规模超过合同规定的某一范围时，则单价或合同价格应予以调整	如果合同中的任何一个工程项目变更后的金额超合同总价的 2%（参考值），而且该项目的实际数量大于或小于工程量清单所列数量的 15%（参考值）时一般要考虑价格调整	
5	如果监理工程认为有必要和可取，对变更工程也可以采取计日工的方法进行	尽量避免使用或不使用。因种类单一而价格普遍较高的计日工，是不适用于种类繁杂而难易程度不定的变更工程的	

3. 问：工程变更后措施费如何调整？

答：当工程变更造成措施项目发生变化时，承包人有权提出调整措施项目费。承包人提出调整措施项目费的，应事先将拟实施的方案提交监理工程师确认，并详细说明与原方案措施项目的变化情况。拟实施的方案经监理工程师认可，并报发包人批准后执行。

工程变更部分的措施项目费，由承包人按实际发生的措施项目提出调整价款。

该情况下发包人承包人按以下规定计算合同工程结算的措施项目费：

(1)当工程变更增加措施项目时,由承包人按规定在递交竣工结算文件时按下述公式向发包人提出,由造价工程师核实并经发包人确认后执行。

$$M_1 = M_0 + \Delta_M$$

(2)当工程变更减少措施项目时,由造价工程师按规定核实竣工结算文件时按下述公式向承包人提出,经发包人承包人确认后执行。

$$M_1 = M_0 - \Delta_M \times L\%$$

式中:M_1 ——合同工程结算的措施项目费;

M_0 ——承包人在工程量清单中填报的措施项目费;

Δ_M——工程变更部分的措施项目费;

$L\%$ ——合同规定的承包人报价浮动率。

如果承包人未按本条规定事先将拟实施的方案提交给监理工程师,则认为工程变更不引起措施项目费的调整或承包人放弃调整措施项目费的权利。

工程变更的管理办法

实例 3-2-1

某项目工程变更的管理办法。

第一章 总 则

第一条 为了有效控制××项目建设期的工程变更,规范工程变更工作的程序,控制工程变更的费用,保证建设项目总投资控制在批准的预算以内,保证变更工程的质量和进度,保障建设、设计、施工、监理单位的合法权益,特制定本办法。

第二条　本办法适用于××项目从事设计、施工、监理的所有单位和个人。

第三条　××项目总工室负责工程变更的管理和组织工作。工程部负责变更工程量的审核。预算部负责变更单价的审核。

第二章　工程变更的分类和变更原则

第四条　工程变更是指工程实施过程中由于工程项目自身的性质和特点,或设计图纸的深度不够,或不可预见的自然因素与环境情况的变化,对第三方的干预和要求或合同双方当事人处于对工程进展有利着想,对合同中部分工程项目进展形式、工程数量、工程质量要求及标准等方面的变更。

第五条　根据提出变更申请和变更要求的不同部门,将工程变更划分为三种。即业主变更、施工单位变更、监理单位变更。

第六条　第一种变更　业主变更(包含上级部门变更、业主处变更、设计单位变更)。

上级部门变更:指上级单位提出的政策性变更和由于国家政策变化引起的变更。

业主变更:业主根据现场实际情况,为提高质量标准、加快进度、节约造价等因素综合考虑而提出的工程变更。

设计单位变更:设计单位在工程实施中发现工程设计中存在的设计缺陷或需要进行优化设计而提出的工程变更。

第二种变更　监理单位变更:监理工程师根据现场实际情况提出的工程变更和工程项目变更、新增工程变更等。

第三种变更　施工单位变更:施工单位在施工过程中发现的设计与施工现场的地形、地貌、地质构造等情况不一致而提出来的工程变更。

第七条　工程变更原则

1. 设计文件是安排建设项目和组织施工的主要依据,设计一经批准,不得任意变更。只有当工程变更按本办法的审批权限得到批准后,才可组织施工。

2. 工程变更各有关单位应对变更工作高度负责和严格把关。

3. 工程变更的图纸设计要求和深度等同原设计文件。

第八条　设计文件一经批准,不得任意变更,符合下列条件之一的,可以考虑工程变更:

1. 因自然条件包括水文、地形、地质情况与设计文件出入较大的;因施工条件所限,材料规格、品种、质量难以达到设计要求的。

2. 不降低原设计技术标准,而能节省原材料,并便利施工,缩短工期和节省投资的。

3. 能提高技术标准,减少工程病害,便于采用新技术,提高工程使用年限或者提高服务等级,而不增加投资或者增加较小数量投资的。

4. 由于铁路、水利、农田、矿工、环保、文物及地方工作等方面不可预见的因素,需要变更设计的。

5. 上级单位和业主对工程提出新的要求。

第九条　工程变更后单价的确定遵循下列原则:

1. 合同中已有适用于变更工程的价格,按合同已有的价格确定变更价格。

2. 合同中已有类似于变更工程的价格,可以参照此价格确定变更价格。

3. 合同中没有适用或类似于变更工程的价格,遵照本工程招投标时确定的费率、价格,由承包方通过单价分析计算后上报变更单价,按照第四章的规定报驻地监理工程师办公室(以下简称驻地办)、总监理工程师办公室(以下简称总监办)、业主按审批权限批准。

4. 如果变更设计后,其合同价格经核查后,未超过有效合同价格的2%，而实际的工程数量又不超过或不少于该项工程量清单所列单项工程数量的25%时，则该项工程的单价或总额价就不应考虑其变更。

第十条　工程变更后工程量的确定遵循下列原则和程序：

新增项目的工程量由变更方根据业主变更通知、设计图纸和实际施工情况，如实计算工程量，单标段单项工程累计总费用5万元人民币以内的，其变更后工程量、单价、费用由总监办审批。累计变更费用大于5万元人民币的，其变更后工程量、单价、费用由总监办审查，报业主审批。

第三章　工程变更的审批权限和责任

第十一条　工程变更审批权限：

工程变更的审批权限按照项目法人有关规定执行。

第十二条　紧急变更是指施工现场突然发生的、难以预料的事件，需要立即作出变更决定。推迟变更，将给国家和社会造成重大损失。当这种情况发生时，总监办应在征得业主领导口头同意的情况下，立即主持现场的变更工作，并于开始变更后10日之内办理有关变更手续。

第十三条　监理(监理工程变更审批权限之内的除外)、设计、施工单位未经业主审批，擅自决定工程变更的变更单位和个人应承担由此造成的一切费用和损失。

第十四条　工程变更的实施过程中，业主、监理、设计、施工由哪一方原因造成的变更失败和损失的，由该方承担一切责任。

第四章　工程变更的变更程序

第十五条　××项目的工程变更管理实行工程变更申请审批制度和工程变更令审批制度，所有工程变更项目都要执行工程变更申请和工程变更令审批制度，两种审批制度均采用书面审批。按照变更单项工程累计费用不大于5万元的工程变更申请和工程变更令由总监办审批。变更单项工程累计费用大于5万元且小于50万元的变更设计由业主审批。变更单项工程累计费用大于50万元的变更设计由业主上级机关审批。总监办负责对所有上报业主的工程变更项目的变更申请报告、所有工程变更令进行统一编号管理。

1. 变更单项工程累计费用大于5万元人民币的项目，由业主审批变更申请和工程变更令。总工室负责将业主变更申请和工程变更令的审批结果抄送总监办。总监办按监理有关支付程序和规定执行。

2. 工程变更累计费用在5万元人民币以内的，由总监办负责审批变更申请和工程变更令。总监办须先将申请报告和工程变更令的审批结果报总工室备案并签字确认收到后，方可组织变更和费用支付。关键部位的变更设计和影响到工程质量的变更，总监办必须在征得业主同意的情况下组织实施。

3. 所有工程变更文件（申请报告和变更令）均为一式六份，业主保留三份（总工室、工程部、预算部），监理保留两份（总监办、驻地办），施工单位保留一份，其余由总监办或驻地办转发。

4.《工程变更申请报告》的各部门审批时间和下发时间：驻地办3天，总监办5天，业主14天，《工程变更令单》的审批时间为驻地办7天，总监办14天，业主28天。

5. 所有工程变更令单未经审批的均不能支付。

6. 业主和总监办对工程变更的申请不同意的，应以书面形式通知变更单位。

第十六条　业主批准的累计费用大于5万元且小于50万元的工程变更审批程序。

根据对工程变更种类的划分，分别对三类工程变更程序规定如下：

第一类变更：业主变更的程序

业主接到上级变更批示和有关变更意向后，经认真核实后，负责按工程变更的审批权限履行变更审批手续，审批同意后用《业主工程变更通知》通知总监办实施变更，总监办经过澄清、核实、校对后，转发业主通知给变更单位进行变更。待变更完成后，变更单位根据业主通知和实际发生的变更工程量和单价，填写工程变更令及其附件上报驻地办、总监办，驻地办应在7日内、总监办在14日内完成审查并签字确认后报业主审批。业主如无特殊情况应在28日内将工程变更令审批结果通知总监办，总监办通知变更单位计入中间计量表。

第二类变更：监理单位变更的程序

监理单位将拟变更的工程项目填写《工程变更申请报告》，上报业主，业主应在接到申请书后按变更设计审批权限履行审批手续。审批同意后发布《业主工程变更通知》给总监办。总监办澄清、核实、校对后指示施工单位变更。变更完成后变更单位按业主变更通知和实际完成的变更工程量和单价填写《工程变更令及其附件》经驻地办、总监办签字确认后上报业主，业主如无特殊情况应在28日内作出审批。并将审批结果通知总监办，总监办通知变更单位计入中间计量表。

第三类：施工单位变更的程序

施工单位应首先填写《工程变更申请报告》上报驻地办、总监办，经统一编号和总监办组织审查后上报业主，业主在接到申请书后按工程变更审批权限履行审批手续。审批同意后下发《业主工程变更通知》给总监办，总监办转发给变更单位实施变更。变更完成后，变更单位应根据业主通知和实际完成的变更工程量和单价填写工程变更令及其附件上报驻地办、总监办，总监办根据审批权限提出审查意见上报业主，业主如无特殊情况应在接到变更令28日内完成审批，并将工程变更令审批结果通知总监办，总监办通知变更单位计入中间计量表。

第十七条　累计费用大于50万元的工程变更经上级机关的审批后，按第十六条的规定执行。

第十八条　总监办审批的工程变更项目(累计总费用不大于5万元人民币的)要求采用业主规定的《工程变更申请报告》和工程变更令及其附件的格式。变更令附件还包括与变更有关的所有资料,如变更会议纪要、申请报告、业主有关变更通知、单价分析表、相关图纸、变更依据等。

第十九条　特殊情况下的变更程序

1. 当遇到特殊情况时,如施工现场停工等待变更,无法履行变更申请手续时,监理工程师在得到业主主管领导口头同意后即主持开始实施变更,待变更开始后,必须补办申请书手续,否则不予支付。

2. 遇到不可遇见因素或大的自然灾害需紧急变更时,监理工程师在得到业主领导口头同意后,即主持实施变更,待变更开始后,必须补办申请书手续,并以书面形式报告省交通行政主管部门。

第五章　工程变更令的审批制度、工程变更会议协调制度和会议检查制度

第二十条　工程变更令的审批制度

为保证工程变更费用批复的公正性、公开性和权威性,业主对工程变更令采用审批制度,详见工程变更令审批单。

第二十一条　工程变更的会议协调制度

当遇到重大变更或变更工作遇到困难时,处领导可通知总工室召集各科室参加会议共同研究讨论决定有关事宜。

第二十二条　工程变更的会议检查制度

为了加强对工程变更的监督检查,业主每3个月举行一次联合会议检查,检查项目由处领导根据变更情况决定。总工室负责召集工程部、预算部和其他有关部门参加检查。

检查的范围:

1. 所有变更项目,包括监理工程师批复的变更项目和业主批

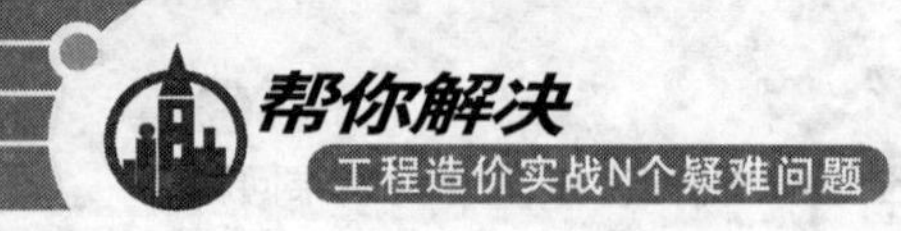

复的变更项目。处领导、总工室、工程部、预算部、地方科均可对每个变更项目提出检查意见，会议共同研究处理决定。

2. 检查通过的变更项目的费用是该项目的最终费用，如果监理单位批复结果和检查结果不一致，总监办应按业主检查结果执行。

3. 总工室负责监督会议检查中发现的问题和会议决定的落实情况。

第六章　工程变更工作的奖惩

第二十三条　工程变更工作的奖惩和处罚细则

1. 奖责：业主将对下列情况工程变更的当事人给予奖励。

1）监理、设计、施工单位提出的在不降低工程质量标准、不降低使用功能的条件下，能给业主带来显著经济效益的工程变更。

2）监理工程师对工程变更的批复准确、及时，对变更的工程量和单价审核认真负责的。

3）施工单位如实上报工程变更的工程量和单价的。

4）业主工作人员在工程变更工作中坚持公正立场、认真负责，并给业主节省大量变更费用的。

2. 罚责：业主将对下列情况工程变更的当事人和变更单位给予批评教育、通报、经济处罚。

1）工程变更的施工单位，偷工减料，施工质量低劣，或给业主造成损失的；对上报的变更工程量和单价弄虚作假的。

2）设计单位提出的变更图纸粗糙，错误遗漏较多，拖延工期的。

3）监理工程师故意拖延，吃、拿、卡、要，接受贿赂的，故意多报变更工程量和单价的。

4）业主工作人员玩忽职守，故意拖延，对施工单位提出无理要求的。

四 数据

变更单、工程变更报审表、工程变更令(表3－2－2～表3－2－4)

表3－2－2　设计变更通知单

设计单位		设计编号	
工程名称			
内容：			
设计单位(公章)： 代表	建设单位(公章)： 代表	监理单位(公章)： 代表	施工单位(公章)： 代表

表 3-2-3　工程变更报审表

工程名称：　　　　　　　　　　　　　　　　　　　　　编号：

致：________________________________(监理单位全称)

由于________________________________原因，现提出____

______工程变更(内容见附件)，请予以审批。

附件：

1. 提出变更原因(必要时附图)。
2. 工程量增减计算书。
3. 工程变更价款报价单。

承包人(章)
承包人代表：__________
日　　期：__________

复核意见：	复核意见：	复核意见：
设计单位(章) 建筑师/结构师：________ 日　　期：________	监理单位(章) 监理工程师：________ 日　　期：________	造价咨询单位(章) 造价工程师：________ 日　　期：________

审批意见：

发包人(章)
发包人代表：__________
日　　期：__________

注：本表一式五份，由承包人、设计单位、监理单位、造价咨询单位、发包人按合同规定程序填制，并各存一份。

表3-2-4 工程变更令

工程名称：　　　　　　　　　　　　　　　　　　　编号：

致：＿＿＿＿＿＿＿＿（承包人全称）

由于＿＿＿＿＿＿＿＿原因，现发出工程变更令（内容见附件），请按照本变更令和合同约定组织施工；若合同与本变更令不一致的，以本变更令为准。如有疑问，请及时与监理工程师联系。

变更内容见附件：

监理单位（章）
监理工程师：＿＿＿＿＿
日　　期：＿＿＿＿＿

审批意见：

发包人（章）
发包人代表：＿＿＿＿＿
日　　期：＿＿＿＿＿

注：本表一式四份，由监理单位、发包人按合同规定程序填制，并连同造价咨询单位、承包人各存一份。

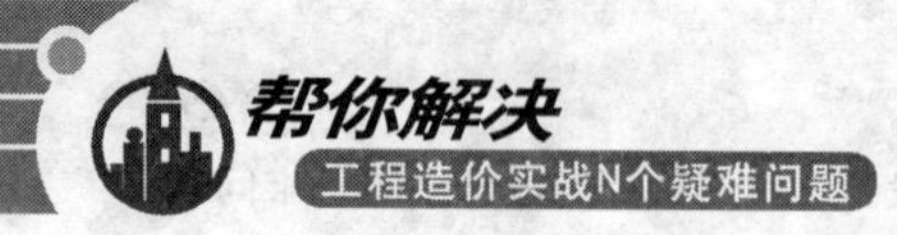

第三节
工程签证与索赔的计价与管理

1. 工程签证

具有中国特色的工程签证目前被业主和承包商广泛运用。在工程索赔与工程签证交融的今天,大家还是更多地选择工程签证。工程签证是造价工程师遇到的数量最多的工程造价文件。大部分现有的工程签证单都比较简洁,具有上百份工程签证单的工程比比皆是。人们对工程签证的内涵本质是明确的,外延形式是不严格的,业务联系单、技术核定单、工程签证单,甚至设计修改通知等都被俗称为工程签证在使用着,起着不能被替代的作用,现实中人们对工程签证都是从它的作用上去认识的。

中国建设工程造价管理协会于2002年发布的《工程造价咨询业务操作指导规程》中将工程签证定义为:"按承发包合同约定,一般由承发包双方代表就施工过程中涉及合同价款之外的责任事件所作的签认证明"。

工程签证作为工程结算的依据之一。现场签证以书面形式记录了施工现场发生的特殊费用,直接关系到投资人与施工单位的切身利益。特别是对一些投标报价打包的工程,结算时更是只对设计变更和现场签证进行调整。其次,作为索赔和反索赔的依据。索赔是工程施工中经常发生的正常现象,可分为费用索赔和工期索赔两种。现场签证是记录现场情况的第一手资料,通过对现场签证的分析、审核,可为索赔提供依据,并据以准确地计算索赔费用。

工程签证在形式上采用共同签认的方式,由施工发包、承包双方作为主体,有关的工程监理、工程造价咨询者共同(流转)签认。作为附件还会有设计等方的签认。对于原合同价款之外的追加款项,依据合同约定或施工发承包惯例,通过一种平和的签认,淡化了发承包双方经济利益对抗,倡导了共同完成施工发承包合同标的同一性。

签证在权利行使上强调的是由发承包双方法人代表的委托代理人(通常是承包方的项目经理,发包方的驻施工现场代表)来行使这个签认的权利,将权利集中下放,这样可以快速地决断应对施工中可能发生的大量需要快速应对或解决的问题。而工程签证由于涉及合约经济的核心——价款问题,牵涉面自然很广,许多问题解决的终点往往归结于此,是不能怠慢的。在合同中明确集中授权显得十分必要,尽管古往今来,合同无论简单与否,这种授权总不会遗漏。在运用上具有涉及面、参与面广,可以从内在的约束上去规范工程签证行为的特点。诸如技术核定、业务联系等众多施工发承包行为除价款已包含在先前的发承包合同中或系承包方责任外,一般均要通过工程签证的形式去处理。包括先签证、后实施、再确认,先实施、后签证两种处理方式下附加的承包内容。也包括应发包方的要求,代为部分履职(原属于发包方责任的工作)的耗费,施工现场的发包方所用点工等,事无巨细,涉款金额少至几十元,多到上百万元甚至更多,只要构成合同价款之外的责任事件都会用上它。诸如点工之类的小额签证,甚至可由作业班组确认累积后由委托代理人平台签认。工程签证不仅涉及面广,参与面也很广,具有广泛的实施基础。

对工程签证的约定和处理更多的是惯例的约束,如果合同中有明确的约定则按约定处理,如无约定则按惯例处理。这些惯例包括签认过程的行为要求,观察、分析、处理工程签证问题的准绳即工程签证的原则:合法原则、责任原则、合理原则、举证原则、证据充分原则、缺陷就低原则等。

2. 工程索赔

(1)建设工程工程量清单计价索赔。

根据《建设工程工程量清单计价规范》(GB 50500—2008)第

4.7.3 条规定，因分部分项工程量清单漏项或非承包人原因的工程变更，造成增加新的工程量清单项目，其对应的综合单价按下列方法确定：合同中已有适用的综合单价，按合同中已有的综合单价确定；合同中有类似的综合单价，参照类似的综合单价确定；合同中没有适用或类似的综合单价，由承包人提出综合单价，经发包人确认后执行。

第 4.7.4 条规定，因分部分项工程量清单漏项或非承包人原因的工程变更，引起措施项目发生变化，造成施工组织设计或施工方案变更，原措施费中已有的措施项目，按原有措施费的组价方法调整；原措施费中没有的措施项目，由承包人根据措施项目变更情况，提出适当的措施费变更，经发包人确认后调整。

第 4.7.5 条规定，因非承包人原因引起的工程量增减，该项工程量变化在合同约定幅度以内的，应执行原有的综合单价；该项工程量变化在合同约定幅度以外的，其综合单价及措施费应予以调整。合同中综合单价因工程量变更需调整时，除合同另有约定外，应按照下列办法确定：①工程量漏项或设计变更引起新的工程量清单项目，其相应综合单价由承包人提出，经发包人确认后作为结算依据。②由于工程量清单的工程数量有误或设计变更引起工程量增减，属合同约定幅度以内的，应执行原有的综合单价；属合同约定幅度以外的，其增加部分的工程量或减少后剩余部分的工程量的综合单价由承包人提出，经发包人确认后，作为结算依据。

(2)索赔的主要内容。

索赔的主要内容包括费用索赔和工期索赔两种，有的工程在索赔中只有费用索赔或工期索赔中的一种，有的工程在索赔中既有费用又有工期索赔，二者在一定程度上是不可分割的。

工程造价人员应按工程造价咨询合同的约定进行费用索赔工作。首先应验证当事人提供的索赔资料，验证内容应包括：

1)索赔的理由及索赔事件发生时的有关证据。

2)索赔的程序及其时效。

3)索赔的依据，包括：招投标文件、发承包合同及其附件，施工图、技术规范及工程施工组织设计等;相关的往来函件、会议纪要及备忘录等;施工记录、监理日记和工程签证单等有关文件;工程验收资料和相关技术鉴定报告;有关会计核算资料;建筑材料的采购、订货、运输、进场和使用等方面的凭证;同期项目所在地物价指数、工资指数。

工程造价人员收到索赔报告后,应在规定的时间内对索赔费用进行审核,或要求承包人进一步补充索赔理由的证据。工程造价人员在处理费用索赔时,应按合同及其组成文件的解释顺序进行,并作出书面审核意见。

二 方法

1. 问:工程签证应如何填写?

答:(1)工程签证的定义。

工程签证不是技术核定行为,也不是设计变更、修改等行为,它是仅就合同价款之外的责任事件所作的签认行为,凡是有合同价款之外责任的事件才是它所涉及的内容。

技术核定单是记录施工图设计责任之外,对完成施工承包义务,采取合理的施工措施等技术事宜,提出的具体方案、方法、工艺、措施等,经发包方和有关单位共同核定的凭证。

设计变更是指按发包人的意图或经发包人采纳同意,在符合规定等要求情况下,通过设计单位对原设计所作的变更重新设计的部分。

设计修改是设计单位对原设计所作的符合性修正更改的设计部分。

业务联系单是施工发承包双方就完成发承包合同标的业务事项沟通有关信息的联系凭单。

它们都是施工发承包合同行为不可缺少的一部分,大量的工程签证行为是依附于这些行为而发生的,所以往往可以在这些行为记录出现的合同价款之外的责任时,将其作为工程签证的附件来表述,达到事半功倍的效果。而在这些既定行为之外发生的合同价款之外的责任事件时,才用工程签证的直接表述方式来完成工程签证行为的签认处理。

(2)工程签证与施工合同价款之间的关系。

在建设工程合同示范文本中,对合同价款是指"发包人、承包人在协议书中约定,发包人用以支付承包人按照合同约定完成承包范围内全部工程并承担保修责任的款项"。合同价款是发包人、承包人两个法人在协议书中的"约定",且是用以"支付"完成承包工程并承担保修责任的款项。工程签证是按发承包合同"约定",由发包人、承包人两个法人代表的委托代理人,就合同价款之外的责任事件所作的签认证明,涉及合同价款之外的款项,是法人代表授权行为的具体实施与体现。上述两项一个是法人行为,一个是法人代表委托的代理人的行为,前者明确的是合同价款,后者涉及合同价款之外的款项(即合同价款的调整项),两者有所区别。需要注意的一点是,委托代理人的行为,是通过合同约定明确委托事宜和权限的,他的行为不能覆盖法人之间的合同约定,其行为受到合同约定的约束。

也由于工程签证行为的这些特点,它可以在委托代理人平台上通过签认证明的形式,高效解决施工过程中在限额范围内各种行为的涉款事件,促进了各种不同的有争议施工行为的高效协调和快速解决。

(3)签证填写注意事项。

1)凡涉及经济费用支出的停工、窝工、用工签证,机械台班签证等,由现场施工代表认真核实后签证,并注明原因、背景、时间、部位等。例如:由于业主或别的非施工单位的原因造成机械台班窝工,后者只负责租赁费或摊销费而不是机械台班费。

2)应在合同中约定的,不能以签证形式出现。例如:人工浮动工资、议价项目、材料价格,合同中没约定的,应由有关管理人员以补充协议的形式约定。现场施工代表不能以工程签证的形式取代。

3)应在施工组织方案中审批的,不能作签证处理。例如:临设的布局、塔式起重机台数、挖土方式、钢筋搭接方式等,应在施工组织方案中严格审查,不能随便作工程签证处理。

4)工程签证单建设单位要留一份,以避免添加涂改等现象。并且要求施工单位编号报审,避免重复签证。

5)材料价格的确认要注明采购价还是预算价,以避免采购保管费重复计取。

实例 3－3－1

某工程签证及预算审核单,见表 3－3－1。

表 3－3－1　××项目工程签证及预算审核单

编号:××－××　　　　序号:××××××

项目管理单位				报审日期	
工程名称	××公司办公楼空调工程			工程编号	
合同名称				合同编号	
施工单位	××设备装饰工程有限公司			签证编号	
签证内容工程量变更及投资变化估算	根据《设计修改通知单》的编号为(10087·NT7·3A)的修改图纸在门厅上空的轴线 A－B;○5～○6 之间新增风管清单: 新增:$1000\times400\times3000\text{m}^2=8.4\text{m}^2$ $1000\times750\times3000\text{m}^2=10.6\text{m}^2$ $(8.4+10.6)\text{m}^2=19\text{m}^2$ 签证说明:以上内容清单请建设单位、监理单位核实后尽快办理为盼。 工程量(大写):壹拾玖平方米 (附图)				
项目负责人			分管经理		
西区办核准意见					
专业监管人		部长		分管主任	
签证预算价	报审日期:　年　月　日				
项目负责人			分管经理		
中介机构审查意见					
主审人			分管经理		

注:本单适用于工程签证及其预算的审核。

实例 3-3-2

某工程签证单，见表 3-3-2。

表 3-3-2　工程签证单

项目名称：×××　所在部位：11 号、12 号、14 号、16 号、22 号、24 号　编号：001

签证内容
签证产生原因（设计变更/不可预见/建设单位）
承包方申请签证理由（可另附页） 11 号、12 号、14 号、16 号、22 号、24 号楼共 41 户因设计变更将户内主出入门由北面移到南面，相应的家庭报警系统主机和对讲系统话机由北面移到南面出入口处。重新敷设从配线箱到门口相应位置的线缆，因户内管道无法改动，故将此 41 户内家庭报警系统中除窗磁、紧急按钮、室外幕帘外所有的幕帘探测器和被动红外探测器分别改为无线幕帘探测器和无线被动红外探测器；报警主机增加无线接收模块。 签字（盖章）：　　　　日期：
甲方项目经理意见： 签字（盖章）：　　　　日期：
工程量及报价（承包方可提供，可另附页）： 增加金额：1613.82 元 具体价格清单请见附件 签字（盖章）：　　　　日期：
监理工程师及项目工程师意见（可另附页）： 签字（盖章）：　　　　日期：
甲方预算工程师意见： 签字（盖章）：　　　　日期：
甲方审算部意见（1 万元以上）： 签字（盖章）：　　　　日期：
甲方项目经理审批： 签字（盖章）：　　　　日期：
总经理审批（5 万元以上）： 签字（盖章）：　　　　日期：
施工方确认： 签字（盖章）：　　　　日期：

注：1. 以上核定的造价均为税金后的完整造价。

2. 施工方须同时报价及报量。

3. 以上内容须有关部门和公司盖章后生效。

4. 各专业（岗位）在签证时请注明具体日期，周转期一般控制在 10 天内（特殊情况例外）。

2. 问：如何对现场签证进行审核？

答：(1)现场签证的意义。

现场签证是在现场由业主代表、监理工程师、施工单位负责人共同签署的，用以正式施工活动中某些特殊情况的一种书面手续。它不包含在施工合同和图纸中，也不像设计变更文件有一定的程序和正式手续。它是临时发生，具体内容不同，没有规律性，是施工阶段投资控制的重点，也是影响工程投资的关键因素之一。而现场签证以书面形式记录了施工现场发生的特殊费用，直接关系到业主与施工单位的切身利益，是工程结算的重要依据。现场签证是记录现场发生情况的第一手资料。通过对现场签证的分析、审核，可为索赔事件的处理提供依据，并据以正确地计算索赔费用。现场签证的含义是除合同价款外或除标底价外、或除工程量清单外变化施工内容的文字记录。

现场签证是对施工过程中遇到的某些特殊情况实施的书面依据，由此发生的价款也成为工程造价的组成部分。由于现代工程规模和投资都较大，技术含量高，建设周期长，设备材料价格变化快，工程合同不可能对未来整个施工期可能出现的情况都作出预见和约定，工程预算也不可能对整个施工期发生的费用作详尽的预测，而且在实际施工中，主客观条件的变化又会给整个施工过程带来许多不确定的因素。因此，在项目实施整个过程中，都会发生现场签证而最终以价款的形式体现在工程结算中。

(2)现场签证的主要内容，见表3－3－3。

表3－3－3　现场签证的主要内容

序号	项目	内　　容
1	现场经济签证	①零星用工。施工现场发生的与主体工程施工无关的用工，如定额费用以外的搬运拆除用工等。 ②零星工程。 ③临时设施增补项目。临时设施增补项目应当在施工组织设计中写明，按现场实际发生的情况签证后，才能作为工程结算依据。

续表

序号	项目	内 容
		④隐蔽工程签证。由于工程建设自身的特性,很多工序会被下一道工序覆盖,因此必须办理隐蔽工程签证。 ⑤窝工、非施工单位原因停工造成的人员、机械经济损失。如停水、停电,业主材料不足或不及时,设计图纸修改等。 ⑥议价材料价格认价单。结算资料汇编规定允许计取议价材差的材料,需要在施工前确定材料价格。 ⑦其他需要签证的费用
2	工期签证	①停水、停电签证。 ②非施工单位原因停工造成的工期拖延。 ③施工进度签证

(3)现场签证的主要问题,见表3-3-4。

表3-3-4 签证的问题

序号	问题	说 明
1	应当签证的未签证 (应办未办)	如零星工程、零星用工等,发生的时候就应当及时办理。有很多业主在施工过程中随意性较强,施工中经常改动一些部位,既无设计变更,也不办现场签证,到结算时往往发生补签困难,引起纠纷
2	违反规定的签证 (不应办而办)	有些现场签证人员业务素质差,不了解定额费用的组成,一些不应办的签证却盲目地给办了。如基础填砂的人工费其实已包含在定额中,又如综合费已包含临时设施费,但现场人员又另签证此费
3	未经核实随意签证	如某工程,现场查看混凝土路面开挖厚度是80mm,但签证却是250mm,很显然是签证人员并未到过现场核实。 一般情况下,现场签证需要业主、监理、施工单位三方共同签字才能生效,缺少任何一方都属于不规范的签证,不能作为结算和索赔的依据
4	签增不签减	签证中往往只计增加工程量部分,而对那些因变更而减少的分部分项工程故意漏签,虚增工程量
5	未经设计人员同意而签证提高用料要求	如某业务大楼施工图只是要求基坑用素土回填,但现场签证却要求回填3:7砂石。在满足设计要求的前提下,工程用料并非越贵越好,还应考虑成本

续表

序号	问题	说　明
6	同一工程内容签证重复	此类签证尤其在修改或挖运土方的工程中较为多见。 施工单位利用建设单位的现场管理人员对工程方面的有关规定不了解,对投标包干的项目或者不应该签证的项目进行大量签证,有的签证由施工单位填写,建设单位不认真核实就签字
7	现场签证日期与实际不符	当遇到问题时,双方只是口头商定而不及时签证,事后才突击补办签证。有些承包商任意把完成工程量的时间往后推,在签证日期上做文章,尽可能争取得到更多的不合理利润。 签证要有顺序。规定工程签证必须按工程建设进程顺序进行签证,否则应为无效签证
8	签证不及时	遇到问题不及时办理签证,到竣工决算时再补签证。签证要及时。规定工程签证的时效,超过有效时间的签证应为无效签证
9	签证要素不齐全	签证单中要素要明确。如:建设项目名称、连续号码、基本联数(建设单位联、监理单位联、施工单位联、审核联)、填单时间、签证项目内容、数量、简明图形,建设单位、监理单位、施工单位的现场人员签字等。 如挖运土石方 $50m^3$,是土方、石方,或者是土方、石方各占多少,人挖还是机械挖,挖出的土石方如何处理,运距是多少均没有说清楚。如抽水费用 500 元,其水泵规格、数量、用了多少台班没有说清楚
10	现场签证不真实	特别对一些隐蔽工程,施工单位往往利用其隐蔽性高及求证难的特点,高估冒算,弄虚作假,从而抬高工程造价。 如有一些基础土石方大开挖签证,施工单位往往把实际土石方量写在签证上,并要求业主代表和监理工程师签字确认

(4)现场签证的管理办法。

1)现场签证必须具备业主驻工地代表(至少 2 人以上)和承包商驻工地代表双方签字,对于签证价款较大或大宗材料单价,应加盖公章。双方工地代表均为合同委派或书面委派。

2)凡预算定额或间接费定额、有关文件有规定的项目,不得另行签证。若把握不了,可向工程造价中介机构咨询,或委托其参与解决。

3)现场签证内容、数量、项目、原因、部位、日期等要明确,价款的结算方式、单价的确定应明确商定。

4)现场签证要及时签办,不应拖延过后补签。对于一些重大的现场变化,还应及时拍照或录像,以保存第一手原始资料。

5)现场签证要一式几份,各方至少保存一份原件(最好按档案要求的份数),避免自行修改,结算时无对证。某工程同一部位项目的两份签证上分别有一人和两人签名,很明显多出的一个签名是模仿他人的笔迹加上去的,且已将项目内容作了修改,而另一方又没有存底,造成无法对证。

6)现场签证应编号归档。在送审时,统一由送审单位加盖“送审资料”章,以证明此签证单是由送审单位提交给审核单位的,避免在审核过程中,各方根据自己的需要自行补交签证单。

3. 问:现场签证如何管理?

答:(1)现场签证的管理范围,见表3-3-5。

表3-3-5 现场签证管理范围

序号	项目	解释	示 例
1	合法性管理	符合现行的法律和法规,符合建筑工程施工合同文本的规定	某工程竣工结算时,有一份现场签证记载:“原设计给水管采用聚乙烯给水管,热水管采用聚丙烯给水管,甲方监理要求改为热镀锌管。”这份现场签证是对原设计采用材料的变更,但未附设计单位的设计变更单。镀锌钢管比UPVC管材便宜,事实上此现场签证没有引起工程造价的增加,也没有引起功能的变化,但存在着合法性的问题。因为设计变更由设计单位或与监理单位和建设单位共同发起。根据《建筑工程质量管理条例》“勘察设计单位必须按照工程建设强制性标准进行勘察设计,并对其勘察、设计的质量负责。”监理单位和建设单位不能代行设计单位工作,也就不能替代设计单位的责任和义务。工程监理人员发现工程设计不符合建筑工程标准或者合同约定的质量要求的,应当报告建设单位要求

续表

序号	项目	解释	示例
			设计单位改正。建设单位向监理单位提出变更设计要求,总监理工程师应按照设计变更程序处理。 某工程竣工结算时,施工单位提供一份"现场签证",其中文字记录有"经请示某总和某主任同意,采用某中外合资企业生产的阀门。"此单上建设单位代表有签字,但监理工程师未有签字。根据《建筑工程质量管理条例》"未经监理工程师签字,建筑材料、建筑构配件和设备不得在工程上使用或者安装,施工单位不得进行下一道工序。"据此,这份现场签证不能成立。事实上它也不符合当地调价文件规定:既超出调价范围,也超过了当地预算价格,现场签证须由监理单位和施工单位共同签署方可生效。竣工结算中,如果现场签证不能成立,并且又增加工程价款的,均不应采纳,也不予核准其价款
2	合理性管理	现场签证不合理方面主要有:不符合现行的施工规范;不符合施工图引用的标准图;不符合当地现行的材料调价文件;不符合国家的工程量计算规则;不符合国家定额的内涵	某工程,监理工程师签署一份现场签证:"配合预埋风管支架用工5个,吊支架用角钢1800kg。"此签证反映了一个施工事实,施工单位却要据此追加人工工资和材料费,造价工程师没有核准此项费用。《人防工程预算定额》(第三册)的工作内容中含埋设吊托支架,材料费中含有风管加固框及吊托支架的费用。根据此规定可以确定现场签证是不合理的,造价工程师不能核准该项费用。"现场经济技术签证"称谓体现了其技术含义,因此现场签证就要符合现行技术规范和技术标准,如果违背了技术要求,则现场签证即便签发程序符合规定,也同样是不合理的
3	准确性管理	"准确性"是指数字计量无误、文字表述清楚、与实际情况相符	某工程挖土方按坑上作业1:0.75放坡系数计算,且工程量有建设单位现场代表签字,即施工单位的土方量已被甲方认可。但施工单位的挖土机械与施工图要求的挖土深度决定了施工单位不能坑上作业,经查施工日记也证实为坑内作业,因此放坡系数按坑内作业1:0.33才符合实际情况。此签证不准确在于甲方现场代表工作疏忽,没有了解实际情况
4	时间性管理	现场签证应该表明事情发生的时间及签署时间	某工程的一份现场签证是监理工程师对镀锌钢管价格的确认,却没有标明签署时间,也没有标明施工发生的时间。按照当地造价信息公布的市场指导价,一、二月份DN20镀锌钢管单价与三、四月份的单价相差150元

(2)各类签证控制方式。

现场签证的方式包括工程技术、工程经济、工程工期及工程隐蔽等几种，无论哪一种其最终都会直接或间接地发生现场签证价款，影响整个工程造价，现分述见表3－3－6。

表3－3－6　各类签证控制方式

序号	签证种类	表现形式	控制注意事项
一	工程技术签证		业主与承包商对某一施工环节技术要求或具体施工方法进行联系确定的一种方式，包括技术联系单，是施工组织设计方案的具体化和有效补充。对一些重大施工组织设计方案、技术措施的临时修改，应征求设计人员的意见，必要时应组织论证，使之尽可能地安全适用和经济
二	工程经济签证		在工程施工期间由于场地变化、业主要求、环境变化等可能造成工程实际造价与合同造价产生差额的各类签证，主要包括业主违约、非承包商引起的工程变更及工程环境变化、合同缺陷等
1	设计变更或施工图有错误，而承包商已经开工、下料或购料		只需签变更项目或修正项目，原图纸不变的不要重复签证，已下料或购料的，要签写清楚材料的名称、半成品或成品、规格、数量、变更日期、是否运到施工现场、有无回收或代用价值等
2	停工损失	①停工造成的工人、机械、模板、脚手架等停滞的损失。 ②非承包人原因临时停水、停电超过定额规定的时间。 ③由于业主资金不到位，长时间中断停工，大型机械不能撤离而造成的损失	当发生停工时，双方应尽快以书面形式，签认停工的起始日期、现场实际停工工人的数量、现场停滞机械的型号、数量、规格，已购材料的名称、规格、数量、单价等。对于间接费定额已明确规定的，不要再另行签证。对于定额没有规定的，如停工模板、支撑、脚手架等停滞损失如何界定和补偿，应根据不同的工程实际情况来作出补偿。双方均应实事求是地根据工程的具体实际情况，参考有关定额和规定，尽可能合理地办理签证
3	建筑材料单价的签证	—	①在办理建筑材料单价的签证时，应注意弄清哪些材料需要办理签证以及如何办好，因为并不是所有的建筑材料都要办理签证。一般主要材料或某些特殊材料，可以给予签证，但一些辅助材料，如铁钉、油漆、周转材、石灰等则不需办理签证。 ②对于所签证的建筑材料单价，如已包含采保运杂费的应注明，避免结算时重复计算。

续表

序号	签证种类	表现形式	控制注意事项
			③不要把建筑工程主要材料的单价签证列入直接费,应只作调价差处理。 ④对于需办签证的材料单价,最好双方一起做市场调查,如实签明材料的名称、规格、厂家、单价、时间以及是否已包含采保运杂费等。 ⑤不要把材料的损耗计入单价内,因在结算套定额时就已包含了材料的损耗。如某综合楼签证铝合金窗的玻璃单价比同时期的市场价高很多,经了解是签证人员将玻璃损耗费用折算考虑计入单价内
4	分清直接费和独立费		在施工过程中,经常会出现一些无法计算工程量或某些特殊的项目,往往以双方商定的具体金额来签证解决,但只能作为独立费。而有些承包商往往在签证单最后写上一句:"……列入直接费。"业主代表又不理解直接费与独立费的不同是前者可以参加取费,后者只能收取税金,于是签字,结算时双方发生争议,给工程结算审核造成许多人为的不必要困难
三	工程工期(进度)签证	在工程实施过程中因主要分部分项工程的实际施工进度、工程主要材料、设备进退场时间及业主原因造成的延期开工、暂停开工、工期延误的签证	在建筑工程结算中,同一工程在不同时期完成的工作量,其材料价差和人工费的调整等不同。不少工程没有办理工程进度签证或没有如实办理而在结算时发生双方扯皮的情况
四	工程隐蔽签证	应特别注意: ①基坑开挖验槽记录。 ②基础换土材质、深度、宽度记录。 ③桩灌入深度及有关出槽量记录。 ④钢筋验收记录	①签证必须真实和及时,不要过后补签,因一旦被覆盖再发生争议就很麻烦,有些还是不能揭开的,即使能够也是劳民伤财。如某工程,回填石粉时未及时对填石粉的高度签证,结算时,承包商按 800mm 计算,业主则要按 200mm 计算。这时工程已完工,挖开的混凝土路面也已修复,双方的扯皮会给结算带来许多困难。 ②对于基坑隐蔽签证要真实记录其放坡系数及开挖深度等

4. 问：如何对主材质量、价格进行管理？

答：凡建设工程所需材料，在进入施工现场时，必须对其进行质量和价格确认（经招标采购的材料，只进行质量确认）；业主质量价格认证管理机构是材料认质认价的专门机构。

认质认价程序一般是：

（1）凡属施工单位采购的材料，由施工单位填写《认质认价单》中规定必须填写的材料名称、规格型号、产地、采购数量、计价单位和报价；相关工程部对其进行初步审核提出意见后，报质量价格认证组对其进行确认并签署意见，《认质认价单》经监审办公室签署审核意见并报总指挥审批同意后，由相关工程部通知施工单位采购。

（2）凡属业主方采购的材料，由相关工程部填写《认质认价单》中规定必须填写的材料名称、规格型号、产地、计价单位和报价，报质量价格认证组对其进行确认并签署意见，《认质认价单》经监审办公室签署审核意见并报总指挥审批同意后，由相关工程部与监审办公室共同采购。

（3）凡属业主方采购的材料，单批采购价在10万元以下（具体额度自行确定），及同一单体工程使用同一材料，总使用量的价值在10万元以下（具体额度自行确定），或单批采购价尽管在10万元以上，但不宜和不能招标采购的，由质量价格认证组对其进行质价确认；单批采购价在10万元以上，或同一单体工程使用同一材料，总使用量的价值在10万元以上，均须进行招标采购。

（4）凡属施工单位招标采购的建筑安装材料、设备，业主方相关工程部和监审办公室除参与监督外，必须对其招标方式和评标文件进行审查，存在疑义时，经业主质量价格认证组研究提出修改意见，报总指挥审批同意后，由相关工程部通知施工单位予以修改。

（5）建设中，施工单位或与业主协议合作的单位承诺免费赠送的建筑、安装材料或设备，均须进行质量认证，不经质量认证，不得进入施工场地安装和使用。

(6)相关工程部应要求施工单位和监理单位,在建筑、安装材料和设备进入施工场地前,必须进行合格性检验;由质量价格认证组不定期对其进行检查。

三 经验

1. 工程签证的管理办法

答:以某房地产公司签定管理办法进行说明。

实例 3-3-3

工程经济签证的管理规定。

为规范本公司计价管理,保证工程质量和控制造价,为工程结算、决算、审计提供公平、公正的依据,特制定本公司工程结算时工程经济签证的管理规定(以下简称管理规定)。

第一章　施工前签证

第一条　三通一平:属甲方(以下本公司简称甲方,施工单位简称乙方)修建的材料设备运输主干道,甲方委托乙方进行施工的,可按实给予签证;临设水电源,提供至施工建筑物外边线指定的范围而未能提供,需施工单位架设铺设的,可根据实际情况按实进行签证。

第二条　文明施工:施工单位在工程预结算中已计收文明施工增加费,施工单位必须按照有关文明施工文件在施工现场实施文明施工,并会同甲方和监理公司定期进行检查。凡按文件实施的文明施工工程内容(如硬地施工、卫生间墙面贴瓷片等),不得签证,未进行文明施工或文明施工定期检查不合格,施工方又未采取措施纠正的,或最终评定为文明施工不合格的,工程部应书面通知预算部,预算部将在工程结算中扣除文明施工增加费用。

第三条　施工工程包干项目费:该费用的内容已包括施工雨水的排除,因地形影响造成的场内料具二次运输,20m 高以下的工程用水加压措施;完工清场后的垃圾外运;施工场地堆放材料的整理;水电安装后的补洞工料费,工程成品保护费;施工中的临时停水停电,基础埋深2m 以内挖土方的塌方,日间施工照明增加费等。凡合同已明确计收预算包干的工程,无论其费率大小,上述内容一律不得签证。

第四条　施工前办理签证:凡项目内容施工后无法核准工程量的(如室内外回填土高度、打凿桩头混凝土等),均应在施工前办理签证,施工前未办理签证而后进行估算签证,将视作手续不全,结算时不予计算。

第二章　施工过程中签证

第五条　土方工程:凡合同已明确结算工程量及单价的工程,无论其实际施工放坡工程量增加多少、塌方、支挡土板等,一律不得进行签证。超出甲方审定的施工方案部分增加的费用,一律不得进行签证。

第六条　结构工程:

1. 因乙方材料计划问题,造成现场钢材规格不全,钢筋代换增加的钢材含量不予签证。

2. 施工混凝土未达到设计要求,而经设计部门验算仍可满足安全要求的,工程部应书面通知预算部,按实际施工混凝土强度等级进行结算。

3. 现场施工正在实施的内容,经甲方同意的临时变更,返工费可以签证,但材料不予签证。

4. 因乙方原因,造成二层楼板支模超过定额(3.6m 高)范围不得进行超高签证。

5. 未按甲方审定的施工组织设计进行施工而增加的费用，一律不予签证。

第七条　机械台班：自重5t以下的机械进场施工，机械进退场费及安拆费一律不得签证。合同单价总价中已含机械进退场费的，自重5t以上的机械（如压桩机等）不得签证机械进退场费及安拆费。

第八条　水电安装工程：凡合同明确施工图预算包干费的，水电安装工程打洞、补洞，开槽、补槽不予签证。为确保工程进度，施工队自带发电机，发电机工作台班及停滞台班不予签证，工程结算时也不扣除电费。施工单位临施水电表装表前，甲乙双方应进行验表，日后按表计费，乙方无论是施工使用还是生活使用，电费统一按每度×元计收；水费按每吨×元计收，如有关部门收费标准超过上列数据，可按实计收。

第九条　园林绿化工程：日后的园林绿化工程，原则上以包苗木、包种植、包成活、包保养单价包干的承包形式执行。超过保养期仍须施工方派人保养的，可以签证人工费。保养期内，苗木死亡重新补植，不予签证。苗木高度，冠幅、胸径及质量未能达到合同规定的要求，工程部应书面通知预算部，扣除相应工程造价。

第十条　临时设施：承包工程的乙方单位，凡由甲方提供临时设施的，扣除相应的临时设施费。甲方代为租房的，房租及水电费由乙方负责。

第十一条　材料供应：甲方供应到施工现场的材料，乙方应无条件采用。乙方不得计入直接费（可计入独立费），不得计收采保费，现场材料保管费最高只能计1.5%。甲方指定品牌、单价的材料（要各种质检、签证手续齐全），施工单位不得以任何理由拒绝采用。凡合同明确材料价格按实际施工时期相应造价信息材料价格进行调整的工程，甲乙双方应在每月末办理当季实际完成工作量签证，并作为结算依据。凡合同明确材料价格按施工期相应材料信息价格平均价进行调整的，一律不得签证。

第十二条　凡没有和我公司发生合同关系的单位或个人，原则上不发生工程款往来（确因工程实际情况需要，有公司领导批示的除外）。

第十三条　凡该办签证而未办签证的工程项目内容，公司预算部视为手续不全、结算依据不足，工程结算时不予结算。

第三章　其他签证

第十四条　有关工程技术的签证，见工程技术签证管理办法。

第四章　附　　则

第十五条　签证实效：工程经济签证应及时办理，一般为现场办理为准，如确因现场办理有困难的可在事后7天内进行。自接到书面通知之日算起，超过签证实效，视同放弃，过期补签的一律无效。

第十六条　签证办法：

1. 签证必须是真实的记录，按照实际发生的变更分项分部工程、变更的材料品牌、规格等进行，不得弄虚作假，如弄虚作假将追究当事人的责任或法律责任。

2. 工程经济签证是工程结算、决算、审计的重要组成部分，未签证或未办理工程经济签证后补办的及其他无效签证，不得进入工程结算或决算。工程结算或决算、审计时不承认该部分的工程量，甲方不承担任何责任。

3. 无效签证包括：超出签证实效的签证、弄虚作假的签证、补办的签证、经审查其他无效的签证。

4. 有效签证：按照签证统一格式，由甲方或乙方提出的、在签证实效范围内的、真实的，具有甲方工程主管、现场驻工地代表、现场监理工程师、甲方预决算人员、施工单位共同签字的工程子项目的工程变更单、材料变更单，涉及设计单位的还要有设计单位签字的工程变更单,以及甲方发出的工程联系函、施工单位实施并施工后形成的书面文件,均为有效签证。

5. 有效签证一式四份,建设单位两份、监理单位一份、施工单位一份。

6. 经济签证的管理规定与建设合同具有同等的法律效力,施工单位接到本管理规定时,3 日内未有答疑时将视为认同。

第十七条　乙方项目部要会同甲方工程部,做好工程变更和现场签证的台账,要求按月统计汇总上报甲方公司各部。统计日期从上月 26 日至当月 25 日止。上报甲方时间为当月 27 日 17:00 前,超过规定上报时间而未报或漏报的设计变更和现场签证,甲方预算部将视作施工单位自动放弃该部分工程计量及支付的权利,不予以计量支付该费用。

第十八条　本管理规定未提到的部分按国家颁布现行的相关办法、规定执行。

在执行中如发现问题,请及时向甲方预算部反映。今后,将依据工程的实际情况及以后的发展情况,再作调整补充。

第十九条　本管理规定自发布之日起执行,今后如有新的规定出台,应按新的管理规定执行,甲方预算部保留本规定的解释权。

2. 土方工程造价控制的技巧

答:土方工程造价因其在整个工程项目造价中所占比例较小,往往没有引起造价人员的足够注意。实际上,承包商常常是从这一分部分项工程中获取额外的利润;同时,土方工程造价因其特殊性,造价控制有一定的难度,引起的纠纷也较多。

(1)土方工程造价控制的不利因素,见表 3-3-7。

(2)土方工程造价控制的关键及解决方法,见表 3-3-8。

表 3－3－7　土方工程造价控制的不利因素

序号	不利因素	说　明
1	施工初期阶段现场施工条件的复杂、工程各方管理的不健全	由于现场土方堆运、调配等方面管理不善造成结算造价的大幅度上涨。例如某房地产项目的结算审查中，发现土方施工单位所报结算价高 70～80 万元。经过仔细研究图纸、相关资料，询问现场管理人员才发现是由于施工方案中挖土后就近堆土，但实际堆土后的位置影响了后续工程工作的工作面和场内运输，于是不得不再次将堆土运出场外。这样就增加了装土、运土、弃土费用。这种由于对现场情况预计不足、管理不善而造成的二次装运土、三次装运土的情况在实际工程中经常发生，使土方工程造价难以控制
2	没有完整的隐蔽工程记录，对设计变更、工程联系单等未办理相应的签证或以书面形式加以确认	工程项目的建设期较长，工程管理人员的流动性也较大，有时甚至会出现工程项目结束，整个甲方的现场管理人员全部流失的情况。如果没有完整的隐蔽工程记录，没有对设计变更、工程联系单的工作内容是否已按要求施工进行确认，就会出现工作量无法认可的情况，使得结算工作非常被动。某房地产项目的竣工结算，该项目在施工阶段的现场管理工作较为松懈、混乱，隐蔽工程记录不齐全，手续不完整；设计变更、工程联系单发出后，施工单位是否按要求实施未有书面确认等，结果在结算工作中处处被动
3	施工工序、方法、工期、季节性施工等原因带来的差异	由于定额的计价规则对此无明确规定，出现争议。实际工作中施工单位编制的施工方案是基坑采用机械大开挖，根据有关施工规范的规定，基坑机械挖土时，为防止超挖及对基底原土的扰动，最多只能开挖至基底以上 10cm，用人工挖土完成剩余的土方开挖工作。因此，实际施工中，施工单位在已经平整好的场地进行基坑机械大开挖，挖到离设计基底标高 10～20cm 处改用人工挖土。因此甲方计价人员将这 10～20cm 的人工挖土套场地平整项目，而施工单位计价人员则认为应套机械挖土
4	地理条件复杂，地质勘测取样数量不足、可靠性不高和图形的不规则给工程量的计算带来差异	土方工程是项目开发初期的第一步工作，往往由于项目用地的地理条件复杂（例如山地、坡地）、地址勘测取样数量不足（取样点间距过大，不能准确反映实际地质、地貌）等原因，影响了竣工图纸的准确性，从而使得土方工程的工程量计算不够准确。 某房地产项目，建设用地为一山包，且坡度起伏变化较大，在作原状土地形测量时，取样点仍按一般场地布置（10m×10m），结果制作出的等高线地形图与现场实际差距非常大，按图计算工程量跟实际有明显误差

表3-3-8　土方工程造价控制的关键及解决方法

序号	关键控制点	解　决　办　法
1	加强施工方案的审查	①在施工单位编制施工方案后,甲方和监理应该在充分了解施工现场的前提下,认真审核施工方案的可行性、经济性,并尽可能对施工方案进行优化。造价人员应及时介入,通过对各种施工方案进行造价评估,为最后施工方案的选择提供参考意见。 ②对土方工程施工方案的审核,重点是开挖方式的选择(人工、机械)、运输方式的选择、运距的确定、场内土方的倒运等
2	加强施工现场管理,对施工过程形成文字记录	①土方工程为隐蔽工程,做好分部分项工程验收记录非常重要,特别是设计变更和工程联系单,应以书面形式对变更内容是否实施、如何实施加以确认。 ②工程造价人员应深入现场,及时掌握施工现场的实际情况。 ③实际施工方法与施工方案不符时,应及时进行文字记录,以利将来查询。 ④设计变更和工程联系单发出后,应及时跟踪了解其实施情况,并就实施过程、实施结果形成文字记录
3	积极运用科学的计算方法和工具	工作中经常遇到土堆形状不规则、标高较多等计算工程量复杂的情况,以前经常是按平均标高、厚度或估算,然后协商工程量,这样不能准确反映工程量。现在各地都有一些计量软件或可以采用AUTOCAD制图软件与excel软件相结合的办法能够解决这一问题
4	施工遇岩石,需爆破或人工配合风镐破除的变更管理	①注意按照合理的施工工艺技术,确定破除岩石应采用爆破还是人工,破除的岩石中松软石、次坚石、普坚石、特坚石各占多少比例以及具体的工程数量。 ②基础施工遇岩石,技术上一般不必开挖至原设计基底标高,是否应相应核减没有施工的原设计土方和基础,比如浆砌片石的工程数量
5	基槽(坑)开挖未按规范要求放坡以及堆土距基槽(坑)边过近、过高,施工安全需支挡土木桩、板,施工单位要求追加挡土木桩、板之工程数量	凡放坡部分不能再计算挡土板工程数量,支挡土板部分不能计算土方放坡数量。二者只居其一

续表

序号	关键控制点	解决办法
6	人工挖孔桩施工，施工单位抽水泵台班的签证要求	①一般定额相应子目中已包含3台班/10m^3的抽水泵台班用作抽取位于地下水位标高以上的少量渗水。 ②注意直接工程费中的雨季施工增加费的含义、施工单位应承担的风险责任和义务、抽水泵的技术指标出口直径究竟是50还是150或者每个台班的抽水量究竟是9m^3还是50m^3
7	机械挖土方，施工单位有水开挖的变更要求	注意清楚无水流、弱水流、中水流和强水流挖土的定义
8	施工单位施工现场调配土方的变更要求	①理由是否成立。 ②如果成立或部分成立那土方虚方体积与天然密实度体积之间有何区别。土方究竟是人工装车还是机械装车以及运距究竟是1km还是10km
9	材料二次搬运的签证要求	现行预算定额中已包含和考虑材料的基本运距和超运距(具体数据按当地定额规定)

四 数据

1. 签证单（表3－3－9～表3－3－14）

表3－3－9　单项工程结算签证单

施工单位：　　　　　　　　　　　　　合同号：　　　　编号：

工程名称			
单项工程名称		截止日期	
实际完成数量、金额			
标书数量、金额			

计算说明（土、石方等隐蔽工程结算应附测量原始资料）：

附件清单：

施工单位（盖章）：______	监理单位（盖章）：______	建设单位（盖章）：______
代　表：______________	代　表：________	代　表：______________
____年____月____日	总　监：________	____年____月____日

表 3-3-10 现场签证单

工程名称：　　　　　　　　　　　　标段：　　　　　　　　编号：

施工单位		日　期	

致：____（发包人全称）

根据______（指令人姓名）年 月 日的口头指令或你方______（或监理人）______年______月______日的书面通知，我方要求完成此项工作应支付价款金额为（大写）______元，（小写）______元，请予核准。

附：1. 签证事由及原因：

2. 附图及计算式：

承包人（章）

承包人代表：__________

日　　期：__________

复核意见： 你方提出的此项签证申请经复核 □不同意此项签证，具体意见见附件。 □同意此项签证，签证金额的计算，由造价工程师复核。 监理工程师__________ 日　　期__________	复核意见： □此项签证按承包人中标的计日工单价计算，金额为（大写）______元，（小写）______元。 □此项签证因无计日工单价，金额为（大写）______元，（小写）______元。 造价工程师__________ 日　　期__________

审核意见：

□不同意此项签证。

□同意此项签证，价款与本期进度款同期支付。

发包人（章）

发包人代表：__________

日　　期：__________

注：1. 在选择栏中的“□”内作标志“√”。

2. 本表一式四份，由承包人在收到发包人（监理人）的口头或书面通知后填写，发包人、监理人、造价咨询人、承包人各存一份。

3. 本表式是《建筑工程工程量清单计价规范》（GB50500—2008）规定的表式。

表 3-3-11　××建筑公司工程变更签证单

第　　页 共　　页

建设单位		编　号	
工程名称		日　期	
施工单位		设计单位	
序　号	签 证 内 容		

监理单位(盖章或签字)	建设单位(盖章或签字)	投资监理(盖章或签字)	施工单位(盖章或签字)

注:本签证单经业主(或甲方)签收后,两周内没有答复的视作认可。

表 3-3-12　签证增加工程造价附表

建设单位：××房地产公司　　　　签证编号：　　　附件编号：

<table>
<tr><td rowspan="2">合同编号</td><td rowspan="2"></td><td>工程项目名称</td><td colspan="3"></td><td rowspan="2">施工单位</td><td rowspan="2"></td></tr>
<tr><td>单位工程名称</td><td colspan="3"></td></tr>
<tr><td>签证工程项目名称</td><td>单位</td><td>数量</td><td>单价</td><td>合价</td><td>监理审核工程量</td><td>项目部确认工程量</td><td rowspan="3">签证原因：</td></tr>
<tr><td></td><td></td><td></td><td></td><td></td><td></td><td></td></tr>
<tr><td colspan="7"></td></tr>
<tr><td>监理公司</td><td>责任单位：
年　月　日</td><td>项目部</td><td>责任单位：
年　月　日</td><td>造价单位</td><td>年　月　日</td><td>预结算部</td><td>年　月　日</td></tr>
</table>

注：此系合同外及变更增加量作为结算依据。

表 3－3－13　工程联系单

编号：

工程名称			
分部分项工程名称		卷册目录	
主送部门		抄送部门	

编制：　　　审核：　　　批准：　　　年　月　日

答复意见：

负责人签字：　　　年　月　日

签收	

表 3－3－14　国家建设项目现场审计签证单

第 页 共 页

工程名称：　　　　　　　　　　建设单位：

施工单位：　　　　　　　　　　监理单位：

事项		记录时间
主要情况	附件：	
审计人员意见		

审计组长：　　　　　　　　　　建设单位（签章）：

施工单位（签章）：　　　　　　监理单位（签章）：

2. 费用索赔申请（核准）表（表 3－3－15）

表 3－3－15　费用索赔申请(核准)表

工程名称：　　　　　　标段：　　　　　　编号：

<table>
<tr><td colspan="2">致：____________________(发包人全称)
根据施工合同条款第______条的约定，由于______原因，我方要求索赔金额(大写)______元，(小写)______元，请予核准。
附：1. 费用索赔的详细理由和依据：
2. 索赔金额的计算：
3. 证明材料：
承包人(章)
承包人代表：______
日　　期：______</td></tr>
<tr><td>复核意见：
根据施工合同条款第______条的约定，你方提出的费用索赔申请经复核：
□不同意此项索赔，具体意见见附件。
□同意此项索赔，索赔金额的计算，由造价工程师复核。
监理工程师______
日　　期______</td><td>复核意见：
根据施工合同条款第______条的约定，你方提出的费用索赔申请经复核，索赔金额为(大写)______元，(小写)______元。
造价工程师______
日　　期______</td></tr>
<tr><td colspan="2">审核意见：
□不同意此项索赔。
□同意此项索赔，与本期进度款同期支付。
发包人(章)
发包人代表：______
日　　期：______</td></tr>
</table>

注：1. 在选择栏中的“□”内作标志“√”。

2. 本表一式四份，由承包人填报，发包人、监理人、造价咨询人、承包人各存一份。

3. 本表式是《建筑工程工程量清单计价规范》(GB 50500—2008)规定的表式。

3. 工期索赔申请表、工期索赔审批表（表 3－3－16 和表 3－3－17）

表 3－3－16 工期索赔申请表

工程名称： 编号：

致：____________________（监理单位全称）

根据施工合同条款__________的规定，由于________________原因，我方要求索赔并顺延工期________日历天，请予以批准。

1. 工期索赔的依据：

2. 索赔工期的计算：

本次要求延长工期______日历天；最终延长总工期______日历天。

合同竣工日期从原来的______年____月____日延迟到______年____月____日。

3. 证明材料：

承包人(章)

承包人代表：________

日　　期：________

注：1. 在需要选择的栏中的"□"内作标志"√"。

2. 本表一式三份，由承包人填报，发包人、监理单位、承包人各存一份。

表 3－3－17　工期索赔审批表

工程名称：　　　　　　　　　　　　　　　　编号：

致：＿＿＿＿＿＿＿＿＿＿＿＿＿＿＿＿＿＿（承包人全称）

根据施工合同条款＿＿＿＿＿＿＿的规定，你方提出的工期索赔申请第＿＿＿号，索赔工期＿＿＿＿日历天，经我方审核：

□不同意此项索赔，按约定竣工日期组织施工。

□同意此项索赔，工期延长＿＿日历天，合同竣工日期从原来的＿＿＿年＿＿月＿＿日延迟到＿＿＿年＿＿月＿＿日。

说明理由：

监理单位（章）

监理工程师：＿＿＿＿

日　　期：＿＿＿＿

注：1. 在需要选择的栏中的"□"内做标志"√"。

2. 本表一式三份，由监理工程师填制，发包人、监理单位、承包人各存一份。

第四章

结算书中的造价疑难问题

第一节 结算书的编审

建设工程价款结算，是指对建设工程的发承包合同价款进行约定和依据合同约定进行工程预付款、工程进度款、工程竣工价款结算的活动。从事工程价款结算活动，应当遵循合法、平等、诚信的原则，并符合国家有关法律、法规和政策。

1. 合同中应约定结算事项

发包人、承包人应当在合同条款中对涉及工程价款结算的下列事项进行约定：

(1)预付工程款的数额、支付时限及抵扣方式。

(2)工程进度款的支付方式、数额及时限。

(3)工程施工中发生变更时，工程价款的调整方法、索赔方式、时限要求及金额支付方式。

(4)发生工程价款纠纷的解决方法。

(5)约定承担风险的范围及幅度以及超出约定范围和幅度的调整办法。

(6)工程竣工价款的结算与支付方式、数额及时限。

(7)工程质量保证(保修)金的数额、预扣方式及时限。

(8)安全措施和意外伤害保险费用。

(9)工期及工期提前或延后的奖惩办法。

(10)与履行合同、支付价款相关的担保事项。

2. 结算合同结算类型

发、承包人在签订合同时对于工程价款的约定,可选用下列约定方式之一:

(1)固定总价。合同工期较短且工程合同总价较低的工程,可以采用固定总价合同方式。

(2)固定单价。双方在合同中约定综合单价包含的风险范围和风险费用的计算方法,在约定的风险范围内综合单价不再调整。风险范围以外的综合单价调整方法,应当在合同中约定。

(3)可调价格。可调价格包括可调综合单价和措施费等,双方应在合同中约定综合单价和措施费的调整方法,调整因素包括:法律、行政法规和国家有关政策变化影响合同价款;工程造价管理机构的价格调整;经批准的设计变更;发包人更改经审定批准的施工组织设计(修正错误除外)造成费用增加;双方约定的其他因素。

3. 工程结算

工程完工后,双方应按照约定的合同价款及合同价款调整内容以及索赔事项,进行工程竣工结算。

(1)工程竣工结算方式。

工程竣工结算分为单位工程竣工结算、单项工程竣工结算和建设项目竣工总结算。

(2)工程竣工结算编审。

单位工程竣工结算由承包人编制,发包人审查;实行总承包的工程,由具体承包人编制,在总包人审查的基础上,发包人审查。单项工程竣工结算或建设项目竣工总结算由总(承)包人编制,发包人可直接进行审查,也可以委托具有相应资质的工程造价咨询机构进行审查。政府投资项目,由同级财政部门审查。单项工程竣工结算或建设项目竣工总结算经发、承包人签字盖章后有效。

承包人应在合同约定期限内完成项目竣工结算编制工作,未在规定期限内完成的并且提不出正当理由延期的,责任自负。

发包人收到承包人递交的竣工结算报告及完整的结算资料后,应按本办法规定的期限(合同约定有期限的,从其约定)进行核实,给予确认或者提出修改意见。发包人根据确认的竣工结算报告向承包人支付工程竣工结算价款,保留5%左右的质量保证(保修)金,待工程交付使用1年质保期到期后清算(合同另有约定的,从其约定),质保期内如有返修,发生费用应在质量保证(保修)金内扣除。

4. 结算资料

工程造价人员应收集并验证工程竣工结算资料,内容应包括:招投标文件;总包合同、专业分包合同及其补充协议;工程勘察成果相关文件;设计变更图纸及说明;工程签证单;工程竣工图纸;施工组织设计和施工进度计划;涉及工程造价的隐蔽工程验收记录;主要材料汇总表;发包人供料、设备明细表,发包人付款明细表;工程的计划工期和实际工期;工程质量计划目标和工程竣工验收报告;其他有关工程造价调整的有效证明文件。

5. 结算审核

工程造价人员收到工程竣工结算申请后,应在规定的时间内对工程预付款、进度款、变更款和工程索赔款等作出最终审核,出具工程竣工结算审核报告,内容应包括:项目名称、建设地点、占地面积、总建筑面积、层数、结构类型、开竣工日期、质量等级和批准概算等;工程项目涉及的设计人、施工总承包人、主要专业分包人和施工监理人的单位名称;工程竣工结算审核的依据、分析结果及其审核意见;竣工结算书与审核结算书对比表。

二 方法

1. 问:一般项目工程结算如何编制?

答:(1)熟悉基本资料。

造价人员不但要熟悉施工图纸、工程所在地区预算定额,还要深入施工现场,对施工做法及材料使用情况要有充分的了解,认真对照施工方案的内容措施,分析预算定额所包含的工作内容及未包含内容,定额中的数量、单价组成。先领会和掌握招标文件、施工合同的条款及内容,熟悉施工图纸,深入工程现场,了解整个工程的概况及施工方案的措施内容。因施工图纸与投标图纸不同,标书工作量与实际工作量就不同,所以要详细核对两者的工程量。

(2)了解市场情况。

市场价格千变万化,同一种产品因质量、产地、运输等因素的影响,所以价格不尽相同,这样就要求预算人员全面了解市场信息及国家的有关规定,给材料采购人员提供价格信息,及时办理材料价格差价的签证,为控制工程成本提供有力依据。

(3)仔细避免失误。

结算编制中容易出现的失误之一就是漏项,漏项就意味着应该得到的收益的损失。为了防止这一点,乙方应根据工程的具体实施情况考虑以下内容:

1)由于政策性变化而引起的费用调整。如间接费率的变化、材差系数的变化、人工工资标准、机械台班单价的变化等,以及政策、法规的变更。建筑工程工期一般较长,在合同实施期间,可能会有有关的政策、法规的变更。工程承发包作为一种民事行为,应在法律允许的范围内运作,受法律的保护,也受法律规范和调整。有关的政策、法规是法律在某一范畴的外延和具体表述,甲乙双方都应有遵守的义务。有关计价的政策、法规的变更,必然会引起结算价的变更。我们必须严格按照文件所规定的内容、时间界限和标准执行,该增的坚决增,该减的坚决减,以计算出准确的结算价。预结算工作是法规性很强的工作,施工企业的经济管理部门一定要注意有关文件的传达,学习、贯彻、执行,并作为结算的重要依据。

2)投标时按常规计算,结算时需如实调整的费用。如大型机械进退场费(什么类型规格的机械进场多少次等)、墙体加固筋、甲供水电费的扣除等。

3)设计变更、签证、监理指令等导致增加的费用(发包方主动提出的部分)。这部分费用包括自身工作量的增加,及造成对其他工作的影响而增加的费用(也可作为索赔费用)。如楼层和建筑面积的局部增加,会导致脚手架和垂直运输费用的增加。招投标工程的承包合同一般都有规定工程量应与招标文件内容一致。但实际上,绝大多数工程量都有会因图纸变更,甲方代表指令,施工条件变化等原因发生工程量的增减。工程量的增减要在结算时体现。工程量的增减必须有足够的证据,包括合同、补充协议、甲方代表或监理工程师的各种指令和通知、工程设计变更的图纸及所增减部分工程量的验收报告等。所有的证据应由有关的各方代表签章确认生效。

4)施工索赔费用。由甲方未履行合同义务,或发生了应由甲方承担的风险而导致承包商的损失造成。如甲方交付图纸技术资料、场地、道路等时间的延误,与勘探报告不符的地质情况,发生了恶劣的气候条件(洪水、战争、地震),甲方推迟支付工程款,第三方的原因导致的乙方损失(如设计、指定分包),甲供材的缺陷,设计错误导致的施工损失等。

5)合同规定的有关奖励费用:如提前竣工奖、赶工措施费、质量奖等。

6)由于变更删项,导致原让利优惠部分的退还费用。

在现行的招投标中,乙方为了在竞争中获胜,一般都要在正常算得的造价基础上给出一定的优惠条件,而当甲方变更导致工程量减少或部分删项时,结算中除扣除对应费用外,应注意加上因原优惠而损失的费用。

7)签证导致的相关费用,如零星用工等。

2. 问:附属、零星项目结算如何编制?

答:(1)做好前期准备工作。与主体工程一样,完整、规范的设计施工图是乙方正确编制附属工程预算的依据,工作中,许多建设项目的附属工程连草图都没有,更不用说有完整、规范的施工图了,这为乙方正确编制预算书留下了隐患。因此,一定要重视前期的准备工作,特别是完整的施工图,可为乙方编制真实的预算打下良好基础。

(2)签订附属工程合同前需慎重。附属工程作为主体工程的一部分,一定要遵循原主体工程投标时的原则,对优惠率、材料单价、施工变更、结算方法、付款方式等原则性问题应在合同条款中加以明确;乙方在此原则下编制的施工图预算是签定施工合同、确定合同金额的重要依据。因此,甲方在签订合同前,一定要重视对附属工程预算的审核,也可委托有资质的中介部门进行审核,避免在附属工程结算中留下隐患。

(3)甲方在附属工程实施过程中要重视相关资料的收集、整理,便于在工程结算中及时作调整。工程管理人员应重视对附属工程的施工管理,督促乙方严格按施工图进行施工,一旦需要发生变更,双方应及时签订变更联系单。同时,在整个建设过程中,甲方应重视对各种资料的收集、整理,为竣工后附属工程的结算做好准备。

3. 问:维修工程结算如何编制?

答:(1)事前调查法。主要调查研究项目的全过程,了解、熟悉与工程建设相关的各种情况,通过调查研究取得较完整的工程建设技术资料,直接发现工程结算中的问题,确定工程结算审价的重点。调查中可以用聊天的方式,或请教的方式询问有关施工情况,包括材料价格、隐蔽工程、企业情况等。

维修项目不改变原有建筑物或构筑物的结构,在工艺项目中,不改变原有的工艺流程。大部分项目是在原有建筑物、构筑物或工艺设备、配管以及其他辅助设施的基础上进行修修补补,目的是为了延长原有实物形态的使用寿命。因此,它的标准和要求相对于新建项目和改扩建项目来说不是太高,这就要求审价人员必须会同有关部门事前进行现场勘察、明确维修项目的具体内容以及维修所要达到的标准,做到能不修的尽量不修,能重新利用的地方尽量重新利用,施工前做到心中有数,做好现场勘察记录,特别是拆除项目的工作记录,这对拆除工程量的审价有很大帮助。

(2)理论测算法。有些隐蔽工程竣工后,虽然不清楚具体情况,但可以通过外围了解测算出来。

实例 4-1-1

某维修项目填土工程结算审核中,甲方由于没有及时做好施工前的测量记录,而乙方则肯定填土方量,经审价人员进行面积测量和对乙方所用车辆的数量、施工天数，每天每车运土方量等进行测算，测出了比较合理客观的数据，乙方不得不承认。

由于审价人员对有些维修工程不太熟悉，可以通过项目的资料来计算和审核，测试审减比例，以此推算出造价。

(3)现场勘察法。现场勘察是审核工程量、审核预算单价套用最为有效、最为直观的审价方法。零星工程维修，既没有固定的模式也没有统一的标准，大部分没有施工图纸，一般说来，有不少地方需根据现场的实际情况临时作出变更，施工中免不了有大量的更改工作，特别是拆除工程量，如不深入施工现场，对现场部分的工作量就难以审价，如果现场代表或其他相关部门不作工作量记录，审价时就无从下手，有时即使相关部门现场代表都有记录，记录的真实性如何，"水分"有多少，这些都需要审价人员亲临现场，实地进行抽样勘察、测量和记录，同时督促甲乙双方的现场代表对现场记录及时进行签字认可。只有充分掌握第一手资料，乙方高估冒算、虚报工作量的现象才会得到有效遏制。

1)勘察工程量。

对有些维修工程，在结构、外观影响较小的情况下，可以采用勘察方法。实际操作时，审价人员应组织甲方及相关部门人员，深入施工现场，对建设工程实物进行核查工作，查明增、减、变更设计的建设项目、部位及建筑结构等情况。

实例 4－1－2

某沥青混凝土路面修补工程中，乙方提供的混凝土厚度为15cm，通过审价人员对路面的实际勘察、测量，测出只有11cm。

2)勘察使用材料。

在察看过程中，应特别关注那些价格高的装饰材料以及土建、安装工程中价格较高的建筑材料，记录它们的型号、规格、价格以及工程施工的制安顺序，必要时对数量进行统计，做好审价工作记录，并经对方签字认可。目前，材料市场不仅是材料的品种繁多，而且价格也捉摸不定，有时即使同一种材料，不同的商家，其价格也大相径庭。一些乙方为了获取高额利润，常常在施工过程中偷工减料或是将材料以次充好。

3)勘察工程进度。

对于较大维修工程，应经常察看工程施工进度，可防止施工过程中盲目扩大维修内容和维修标准，造成资金缺口、加大维修成本等问题的发生。

实例 4-1-3

某二层楼维修项目，该二层楼总面积150多平方米，平时只是作为一个部门的办公室和库房，因建成时间较长，屋面防水和隔热不是太好，木门窗有些变形，因此初步拟定花几万元将屋面防水和屋面隔热重新翻修一下，木窗全部改成铝合金窗，木门也全部换成新的全板木门。维修时使用单位私自给乙方施加压力，要求乙方增加维修内容，并将维修标准改成装潢标准，维修费用在原有标准的基础上整整翻了4倍，造成了维修成本加大、资金严重缺口，给结算带来很大麻烦。

4)勘察市场行情。对市场进行实地考察，调查各种材料的市场行情，也是事中现场勘察的一部分。市场考察可分为正面考察和侧面考察。正面考察是审价人员以审价工作者的身份向多家建材经营部进行商品价格咨询，这多用于正常采购渠道或正规单位提供和材料。侧面考察是审价人员以消费者或者客户的身份，以采购物品的名义，通过向商家讨价还价的方法来了解材料价格，这种方式带有一定的隐蔽性，往往更能取得较好的效果，这多用于不是正规渠道购来的材料。

(4)事后抽查法。对乙方事先提交的结算书和工程项目资料应认真审阅，找出疑点，采取先到施工现场实地调查，详细记录发现的问题，然后再询问乙方，如乙方不承认，可和甲方及相关人员一起到施工现场确认。

实例 4-1-4

某公司办公楼维修工程的预算和签证资料中，外墙全部为瓷砖贴面，通过审价人员现场核实后，实际全部为粉刷涂料，根本就没有贴瓷砖，最后确认是预算人员编制预算时编造出来的。

实例 4-1-5

某维修工程，结算书中的内容与施工方案、图纸、签证一样，可就是现场不一样。如：铝合金门窗，图纸上要求铝材壁厚为 1.2mm，而实际做了 1.0mm；屋面保温层图纸上要求是沥青珍珠岩，打开屋面一看，是水泥珍珠岩，仅此两项，在原来结算的基础上，就核减了近十万元。

4. 问：停建、缓建工程结算如何编制？

答：(1)做好工程停建、缓建后现场工程量的清理。

工程停建、缓建后已经完成的现场工程量是一项重要的基础数据，因为工程没有按照施工图全部完成，仅靠图纸难以计算已经完成的工程量，所以做好现场工程量的清理是做好工程结算的重要、必须的前提。现场工程量的清理包括现场已完实体工程量及预制半成品工程量两个方面。为方便现场清理和统计，应根据设备、工艺、土建等不同的专业特点，设计不同的统计表格，实现数据表格化。对于复杂、大型的装置，对现场工程量进行纯粹的文字描述是无法满足工程造价计算需要的。现场工程量清单必须按照工程量计算规则进行测量、统计，而不仅仅是一般实物量的简单测量。

实例 4-1-6

某工程量清理统计表，见表 4-1-1。

表 4-1-1　工程量清理表(按工序或图纸顺序进行统计清理)

图纸号或层数、部位	分项名称	单位	计划工程量(预算量或清单量)	实际完成工程量或比率	实际完成工程量计算公式
建施 1					
……					
结施 1					
……					

(2)及时进行工程变更签证的统计、认可。

工程变更包括设计修改和现场签证,停建、缓建工程由于工程中途停止,一些工程变更可能尚未实施,特别是设计修改,这样就需要对工程变更进行专项统计、认可。

1)现场管理人员应将所有的工程变更进行统计,对其中已实施或部分实施的,及时进行认可,对未实施的加以剔除。对已经实施的工程变更,还应说明是先变更后施工,还是先施工后变更,因为这两种情况下的费用计算方法是不一样的。先施工后变更,要计取已经施工部分的费用,再计取已施工部分的拆除费,还要加上变更部分的费用。而先变更后施工,仅只计取变更部分的费用即可。

2)对于减少工程量、以小代大等费用减少的工程变更,现场管理人员应单独统计,不要遗漏。因为乙方为了自己的利益,对这些工程费用减少的变更,一般在结算时是不会主动提出的。

(3)认真完成结算审核。

与正常建设的工程相比,停建、缓建工程的结算审核要特别注意以下几个方面:

1)认真计算工程量。

正常建设的工程,其工程量计算一般依据施工图即可。而停建、缓建工程的工程量计算,应按"施工图、工程量清理统计表、现场实物"三对照的原则,才能最终确定准确的工程量。应当把施工图和工程量统计表相互对照,准确计算。由于停建、缓建工程的特殊情况,工程审价人员还应经常深入现场,这样才能有效保证工程量计算的准确性和结算审核的质量。

2)准确确定分部分项工程的费用。

综合单位或定额子目是反映按照施工及验收技术规范,完成一个分部分项工程的费用。而停建、缓建工程中,有许多分部分项工程的正常工序没有完成,这样就不能计取一个综合单价或定额子目的全部费用。由于这种情况在停建、缓建工程中十分常见,因而对综合单价或定额进行深入研究,准确确定未完工序的分部分项工程的直接费用是十分必要的。

3)结合施工合同,具体问题具体分析。

施工合同的许多协议条款是按正常竣工考虑的,而停建、缓建工程没有最后完成,这时协议条款中的约定事项怎样处理和执行呢?应作为一个专门问题,按照国家现行有关政策、法规,与乙方进行认真的协商、谈判,具体问题具体分析,使工程结算顺利进行。

(4)做好施工组织设计的批复、交工技术资料的验收等基础工作。

施工组织设计和交工技术资料也是计算工程造价的重要依据之一。在对施工组织设计批复和对交工技术资料验收存档时,现场管理人员应及时与工程造价管理人员取得联系。特别是有些施工合同的协议条款中,甲乙双方约定技术措施费、现场签证和设计变更、调遣费等实行总额一次性包死,这样一来,现场管理人员可能认为这几项费用已经总额包干,施工组织设计怎么批复无所谓,于是草率从事。而一旦工程停建、缓建,这三项费用要根据具体情况进行核算时,由于施工组织设计批复意见含糊不清,会造成甲乙双方不必要的扯皮。因而现场管理人员在对施工组织设计批复时,应和工程造价管理人员一起,仔细斟酌,既要保证技术可行,又要本着经济的原则,从降低工程造价出发,对批复意见反复推敲,并尽可能具体、细化,对不必要的措施坚决加以取消,以免留下后患。

对停建、缓建交工技术资料存档前的验收,是目前甲方容易忽视的一个问题。甲方管理人员可能认为工程已经停止,交工技术资料是否齐全、真实已无所谓。交工技术资料中反映了工程实体上许多看不见的隐蔽性内容,是计算工程造价的重要依据之一。因此,现场管理人员必须和工程造价管理人员一起,对交工技术资料进行认真验收,不能往档案室一放就不管了。对在资料中弄虚作假的,必须坚决加以纠正。同时,资料反映的内容和语言描述,应能满足计算工程造价的需要。

5. 问：如何对甲供材料价差进行审核?

答:(1)材料费的分类,如图4-1-1所示。

- 甲供
- 甲指乙供
  - 认质认价
  - 认质不认价
- 乙供

图4-1-1　材料费的一般分类

一般可分为甲供、甲指乙供和乙供三种方式。

1)甲供(材料):甲供材料和设备由发包人按实际使用数量采购并运至现场,由承包人卸货、验收场内运输和保管。所以合同中要约定甲供材料、设备的损耗率,防止使用甲供材料的承包人超限量使用,同时还要约定承包人提前通知采购、场内卸货、场内二次搬运、检验和保管的责任义务以及安装费用中考虑约定的损耗率不足所增加的费用;甲供材料需要在合同中约定损耗率。

2)甲指乙供材料:甲指乙供材料和设备的确认方式有两种:一是在招标文件中确定品牌或指定几家供货商,由投标人通过询价后报固定总价(认质不认价);二是在招标时先放一个暂定单价,最后甲方对实际供货商进行招标后确认单价,乙方根据确认单价的厂家或品牌进行采购(认质认价)。认质认价的招标项目需要标明暂定单价,认质不认价的招标项目需要标明指定的品牌或厂家,一般为三家供投标人选择询价。

由于甲指乙供材料和设备的暂定价是工程量清单中图纸数量的单价,甲方必然也要求供货商按同一口径根据工程量清单中的该项目图纸数量报一个综合单价,而乙方则是按实际使用数量进行采购,两者之间产生一个差值,这需要在招标时的合同约定由投标人将该差值产生的费用放入该项目的安装费中,并且如果合同约定为图纸数量包干时该费用不能获得补偿。

若实际的供应单价与原暂定单价不同,则按以下公式计算材料价差,合同总价及中期付款额也相应调整:

材料(设备)价差 =图纸计算的工程量×(实际供应单价 - 暂定单价)×税金

为简化起见,可在合同中约定该部分价差所产生的承包人管理费、利润或其他费用由投标人放入相同项目的安装费中。

3)乙供(材料):即甲方不作要求,乙方全权自行采购。

(2)甲供材料价差的审核。

甲供材料价差是指甲供建筑材料价格与定额预算价格之差,它是构成工程造价的重要组成部分。工程预结算审核人员比较重视工程量、单位套用及取费的审核,往往忽视对材料价差的审核,而施工单位则常常在材料找差时多计取工程结算款,常见形式见表 4 - 1 - 2。

表 4 - 1 - 2　施工单位材料价款多计手法

序号	情况	说　明	举　例
1	少找或不找材料负差	当甲供材料价格高于定额预算价格时,称为材料正差,应列入工程结算款中;反之称为负差,应从工程结算款中扣除。在工程结算时,很容易疏忽对材料负差的审核。施工单位常常少找或"忘"找材料负差,从而多计工程结算款	某住宅楼工程塑纱窗总计 892.12m²,每平方米塑纱窗定额预算价格为 188.10 元,甲供价格为 60 元,塑纱窗应找负差 114280.57 元,但在工程结算时却一分钱也没有扣回

续表

序号	情况	说　明	举　例
2	虚增找正差材料量	材料价差金额由材料量以及材料实际价格与预算价格之差决定,对于找负差材料,施工单位在结算时往往压减材料用量,对于找正差材料,则采取虚增材料用量的方法多计取工程结算款	某工程,水泥找差中水泥量为3846t,但工程结算书所列分项工程的水泥用量计算结果只有1472t。在此项工程结算中,水泥找差量虚增2014t,多找价差28.2万元
3	压低材料预算价格,多计取材料价差结算款		某工程结算红松找差时,定额预算价格没有采用红松预算价格而采用价格较低的落叶松预算价格,多计材料价差单价,从而多计工程结算款

实践中,工程结算中材料价差问题比较多,需要从以下方面加强管理,见表4-1-3。

表4-1-3　工程结算应加强管理的方面

序号	应对方法	说　明
1	给财务结算部门提供一份比较完整的材料定额预算价格明细表	应注意随国家定额及估价表的调整而及时调整材料预算价格明细表,以保证材料找差时材料预算价格准确无误
2	工程结算书封皮应标明“附甲供材料价差金额若干”的字样	以保证应该核减的材料负差不被漏掉
3	核对合同条款	应根据施工合同,核对竣工工程内容是否符合合同条件要求,工程质量是否达到合同约定的质量标准,施工工期是否在合同约定的期限内完成,竣工结算是否按合同约定的结算方法、计价定额、取费标准、主材价格等条款来编制进行核对

6. 施工合同对竣工结算有何作用?

答:在实践中,业主和承包商往往把视线的焦点过多地集中在最终的工程竣工结算审价上,而对于开工前所签订的建设工程施工合同普遍关注不够,从而导致建设工程施工合同的不规范、不严密等现象产生,其后果不仅会给建设单位或承包单位带来直接或间接的经济损失,而且也给工程竣工结算审价带来不少争议。施工合同的审核重点见表4－1－4。

表4－1－4 施工合同审核重点

序号	重点	说明
一	规范施工合同	现行施工合同文本是由住房和城乡建设部、国家工商行政管理局联合发布,主要由《协议书》、《通用条款》、《专用条款》三部分组成,并附有三个附件:《承包人承揽工程项目一览表》、《发包人供应材料设备一览表》、《工程质量保修书》。 要杜绝工程只是简单地草拟一纸合同或协议书,仅说明工程开竣工日期、付款方式等内容。 杜绝竣工结算的送审材料中仅有竣工结算书、竣工图纸等资料,不见施工合同,承发包双方当初仅有口头协定,而无书面合同。这样的工程项目在合同订立上显然缺乏严肃性,在竣工结算审计过程中一旦遇到彼此扯皮之事,更缺少法律依据,难以裁决
二	重视施工合同类型的选择	
1	固定价格合同	此类合同要求承包方承担施工期间全部风险并需要为不可预见因素付出代价。 固定价格合同签定前应当充分考虑施工期间各类建材的市场风险和国家政策性调整风险等,并且应当承担合同签定的后果
2	可调价格合同	可规定调整的范畴,便利风险得到合理的分摊,因而适用范围比较宽
3	成本加酬金合同	由业主向承包商支付工程项目的实际成本,并按事先约定某一方式支付酬金的合同。这类合同,业主承担了项目的全部风险,而承包人由于无风险,其报酬也往往较低,主要适用于需要立即开展工作的项目、新型的工程项目、风险较大的项目等
三	施工合同的制约作用	预见性的合同条款制约,可以为最终的工程结算争取有利条件。最常见的合同制约是有关质量、工期、价款的结算方式

续表

序号	重点	说明
1	质量	合同要对质量进行制约，写明奖励范畴
2	工期	如×××工程，在签定合同时，施工单位对工期每拖延1天罚款××万元没有提出异议，工程完工后，因拖延工期罚款额很大，利润全无
3	价款的结算方式	垂直运输费问题。 配合费问题。 付款时间和进度的违约与索赔等问题
四	施工合同的条款措辞	在施工合同条款的措辞上应仔细斟酌，反复推敲，防止出现歧义并导致日后竣工结算出现争议
1	合同要明确规定执行计费的标准、文件及日期等，内容要明确，不夹带模棱两可的条款，以免给结算工作带来不必要的矛盾和冲突	在签订合同时，对材料价格应明确规定所要执行的具体文件及要求

虚增造价的常见情形及控制方法（表4-1-5）

表4-1-5　虚增造价的常见情形及控制方法

序号	常见情形	说明	实例	应对方法
1	利用专业交叉界线，多计重计工作量	结算单位利用各专业之间配合密切或专业相近的特点，有意混淆专业界线，分头多计或重复计算工程量，以此来增加工程项目结算价款。这种作弊手法具有一定程度的隐蔽性		

续表

序号	常见情形	说明	实例	应对方法
2	利用分包工程项目之间交叉施工部分，重复计算工程量	一个大型建设项目，往往由数家施工单位分包，一些结算单位常常利用两个或几个施工单位交叉施工部分的作业内容，或利用一些工程建设项目结算单位较多，结算审价力量薄弱，对现场情况不是很熟等情况，分头多计工程量，造成相当部分工程量重复叠加		
4	多量尺寸，增加土方		某工程在开挖一个四方形基坑时，边边角角附近加起来共有二三十平方米的塌方。在工程计算时，应该只计算基坑大小和塌方的面积，从而得出土方量。然而施工方却在塌方最远处沿基坑外围又划了一个大的四边形，转而计算这个大四边形的面积，虚报土方	实地勘测。到施工现场掌握第一手资料，防止变更、签证与实际不符
5	故意混淆设备与材料界线，增大取费基数，多计材料运杂费	同一种产品，安装的部位不同，视为设备或材料的情况也不同。材料费和设备费的运杂费计费方法不同，如把两者混淆就会给运杂费的计算带来错误。同时设备费不作为建安工作量计算，不参与工程预（结）算取费，如把设备视为材料，取费基数将会增大，从而导致工程造价的虚增		

续表

序号	常见情形	说明	实例	应对方法
6	隐蔽工程签证中舞弊		如打孔沉管灌注桩等基础工程，应查看灌注桩的充盈系数及沉管长度，以实际自然地面标高查看挖土深度及地面结构层厚度，基础需加固处理的工程，应有附图，并对照图纸查看是否合理布置在基础工程范围内。对于无验收记录的隐蔽工程应向建设单位与施工单位提出，共同研究拟定处理方案。	①施工过程定期深入现场进行观察，并及时按程序形成记录。 ②结算审价时，深入现场选点开挖、打孔或运用现代高科技手段进行测试。 ③运用对比法进行类比，以发现异常迹象。 ④在审阅与工程施工有关的信息资料和询问熟悉现场情况的人员的基础上进行综合分析，审慎判断。 ⑤检查隐蔽工程的验收记录。所有隐蔽工程均需进行验收，并由两人以上签证；实行工程监理的项目应经监理工程师确认。按照竣工图逐项查看、核对
7	让楼板变薄		许多房间的楼板只有 8cm 厚。但结算时，施工方全都按 10cm 计算	
8	两根钢筋做三根用	钢筋从出厂、运输，到绑扎、吊装，每个步骤多算一点，最后总量“充水”就会充得很大	工程钢筋需求量比较大，审核中发现，一些地方本来规定要埋三根钢筋，实际却只埋两根	
9	多用机械，放大成本	这里的“多用”机械并不是真的多用，而是多报数量	实际施工作业时只用了 5 台大型的机械，但报价时却报了 10 台，人为放大错误	

续表

序号	常见情形	说明	实例	应对方法
10	小数点的"笔误"	这种方式很多施工队伍用起来很方便,因为查出来容易搪塞,一旦查不出来,则利润丰厚	有些款项与实际款项出入10倍,对方解释:"财务人员粗心,小数点错了"	
11	虚报结算单	工程结算分两种方式,除按图纸外,签证结算也是重要的一部分。对于工程量大、施工单位多,分部分项工程项目交叉施工的大型工程,舞弊者往往在不同施工单位施工的工程项目接点处实施工程量重报舞弊行为		①改变一项工程一人审核的做法,成立审核小组,明确主审人员。 ②系统清理施工合同,对不同施工单位施工的工程接点在图纸资料上进行标志,并在审核人员之间及时沟通。 ③项目主审人员对全部分项工程建立结算清单,反复与图纸及签证资料逐一核对、全面把关
12	在"按实结算"等合同条款上做手脚,钻空子	一些投标单位为了中标,在具体项目中,将合同规定"按实结算"部分故意少算,为结算时实际造价超过中标价埋下伏笔	某工程投标预算中,故意将钢筋少算100多吨,约合35万元。投标时将其他不"按实结算"的材料多算,使总报价符合投标要求。竣工结算时,施工单位提出根据合同中"按实结算"条款,追加钢筋材料款	
13	招投标时故意漏项	施工中佯装发现,并以此为由要求追加投资。而追加部分则可以逃避招投标		①审查合同约定的施工项目与图纸等要约内容是否一致。 ②审查合同约定的施工内容与实际完成的工程内容是否完全一致。

续表

序号	常见情形	说明	实例	应对方法
				③审查工程实体质量是否满足合同约定
14	工作量签证弄虚作假	施工单位与建设单位监理相互串通，搞重复签证，虚假签证，虚报工程量	如利用新材料、新工艺、质量价格难以确定等不确定因素，抬高价格	在加强签证等审核的同时，对建设单位及施工监理要实行公示制度、承诺制度。对签证人员的素质、业务能力、资质要审核，保证签证真实可靠
15	虚假设计变更	为了在招标价格外增加工程款，串通设计部门搞虚假设计变更	某工程地下室投标时已按高档防水材料报价，施工期间，施工单位串通设计单位编造理由，制定了一份将地下室普通防水材料变成高档防水材料的设计变更，工程结算时将这份材料拿出，要求增补差价。	
16	技术标与商务标脱离	工程量清单招投标，施工企业根据建设单位提供的工程量清单报价，其报价包括计算完成分部分项工程量所发生的直接费、间接费、利润和税金的总和，技术标内的施工组织设计或施工方案确定的数量，由施工企业在商务标里以非实物形态竞争性费用的形式自主择项报价或包含在综合单价里。一些施工企业又往往把属标内应考虑的技术措施费的一些项目列入造价，计取工程费用		

续表

序号	常见情形	说明	实例	应对方法
17	混淆施工图与竣工图的区别	施工图是工程项目招标的依据和工程施工的基础,竣工图是对竣工工程的具体记录,包括了施工过程发生的设计、联系单等变更,两者有着本质的区别,尤其是一些大中型复杂的工程,两者项目出入会更大,有些施工企业把已取消的施工图项目仍列入造价,计取工程费用		
18	更换变更联系单	工程变更联系单是施工过程中图纸改变的依据,在施工过程中,由于建设单位把关不严,变更联系办理不及时,时间一长,就会模糊不清或不齐全,有些施工企业就利用联系单来做文章,办理有利于乙方的联系单,故意删改、省略不利于己的内容。更换联系单内容为多计费用埋下伏笔		核实工程变更签证。工程变更包括设计变更和其他变更。设计变更,要由设计师签字,并经设计院盖章,其他变更的签证,需经建设方现场代表、施工方项目经理、监理方现场代表签字,并加盖建设单位印章,不符合以上要求的签证,一律不予认可
19	提高材料价格标准	由于材料的价格和定额消耗量对工程造价的影响很大,经常会出现施工企业在编制造价时虚报材料价格和材料用量。施工时用低等级材料,造价时却套用高等级材料价格。实际购买价高于招标时,暂定价交给建设单位签证,而低于暂定价的就以投标暂定价作为造价依据		①检查供应的材料品目是否符合合同约定。 ②审查价格及数量,是否高于市场价格,材料供应是否存在数量上的不合理。

续表

序号	常见情形	说明	实例	应对方法
				③检查施工单位耗用的辅材是否存在舞弊,可以要求施工单位提供相应物资的采购和消耗凭证
20	曲解合同意思	合同条款很多,对承包方式,施工工期、价差造价、让利幅度、取费标准、奖罚措施等,有些施工企业尽量往有利一方考虑		应根据施工合同,对竣工工程内容是否符合合同条件要求,工程质量是否达到合同约定的质量标准,施工工期是否在合同约定的期限内完成,竣工结算是否按合同约定的结算方法、计价定额、取费标准、主材价格等条款来编制进行核对

四 数据

审价表（表4－1－6～表4－1－9）

表4－1－6　××工程土建预(决)算初步审价比较表(一)

项目名称:　　　　金额单位:　元　共　页　第　页

序号	分部分项工程	单位	送审造价				初审造价				初审造价		备注
			定额编号	工程量	单价	合价	定额编号	工程量	单价	合价	核增造价	核减造价	

续表

序号	分部分项工程	单位	送审造价				初审造价				初审造价		备注
			定额编号	工程量	单价	合价	定额编号	工程量	单价	合价	核增造价	核减造价	

审核人员：　　　　　　　　　　　　　　年　月　日

表 4－1－7　××工程预(决)算初步审计比较表(二)

投资项目名称：　　　　　　　　　　　　　　　　共　页　第　页

序号	项目名称	送审造价(元)				初审造价(元)					审定结果(元)		备注
		取费依据(文件号)	计费基础	费率(%)	造价	取费依据(文件号)	工程量	计价基础	费率(%)	造价	核增造价	核减造价	

审核人员：　　　　　　　　　　　　　　年　月　日

表 4－1－8　国家建设项目工程价款结算审价资料移交清单

项目名称：　　　　　　　　　　　　建设单位：

单位工程								备注
合同	合同协议书							
	补充协议							
招投标文件	招标文件							
	标前会议纪要							
	投标书							
	中标通知书							
	询标答复							

续表

单位工程								备注
设计文件	竣工图							
	施工图							
	地质资料							
	图纸会审纪要							
	图纸交底							
决算资料	工程结算书							
	补充结算							
	变更联系单							
	甲供材料清单							
施工资料	开工报告							
	竣工报告							
	工期签证							
	质量证书							
	隐蔽工程检验资料							
	施工组织设计							
	施工记录							
其他								

移交人：　　　　接收人：　　　　日期：

归还人：　　　　收回人：　　　　日期：

注：本单一式两联，移交单位和接收单位各一联

表 4-1-9　国家建设项目工程价款结算联系单移交目录

工程名称：

中介机构：　　　　共　页　第　页

分项或分部工程名称	编号	手续完备否?	内容简述，金额，时间

续表

分项或分部 工程名称	编号	手续完备否?	内容简述,金额,时间
			累计　张,累计金额:
			累计　张,累计　张
			累计　张,累计　张

审价人员:

第二节

竣工结算纠纷的鉴定

近年来,随着我国经济的快速发展,建设工程纠纷案件数量激增。据不完全统计,建设工程纠纷案件已占所有受理普通民事案件的20%～30%。

建设工程结算纠纷是牵一发而动全身的敏感问题,因为工程款的结算对发包方、承包方的利益都有巨大的影响。从发包方(以开发商为例)角度来讲,将影响到建筑工程的移交、综合验收的组织,继而影响到建筑的交楼日期及因此与购房户的预售契约纠纷;从承包方的角度来讲,会影响到总承包商与分包商的结算、承包方与材料供应商的材料款结算、承包商与建筑工人的工资结算等。妥善解决建设工程款结算纠纷不仅能解决当事各方具体经济纠纷,而且对稳定社会大局都发挥着着重要的作用。

工程造价纠纷的解决途径一般包括司法方式和非司法方式。司法途径一般是采用诉讼的方法,因工程造价的专业性,常常需要委托造价人员进行造价鉴定。非司法方式主要包括协商、调解、仲裁等。一般也需要造价人员的参与。

造价鉴定即工程造价专业机构,根据委托方(法院和仲裁委)的要求,对诉讼中需要解决的工程造价问题进行分析、鉴别的活动。工程造价鉴定就其本质而言是因委托而产生的专业行为。其主要作用是为委托方定案提供依据。

鉴定工程造价是四方参与制,即法院或仲裁委为一方,做鉴定的造价咨询单位为一方，纠纷方各自为一方。四方须各负其责：纠纷方负责举证，造价咨询单位负责专业性调查并提出专业性鉴定意见，法院或仲裁负责认证和对鉴定意见进行采纳。

(1)造价鉴定的法律依据。

《中华人民共和国民事诉讼法》第72条规定："人民法院对专门性问题认为需要鉴定的，应当交由法定的鉴定部门鉴定"。

最高人民法院《关于审理建设工程施工合同纠纷案件适用法律问题的解释》的第22、23条又对工程造价鉴定的固定价合同以及鉴定范围作了新的规定。

《工程造价咨询企业管理办法》(原建设部2006年第149号)第20条规定的工程造价咨询业务范围中，第4条即为工程造价经济纠纷的鉴定和仲裁的咨询。

《司法鉴定许可证管理规定》(2001年2月司发通〔2001〕019号)。

《司法鉴定机构登记管理办法》(2000年8月司法部第62号部)。

《司法鉴定执业分类规定(试行)》(司发通〔2000〕159号)。

2005年10月以来，根据全国人大关于司法鉴定管理规定的要求，人民法院已将内部的司法鉴定职能转变为管理对外委托鉴定。司法鉴定活动逐步市场化。

《全国人大常委会关于司法鉴定管理问题的决定》(2005年10月1日施行)，对申请鉴定业务的人员和组织的条件作了具体规定。

国务院司法行政部门主管全国鉴定人和鉴定机构的登记管理工作。省级人民政府司法行政部门负责对鉴定人和鉴定机构登记、名册编制和公告。

工程造价咨询人员接受司法、仲裁机构委托，提供工程造价鉴证服务的，应按司法仲裁程序和要求进行。并应指派专业对口、已连续3年注册执业的造价工程师或者具有高级专业技术职称的造价专业人员担任具体鉴证工作。

工程造价人员按照行政要求，提供鉴证性复审服务的，可参照工程造价鉴证要求进行。工程造价提供工程造价鉴证服务的，可参照工程造价鉴证要求进行,也可征得各方当事人同意,就当事人之间的矛盾和争议给予调解。调解工作仍应遵循鉴证的合法、合理、客观、公正原则。

(2)工程造价鉴定相关资料。

工程造价人员应按要求整理鉴证成果、报告等资料并归档,应包括:工程造价鉴证委托书或委托协议;工程造价鉴证方案及委托人或当事人的相关意见;接受、归还委托人或当事人文件资料签收单或复印件;工程造价鉴证报告;工程造价鉴证工作总结。

工程造价人员进行工程造价鉴证工作,应准备相应的鉴证资料和收集鉴证依据。工程造价咨询人员准备的鉴证资料应包括:现有并适用于鉴证的法律、法规、规章、规范性文件以及现行的有关规定;其他专业技术经济文件。

工程造价人员收集鉴证依据时,应向委托人或当事人提出具体书面要求。其内容应包括:委托鉴证标的的具体情况;与鉴证标的相关的合同、协议及其附件;相关的施工图纸等技术经济文件;施工过程中质量、工期和造价等工程资料;存在的矛盾和争议的事实及当事人理由;工程造价咨询人员认为需要的其他有关资料。

工程造价人员要求当事人对缺陷资料进行补充的,必须征得委托人同意;或者协调当事人各方共同签认。

(3)鉴证工作的一般程序:

1)工程造价人员应编制鉴证工作实施细则,并征得委托人明确鉴证内容、鉴证方法和工作进度。鉴证实施细则应经委托人同意。

2)工程造价咨询人员对涉及工程造价合同或协议的鉴证,应鉴别、判断、评定其是否合法与有效。造价鉴定中也就是在接受委托、接受法院提供的资料后要先进行整理,分门别类,然后仔细研读、清理头绪、梳理出清晰的思路。阅读的各种原始资料主要包括委托书、卷宗(诉状、答辩状等法院笔录)、合同、协议、现场签证、会议纪要、验收资料、现场勘察测量记录等。对资料的真实性可由法院确认。对资料的完整性、针对性进行分析。在此基础之上摸清委托鉴定内容、性质、范围、主要争议点、工程概况、工程进度、工程质量、工程内容等要素。

造价鉴定中,初步掌握原始资料以后,经法院批准询问当事人倾听原被告双方摆事实、讲道理、听意见,同时兼听法院经办人员。做到不偏听、不偏信。同时听取其中是否有漏洞、矛盾之处。获取所需的有效、真实的证据。

造价鉴定中,在询问当事人时要多问、细问、重点问、旁敲侧击地问,从询问中分析出共同点、分歧点,不仅搞清关于分歧点中孰是孰非、还要搞清共同点中哪些是真实的,哪些是不尽真实的,哪些是片面的,哪些是错误的。通过正侧面提问当事人,真正做到"拨开迷雾见真相"。还要问政府造价管理部门,对特殊问题的处理方法、问法院经办人员有无法律的特殊规定。

造价鉴定中主要是要实地勘测,即按照经批准的勘验现场计划,当事双方、鉴定人、法院四方共同深入现场实地勘测,获得第一手资料,现场表面看不到的,需要落实清楚,无法落实的需开凿开挖,开挖前各方共同签定破坏恢复方案及事后责任,然后开挖。以此切中要害,把握重点,找出事实真相。

工程造价人员对涉及工程造价构成的计量、计价鉴证的,应遵循原计量、计价的约定。对未作约定或委托由鉴证确定的,工程造价人员应采用规范的工程量计算规则,以及现行的取费标准和计价依据等有关规定。

(4)工程造价咨询人员完成鉴证工作后,应出具完整的鉴证报告。

鉴证报告形式和内容应包括:封面及目录;扉页:包括项目编制单位的行政及技术负责人、编制人、单位资质证书编号等;致委托人函或鉴证人声明,包括的内容主要有:工程造价人员和鉴证人基本概况;陈述的事实是真实和准确的,确认、引用的文件资料是合法有效的;报告内容是工程造价咨询人员依据工程造价鉴证规定要求客观分析、测算、判断的结果;咨询机构和工程造价咨询人员与被鉴证对象没有或已载明的利害关系。

工程造价鉴证内容和结论,包括的内容主要有:综述(委托人、当事人概况、鉴证要求等);工程造价鉴证标的概述;工程造价鉴证的依据;工程造价鉴证的程序及内容;工程造价鉴证结论;工程造价鉴证工作的有关说明;附件。

(5)工程造价纠纷,主要可以通过协商、调解、仲裁或诉讼方式解决。

1)协商。一旦出现商业纠纷,双方应首先在自愿、平等的基础上进行友好协商,寻求解决的可能性。如果双方从合作的愿望出发并持客观公正的态度,通过坦诚、细致的磋商,纠纷是不难解决的。

2)调解。经过协商不能达成协议时,双方可申请业务主管部门(如工程造价管理协会等)出面进行调解。

如果协商一致,纠纷双方也可以共同委托所信赖的第三者(个人或团体)出面调解。由第三者进行调解,有较高的灵活性、中立性、专业性和权威性,比较超脱和公正,不致因某种利害关系而偏袒一方或损害另一方的利益,调解专家充分听取双方的意见,耐心细致说服双方,以自己专业和人格上的感召力促使双方互相让步而达成和解。

3)仲裁。如果纠纷双方不愿通过协商和调解,或者协商、调解不成时,就只能在仲裁和诉讼两种方式中作选择。仲裁作为解决商业纠纷的重要方式,具有与法院诉讼同等的法律地位和强制执行效力。

4)诉讼。诉讼是解决商业纠纷最严厉的手段,同时也是最终的手段,在万不得已之下才予以采用。

(6)造价人员参与纠纷鉴定是律师所不能代替的。

一些读者会问,处理造价纠纷是不是应由律师来处理,造价师哪行呢?在处理造价纠纷上,为什么还要造价师作为专家证人出庭呢?为什么还要造价师作工程造价司法鉴定呢?

律师,参与造价纠纷的处理,更多是因为他们对相关经济法律条文的熟悉。工程造价专业也有很多专业性的地方,不是一般律师所能了解的(这或许就是一些律师也考取造价师身份的原因吧)。很多专业性的问题仍然要由造价师们“说了算”。如同法医能作法医鉴定,但律师不能做是一样的。

因此,律师参与造价纠纷处理多是从方向上做粗的判断,造价师参与造价纠纷处理多是从细节上作出判断。二者是相互依存的,且造价师们有着更高的参与度。

1. 问:工程量计算纠纷如何鉴定?

答:归纳见表4-2-1。

表4-2-1 工程量纠纷鉴定

序号	工程量纠纷点	表现	处理参考意见
1	合同生效后增加的工程量	会议纪要记录现场工程师同意增加的项目工程造价是否应计取	会议纪要中涉及造价调整的内容与合同优先解释的协议条款相冲突时,承包方应将涉及造价调整的内容报经发包方批准或在会议纪要中详细列明调整的办法
2	施工图纸计算的工程量与实际施工工程量差异	①浇捣厚度经常成为争论焦点,并且由于实际施工量的不足可能导致施工质量的不合格,致使发包商不肯支付工程款。例如,楼板或底板垫层、屋面珍珠岩保温层的厚度、道路施工厚度。 ②对隐蔽工程的详细数据未作三方(发包方、承包方与监理公司)签字的记录,仅凭承包方施工日记进行结算,发包方提出异议	对实际施工量有异议、无法协商或没有确切依据,以到现场抽样采点的平均数值作为结算依据比较客观。浇捣厚度有争议现场抽样采点

续表

序号	工程量纠纷点	表 现	处理参考意见
3	工程量清单中缺项或少计	如补充协议约定:工程承包范围内为固定总价,工程量清单中缺项或少计部分属承包范围内,不予计算	固定总价合同价款的调增应按合同条款约定的办法在约定的时间内办理变更合同价款调整手续。根据鉴定资料,按施工合同约定计算经甲方批准的设计变更、现场签证费用;甲方代表已签字但未加盖公章的签证、会议纪要中涉及造价调整的项目单列,供庭审时参考
4	对工程量的确定方法存在争议	一方认为工程结算价应为合同价加设计变更及签证造价,另一方认为结算应按实计。如预算未经审定,施工方实际的完成工程在业主方现场工程师已确认的挖孔桩隐蔽验收记录已反映	承包、发包双方应根据工程的特性对合同结算价款进行约定 根据法院提交的施工合同、施工图、挖孔桩隐蔽验收记录、现场签证按实计算工程量
5	变更项目中材料单价双方无法达成一致	双方未履行材料单价确认手续	变更项目中材料单价(合同中约定的材料单价确定方式无法确定的)应按合同条款约定的办法,在约定的时间内办理单价确认手续。双方未履行材料单价确认手续,鉴定人只能参考市场材料价格确定单价
7	隐蔽在墙体中的管线敷设记录与确认问题	安装工程纠纷	签证按实计算工程量

2. 问:赶工奖纠纷如何鉴定?

答:建设工程承包合同一般规定如果由于施工单位的赶工而提前完成,发包方应该按日给予一定的赶工奖,有些项目的赶工奖总量并不小,有的结算赶工奖可高达1000多万元。而该项目总造价人民币一亿六千万元,最后形成纷争的也只有1300万元。赶工奖所以成为结算障碍主要原因是赶工奖的单边认定程序造成。赶工奖一般由施工单位提出申请，而由发包方层层审批，最后拨付。这一过程完全由发包方内部操作，审批的表格文件施工单位并不持有。而赶工奖支付后，发包方同样会要求施工单位开具工程款发票（便于核算、摊销成本）。有时发包方不够诚信，事后又将这些赶工奖计入合同款，而施工单位因为没有赶工奖的内部审批表格（最多只有复印件）而无法举证。

建设工程承发包合同是承发包双方权利和义务的法律保证，合同条款中的每一项内容都直接关系到双方的切身利益。因此，必须认真分析合同条款的内容，明确各自的权利和义务。

3. 问：停工纠纷如何鉴定？

答：(1)停、窝工费用索赔的计算要把握以下三个原则：

1)停、窝工费用索赔的审核以赔偿实际损失为原则，间接损失包括应计利息、利润、管理费及其他一些间接损失一般不在审价机构的计算范围内。

2)在停、窝工责任方不明确的情况下，索赔费用可量化至单位时间的损失费用。由于不清楚停、窝工的原因和责任方，不能简单地以施工承包方申请索赔就确认索赔的成立，可等法院认定责任方后按量化的索赔费用来计算。

3)把握停、窝工是否在关键线路上，否则是不会影响整个工期的，部分索赔费用不能成立。

实例 4-2-1

某工程开工日期为 1999 年 7 月 25 日，工程多次停工（停工责任未确定）且未办理竣工验收。双方对停、窝工损失及合同违约金的计算产生争议。

分析：停、窝工在施工合同纠纷中很普遍，停、窝工费用的索赔及违约金的请求能否得到支持，主要看发生索赔事件的证据是否完整。当索赔事件发生或一方违约时，索赔方应根据合同约定的索赔程序，将索赔报告及时送达被索赔方。

(2)停工原因。

1)合同价过低，施工单位无利可因，实施停工，造成纠纷。

2)非施工方原因造成的停、窝工，要求赔偿补偿等。

实例 4-2-2

停工损失计算实例。

1. 工程概况

(1)概况：××工程建筑物长100.1m、宽72m、高20.4m，建筑面积28828.8m^2；共四层，一层层高6m，二~四层层高4.8m；框架结构，因地质较差，基础为人工挖孔桩，共217根，桩长9.2~15.3m，桩径900~1500mm；内外墙均为加气混凝土砌块墙，外装修铝塑板玻璃幕墙。桩混凝土强度等级C25，框架柱、有梁板混凝土强度等级C30，板厚150mm，室内回填土已回填至正负零下250mm。

(2)业主要求停工情况：该工程施工完一楼顶有梁板，二层柱钢筋已扎，因种种原因，使该工程缓建，建设单位先口头通知施工方停工，3天后正式书面通知施工方暂停施工，具体复工日期另行通知，并要求施工单位除留守值班人员外派遣所有的施工人员，所有模板支撑已拆除，因复工时间未确定，已拆除的模板支撑未转入其他项目，该工程停工5个月后恢复施工，停工期150天。

(3)承包商损失索赔情况：该工程恢复施工后，承包商根据本工程施工合同专用条款，提出停工期内费用索赔(附上建设单位要求停工的书面通知、施工日志、监理方出具监理日志、施工组织设计、现场实际施工状况、模板租赁合同、索赔报告等相关记录资料)。施工单位经过认真研究工程资料，通过实地勘察，结合当前省、市相关规定及合同约定的计算原则，以及市场实际行情，采用分项费用计算法进行测算索赔费用。

2. 模板索赔费的计算

模板成本测算如下：

九夹板模板：经过现场分析，考虑模板周转次数，参考市场模板租金，模板跷曲、损耗，经分析按购置费20%计算(此比较已初步得到业主认可)，其数量按定额测算。

(1)模板面积：一层有梁板模板面积9633m^2。

(2)九夹板模板购置费：30元/m^2。

模板堆放损耗费：9633m^2 ×30元/m^2 ×20% =57798元。(停工5个月，模板堆放损耗按购置费20%计算)

(3)模板枋材：34.2m^3。

模板枋材损耗(按20%)：34.2m^3 × 1483 元/m^3 × 20% = 10143.72元。

合计：(57798 +10143.72)元 =67941.72元。

3. 脚手架索赔费的计算

脚手架成本测算如下：

(1)钢管总量估算：

一层建筑面积：8163.7m^2。

根据施工组织设计及实际施工情况等相关资料，承包商配备一层有梁板的支撑，一层钢管满堂铺设，按0.8m见方考虑，单价按市场价，估算钢管量及单价如下：

1)钢管长度为6m/根。

2)钢管根数：

①立管：8163.7/(0.8 ×0.8) =12756根。

②水平撑1：100.1m ×72 ×4 =28829m。

③水平撑2：72m ×100.1 ×4 =28829m。

④剪刀撑1：100.1m/7(m/道) =14道。

斜长：9.22m；14 ×9.22 ×10m =1291m。

⑤剪刀撑2：72m/7(m/道) =10道，10 ×9.22 ×14 =1291m。

钢管小计：12756根 ×6m +28829 ×2 +1291 ×2 =136776m。

钢管租金:136776m ×0.011 元/(m · 天) ×150 天 =225680.4 元。

(2)扣件租金:

个数:100 ×72 ×4 =28800 个(注意:满堂架不能按每吨 200 个扣件估计)

租金:28800 个 ×0.007 元/(个 · 天) ×150 天 =30240 元。

(3)钢筋除锈:重新开工钢筋除锈。

人工费:1440 根 ×0.1 工日/根 ×24.8 元/工日 =3571.2 元。

辅材费:1440 根 ×1 元/根 =1440 元。

小计:(3571.2 +1440)元 =5011.2 元。

合计:(225680.4 +30240 +5011.2)元 =260931.6 元。

4. 机械索赔费的计算

机械费索赔测算如下:

砂浆搅拌机:1 台(61.29 元/台,由于商品混凝土,搅拌机计1 台)。

闲置台班:61.29 元/台 ×150 天 ×0.5 =4596.75 元。

卷扬机台班:2 台(112.27 元/台)。

闲置台班:112.27 元/台 ×150 天 ×0.5 ×2 =16840.5 元。

木工机械:1 台(20.18 元/台)。

闲置台班:20.18 元/台 ×150 天 ×0.5 =1513.5 元。

合计:(4596.75 +16840.5 +1513.5)元 =22950.75 元。

5. 其他索赔费的计算

其他索赔费测算如下:

(1)停工值班费:

1)停工值班:每天 7 人(每班二人,夜班三人),按计时工计取:

7 人 ×30 元(人 · 天) ×1.18 ×150 天 =37170 元。

2)停工工地照明用电费:电费单价按建设单位实际收取价,每晚工地照明查表约为 10kW · h:

10(kW · h)/天 ×2.5 元/(kW · h) ×150 天 =3750 元。

小计:(37170 +3750)元 =40920 元。

(2)停工人员派遣费等:

停工三天人员生活费:约 100 人 ×12 元/(天·人)×3 天 = 3600 元;

停工人员派遣费:100 人 ×40 元/人 = 4000 元;

小计:(3600 + 4000)元 = 7600 元。

合计:(40920 + 7600)元 = 48520 元。

6. 索赔成本费汇总

以上几个部分合计:(67941.72 + 260931.6 + 22950.75 + 48520)元 = 400344.1 元。

其他费用如工地管理费、公司管理费、利息、利润等不再计取。

上述费用分析,得到建设单位、施工单位共同认可。

承包人接受最终的索赔处理决定,索赔事件的处理即告结束。如承包人不同意,就会导致合同争议。通过协商达成相互谅解的解决方案,是处理争议的最理想方式。如达不成谅解,承包人有权提交仲裁或诉讼。

发包商拖欠工程款或甲供材料供应不到位引起的停、窝工费用索赔。

该类费用转材料摊销费、管理费、拖欠款的应计利息、已完和未完工程的应计利润等。该类问题的主要争议是:造成停、窝工的原因和责任方是谁;双方在施工期间矛盾很大,许多事情无法按常规操作,例如已购材料的材料批价、已施工的现场签证联系单发包商不认可,索赔的依据来自于施工承包商单方面。

1. 工程常见纠纷的鉴定参考意见（表4-2-2）

表4-2-2 常见纠纷及其鉴定参考意见

序号	合同约定结算方式	纠纷事项	原因分析	鉴定参考意见
1	固定总价+设计变更+现场签证	①工程量清单中缺项或少计的，结算是否应调整。 ②会议纪要中记录的现场工程师同意增加的项目工程造价是否应计取。 ③变更项目中材料单价双方无法达成一致	①固定总价合同价款的调增应按合同条款约定的办法在约定的时间内办理变更合同价款调整手续。 ②会议纪要中涉及造价调整的内容与合同优先解释的协议条款相冲突时，承包方应将涉及造价调整的内容报经发包方批准或在会议纪要中详细列明调整的办法。 ③变更项目中材料单价（合同中约定的材料单价确定方式无法确定的）应按合同条款约定的办法，在约定的时间内办理单价确认手续。双方未履行材料单价确认手续，只能参考市场材料价格确定单价	①工程量计算：按施工合同约定计算经甲方批准的设计变更、现场签证费用。 ②甲方代表已签字但未加盖公章的签证、会议纪要中涉及造价调整的项目单列，供参考。 ③设计变更、现场签证按合同约定的预算单价计算，变更项目中材料单价（合同中约定的材料单价确定方式无法确定的）按双方确认的单价计算，未提供确认单价且不能协商一致的，鉴定单价按合同约定的计价标准参考市场材料价确定
2	审定预算工程量+设计变更	①审定预算工程量是合同价还是指按实计工程量。 ②停、窝工损失及合同违约金的计算	①承包、发包方双方应根据工程的特性对合同结算价款进行约定。预算未经审定，实际的完成工程在现场工程师已确认的挖孔桩隐蔽验收记录已反映。	①根据施工合同、施工图、挖孔桩隐蔽验收记录、现场签证按实计工程量。计价按合同约定的计价标准计算。 ②停、窝工损失费用应先确定停工责任人，否则无法出具意见

续表

序号	合同约定结算方式	纠纷事项	原因分析	鉴定参考意见
			②停、窝工费用的索赔及违约金的请求能否得到支持，主要看发生索赔事件的证据是否完整。当索赔事件发生或一方违约时，索赔方应根据合同约定的索赔程序，将索赔报告及时送达被索赔方。如施工单位未按合同约定办理停、窝工报告，则无法确认违约方	
3	固定单价(结算工程量按实计)+工程总造价的3%配合费(需为幕墙分包单位配合)	①配合费的支付。施工合同合同价含配合费但未对施工配合费及其支付进行约定。 ②幕墙铝材品牌与招标书要求不符。 ③业主对乙方提交的合同及合同预算予以认可，对施工图、竣工图不予确认(乙方既是施工方又是设计方，图没有经过业主的签字、盖章)。 ④合同约定变更指令均应以书面形式。业主对变更项目采光天棚聚碳酸酯阳光板单价不予认可	①工程款的支付应按合同条款履行。 ②招标书及合同对铝材材质、品牌进行了约定，施工单位对合同约定材料的更改应征得业主同意及批准，业主可提供原告擅自更改约定材料的证据，合同约定单价可作调整。施工过程中发现施工材料与合同约定不符，应及时通知原告作出修改。 ③双方合同中未对施工图的设计进行约定，也未提供施工图的收发登记证据，造成对施工图的有效性难以确认。竣工图与施工图相比，任何变更均应提交书面变更指令的证据材料，证明施工图的变更，若没有，无法确定变更的施工主体。	①约定的配合费，若无相关反向证据，业主应支付。 ②按合同约定的单价计算。如甲乙双方均不能提供幕墙铝材品牌的证据材料，鉴定造价可不调整铝材材料单价，给出两种铝材价差和铝材用量，供法院裁定时参考。 ③未施工的项目不予计算。施工图的真实性、有效性请法院认定。 ④由于变更项目采光天棚聚碳酸酯阳光板未提供详细设计变更，双方均未提供该变更项目单价的确认证据，鉴定单价按合同约定的计价标准参考聚碳酸酯阳光板市场材料价确定

续表

序号	合同约定结算方式	纠纷事项	原因分析	鉴定参考意见
			④部分变更未提供设计变更单，乙方仅提交了自行绘制的竣工图证据。变更项目未按合同约定的条款履行单价确认手续	
4	按实结算	①管沟开挖的土方工程量产生争议。没有管沟土方开挖的地面标高证据材料。 ②大理石的粘贴方式产生争议。没有大理石按干粉型黏结剂粘贴的证据材料。 ③零星拆除工程的计价产生争议。没有售楼处等零星拆除工程的签证或施工指令等证据材料。 ④土方运距。资料中无土方运距确认资料，工程位于市区，余土确须外运。 ⑤商品混凝土运距。商品混凝土运距乙方提供的停工证据资料为乙方与商品混凝土供应商的供货合同 ⑥停、窝工损失费用等。乙方提供的停工证据资料仅为停工报告、业主的复工通知及被告确认的施工组织设计。	①施工合同纠纷案件造价鉴定的依据是证据材料，证据不足，会导致工程造价不予计算，因此应加强施工及文档资料的管理。 ②没有设计变更，承包方应按合同约定的施工图施工。 ③施工合同承包范围外的零星工程施工，应有现场工程师的指令等证据。 ④土方运距的变化引起的合同价款的调整原则：按实结算合同，根据发包方确认的土方外运距离、约定的计价标准调整合同价款；固定总价合同，若出现经发包方确认的土方外运距离与发包方发包时提供的参考土方外运距离不一致，方可调整合同价款；固定单价合同，根据发包方确认的土方外运距离、已有的合同单价、确认的工程量计算工程造价。申请人与被申请人分别提供了签证(时间在前)和会议纪要(时间在后)确认的距离证据，鉴定人不能确	①依据施工合同、甲乙双方核对的结算工程量清单、施工图设计变更、签证、现场勘察记录等资料计算。根据场地平整后的地面标高(施工图标高)计算管沟开挖土方工程量。 ②依据合同约定的工程计价方式计价。大理石按施工图说明的水泥砂浆粘贴套价。 ③售楼处零星项目拆除，因属承包范围外施工项目，双方应办理现场签证确认，资料中没有相应项目的证据资料，不予计算。 ④可暂按土方外运1km计算造价，并计算土方外运每增加1km运距的单价，供法院庭审调查确认实际运距后调整土方外运造价。 ⑤超运距未经业主确认，不计。 ⑥证据资料说明停工事实存在且原因明确，可依据当地计价规定的停工损失办法计算(一般当地造价部门均会有此类文件)。停窝工单价及施工机械停滞台班单价按当时当地计价规定计，外墙

续表

序号	合同约定结算方式	纠纷事项	原因分析	鉴定参考意见
		⑦双方对泵送混凝土增加费异议。施工组织设计批准的是同意使用泵送混凝土。 ⑧强度等级为42.5的水泥的费用调增异议。要求对定额子目使用的水泥强度等级调整价差。 ⑨承包方代发包方支付费用。 ⑩双方对材料信息价格计算期间异议。 ⑪甲供材料。 ⑫部分项目未施工、分包管理费。 ⑬工期。双方的工期争议因涉及合同约定的工期提前奖,双方争议焦点为竣工日期是竣工验收证书的颁发日期还是通过竣工验收的报告申请日期。 ⑭增加项目的单价异议。乙方提出的地下室外墙聚苯乙烯板保护层,设计图纸无此项内容,乙方未提供出相关设计变更的证据材料,不予计算。 ⑮垃圾清运费用等产生争议	定土方外运的实际地点,鉴定人根据签证和会议纪要确认的距离分别计算,供庭审调查后采用。 ⑤涉及追加合同造价和索赔事件的发生,应按合同约定及时办理签证和索赔手续。 ⑥尊重事实。 ⑦承包人在施工组织设计中没有提出费用调整,因此,泵送混凝土增加费应根据具体使用情况办理签证。 ⑧材料的更改涉及费用增加应按合同条款约定办理签证。 ⑨承包方代发包方支付费用,应有发包方的委托,承包方方可代为支付。 ⑩材料信息价格计算期间的争议,主要原因是合同条款未约定或约定不清,合同虽有约定但承发包双方理解不一致。工程材料价格是否调整,须承发包双方在合同专用条款中约定,如可调整,应明确调整方式。 ⑪甲供材料因合同条款约定不完整。 ⑫部分项目未施工,乙方未提供变更通知的证据。发包方强行分包的工程,承包方提出此部分工程造价请求,因属承包方	脚手架摊销单价按停工期计算。 ⑦合同未对工程采用泵送混凝土进行约定,乙方提出泵送混凝土增加费的证据未经批准的施工组织设计,无相关经济签证,不予调整。 ⑧乙方所称的孔桩混凝土实际采用强度等级为42.5的水泥(提供水泥采购合同),无其他证据资料,鉴定人不予调整。 ⑨原告代被告支付费用(仅提供了支付凭证)不属工程造价鉴定范畴,由法院庭审处理。 ⑩材料信息价格计算期间合同中未约定,参考当地计价规定计。 ⑪甲供材料合同中未约定品种、数量等,业主没有提供甲供材料的证据材料,鉴定造价可先不予扣减,庭审调查属实后,在鉴定造价中扣除。 ⑫乙方称业主工程承包范围内项目部分未施工,由于该工程已竣工验收,被申请人未提供此部分项目的变更证据,鉴定造价不予扣减。乙方称业主强行分包部分工程,应计取10%的分包管理费,由于乙方对此部分工程造价在提请仲裁时

续表

序号	合同约定结算方式	纠纷事项	原因分析	鉴定参考意见
			的合同承包范围,若没有承包方同意的证据,鉴定人会给出鉴定造价,由司法机关裁定。 ⑬查阅相关资料。 ⑭乙方提供的无现场工程师签字的签证,此部分签证的内容是否属实,无法判断,暂不出具鉴定意见	未提出请求,根据送鉴资料无法确认是否属强行分包,由庭审调查后根据合同及有关规定处理。 ⑬经竣工验收合格的竣工日期为竣工验收合格之日(合同中双方应对提交竣工资料后组织竣工验收的时限进行约定),经竣工验收合格的竣工日期为竣工验收审报之日。 ⑭垃圾清运费用,根据合同应予计算,因双方未能提供量的计算证据材料,由法院酌情处理
5	按建筑面积单价包干(业主未支付工程进度款,中途停工)	工程未竣工验收,未办理停工手续,双方对工程已完工程量,停、窝工费用及施工机械停滞费的计算产生争议	长期停工的工程双方应签署停工协议,并及时办理停工损失签证。工程停建应按规定办理移交和解除合同的手续	该工程停工是因业主没有给付工程款造成的,虽然双方未签署停工协议,但停工事实存在,原因明确,可参考当地计价规定,计算停工损失。由于工程未经竣工验收,鉴定人对已完工程造价的鉴定可按合格工程计算的,若双方对工程质量产生争议,另行处理

2. 工程造价鉴定常用的方法

答:工程造价鉴定是一项技术性、政策性、经济性及法律性很强的工作,涉及内容广泛而复杂,一般没有固定的方法。这里仅从鉴定内容形成上分将其分为预算法、市场比较法和分析法。

(1)预算法。

预算法是指工程造价鉴定中,运用预算的原理和方法,确定工程造价。这种方法一般通过对工程造价纠纷主要原因的分析,依据工程造价鉴定资料,结合工程造价计价依据和有关规定,按照列项、计算工程量、套定额、取费和汇总,确定工程造价,形成鉴定造价。多数工程造价鉴定采用此种方法。

(2)比较法。

比较法是指工程造价鉴定中,采用市场调查、典型案例分析和相关鉴定资料比较,估算出鉴定工程造价,其结果一般为工程造价的大致范围,也就是约数。这种方法多适用于工程造价原始资料缺乏而且计价依据不充分的情况下。采用这种方法确定的工程造价仅供委托方作参考。

(3)分析法。

分析法是指在工程造价鉴定中,对工程造价纠纷的某些方面或部分内容,由于缺乏计价依据或很多不确定因素,在工程造价鉴定时,只能采取定性或定量分析,其工程造价是不完整且不明确的。这种方法一般作为工程造价鉴定的辅助方法,有时在实际工作中也是必不可少的。

四 数据

工程结算通知单（表4－2－3）

表4－2－3　工程结算通知单

合同编号：　　　　　　　　　　　　　　　　　　　　年　月　日

<table>
<tr><td colspan="2">工程名称</td><td></td><td>结算项目</td><td></td><td>施工单位</td><td></td><td>备注</td></tr>
<tr><td colspan="2">工程开发部审核意见</td><td colspan="5">盖章
签字：
年　月　日</td><td rowspan="6"></td></tr>
<tr><td colspan="2">项目部审核意见</td><td colspan="5">盖章
签字：
年　月　日</td></tr>
<tr><td rowspan="2">经办人</td><td>土建</td><td colspan="5">盖章
签字：
年　月　日</td></tr>
<tr><td>水电</td><td colspan="5">盖章
签字：
年　月　日</td></tr>
<tr><td colspan="2" rowspan="2">工程验收情况</td><td>等级</td><td colspan="4"></td></tr>
<tr><td>资料</td><td colspan="4"></td></tr>
</table>

参考文献

[1]李传让．房屋建筑工程量速算方法实例详解[M]．北京:中国建材工业出版社,2006.

[2]中华人民共和国住房和城乡建设部．GB 50500—2008 建设工程工程量清单计价规范[S]．北京:中国计划出版社,2008.

[3]河南省工程建设概预算人员资格考核认证领导小组．建筑工程定额与预算(下册)[M]．北京:中国建筑工业出版社,1991.

[4]广东省建设厅．广东省建设工程施工合同范本[M]．北京:中国建筑工业出版社,2006.

[5]田永复．预算员手册[M]．北京:中国建筑工业出版社,1991.